大数据与人工智能技术丛书

大数据采集与预处理技术

（HDFS+HBase+Hive+Python） 微课视频版

◎ 唐世伟 田枫 盖璇 李学贵 编著

U0386742

清华大学出版社

北京

内 容 简 介

本书主要介绍大数据关键技术中的大数据采集和数据预处理技术，是大数据专业的入门级的专业基础课教程(含教学课件、源代码与视频教程)，旨在为学生搭建起大数据的知识架构，讲述大数据采集和数据预处理的基本原理，开展相关的实验，为学生在大数据以及相关领域的学习奠定坚实的基础。全书共分四部分：第一部分是理论基础(第1～2章和第6章)，主要介绍大数据技术、大数据采集和大数据预处理的基本概念以及基础理论；第二部分是大数据采集(第3～5章)，分别介绍3种大数据的采集方法、技术及4种工具；第三部分是大数据预处理(第7～8章)，介绍4种大数据预处理技术、方法；第四部分是实验指导(第9～11章)，介绍大数据采集和大数据预处理的实验平台以及具体实验的内容、方法、流程等。

为便于读者高效学习，快速掌握大数据专业基础知识。作者精心制作了完整的教学课件(11章PPT)与部分配套视频教程(200分钟)。本书可以作为高等院校计算机、电子信息、信息管理、软件工程等专业，尤其大数据相关专业的本科和硕士研究生教材或参考书。

图书在版编目(CIP)数据

大数据采集与预处理技术：HDFS＋HBase＋Hive＋Python：微课视频版/唐世伟等编著.—北京：清华大学出版社，2022.8(2024.9重印)

(大数据与人工智能技术丛书)

ISBN 978-7-302-61224-7

Ⅰ.①大… Ⅱ.①唐… Ⅲ.①数据采集－教材 ②数据处理－教材 Ⅳ.①TP274

中国版本图书馆 CIP 数据核字(2022)第 109781 号

策划编辑：魏江江
责任编辑：王冰飞
封面设计：刘　键
责任校对：焦丽丽
责任印制：杨　艳

出版发行：清华大学出版社
　　　　网　　　址：https://www.tup.com.cn，https://www.wqxuetang.com
　　　　地　　　址：北京清华大学学研大厦 A 座　　邮　　编：100084
　　　　社 总 机：010-83470000　　　　　邮　　购：010-62786544
　　　　投稿与读者服务：010-62776969，c-service@tup.tsinghua.edu.cn
　　　　质量反馈：010-62772015，zhiliang@tup.tsinghua.edu.cn
　　　　课件下载：https://www.tup.com.cn，010-83470236
印 装 者：三河市龙大印装有限公司
经　　销：全国新华书店
开　　本：185mm×260mm　　印　张：18　　　　字　　数：419 千字
版　　次：2022 年 9 月第 1 版　　　　　　印　　次：2024 年 9 月第 5 次印刷
印　　数：4901～6400
定　　价：59.90 元

产品编号：093125-01

前 言

据赛迪智库预测,中国近年来大数据核心人才缺口达 230 万人,全世界相关人才缺口超过 1000 万人。我国教育部门为了响应社会发展需要,于 2016 年开始正式开设"数据科学与大数据技术"本科专业及"大数据技术与应用"专科专业。近几年,全国形成了申报与建设大数据相关专业的热潮。目前全国各类高校、高职院校都已陆续开设了大数据相关的专业和课程。大数据作为交叉型学科,其相关专业强调培养具有多学科交叉能力的大数据人才。

大数据专业是顺应时代发展的产物。大数据作为新兴的、交叉的专业,在培养方案、系列教材等方面,各高校都在组织教师进行改进、研究。普遍认为,数据科学与大数据技术专业的毕业生,应掌握计算机理论和大数据处理技术,需要从大数据应用的三个主要层面(即数据管理、系统开发、海量数据分析与挖掘)系统地培养,能够应对大数据应用中的各种典型问题,具有将领域知识与计算机技术和大数据技术融合、创新的能力,可以从事大数据研究和开发应用等工作。

本书主要介绍大数据关键技术中的大数据采集和数据预处理技术,是大数据专业的入门级的专业基础课教程,旨在为学生搭建起大数据的知识架构,讲述大数据采集和数据预处理的基本原理,开展相关的实验,为学生在大数据以及相关领域的学习奠定坚实的基础。

本书以大数据关键技术为主线,重点介绍大数据采集技术和数据预处理技术。本书共四大部分,共 11 章。第一部分:大数据基础,含第 1 章概述、第 2 章大数据采集技术基础和第 6 章数据预处理基础;第二部分:大数据采集,含第 3 章系统日志数据采集、第 4 章基于数据库的数据迁移和第 5 章互联网数据采集;第三部分:数据预处理,含第 7 章数据清洗与集成和第 8 章数据归约与变换;第四部分:实验指导,含第 9 章大数据采集实验、第 10 章数据预处理实验和第 11 章综合案例实验,涉及的实验是在东软集团股份有限公司研制开发的 SaCa RealRec 数据科学平台上进行设计编写的。

本书的文本层次分明、逻辑性强、概念清晰、可读性强,具有如下特点:

(1)主要参照"数据科学与大数据技术"本科专业的培养方案,综合考虑专业的本源,如从计算机类专业、数学统计类专业以及经济类专业。

(2)注重理论联系实际,实践能力培养。书中既有理论讲解也有配套的实践教程,力求通过理论和原理教学、课堂讨论与课程实验等多个环节,训练学生掌握知识、运用知识分析并解决实际问题的能力,以满足学生今后就业或科研的需求,同时满足"全国工程教育专业认证"对学生基本能力的培养要求与复杂问题求解能力的要求。

(3)配套资源丰富。教材配有 PPT 电子教案及相关的电子资源,如实验要求及 Demo、配套的实验资源管理与服务平台等,形成了立体化系列教材。

本书由东北石油大学计算机与信息技术学院唐世伟、田枫、盖璇、李学贵、林君合作编写。其中，第 1、6、7、8、11 章主要由唐世伟编写，第 2、4、10 章主要由田枫编写，第 3、5、9 章主要由盖璇编写，第 11 章由李学贵编写，林君参与了部分章节的编写，全书由唐世伟统稿。在本书的编写过程，参考了大量的相关文献，并有选择地纳入本书中，在此向文献作者表示感谢。

　　由于编者水平有限，书中难免存在不足之处，敬请广大读者批评指正，希望学术同仁不吝赐教。

编　者

2022 年 4 月于大庆

目 录

随书资源

第 **1** 章

概　　述

本章学习目标

- 了解大数据概念、特征、发展趋势、应用领域及层次结构；
- 了解大数据相关技术，理解大数据的支撑技术与大数据技术的关系；
- 了解大数据技术带来的影响，理解大数据的思维方式；
- 理解大数据战略的重要性，了解大数据带来的伦理问题以及针对大数据安全的政策与措施。

随着大数据技术的蓬勃发展，大数据技术在很多领域得到了应用，特别是在我国的抗疫、防疫过程中，大数据技术的应用起到了关键作用，使人们真真切切感受到了大数据技术带来的方便。大数据技术的研发与应用，不再是"镜中花""水中月"，已经是"第三次信息化浪潮"的风口浪尖。

1.1　大数据基础

1998 年首次公开出现"大数据"这一概念，短短的二十几年，大数据技术已经取得了巨大发展，它的发展速度之快，在人类社会的发展史上是绝无仅有的。大数据技术发展如此之快的原因之一是，大数据的新思想和新手段深刻地影响了人们的生产和生活方式，并已经显现出巨大潜力和美好的前景。

1.1.1　大数据的定义与特征

大数据的概念出现较晚，但相关技术发展非常迅速，且前景广阔。大数据一般指体量巨大、结构复杂的数据，可以包括结构化的（如关系数据库）、半结构化的（如 HTML 文档）和非结构化的（如文本、图片、音频、视频）数据形式。

微课视频

狭义上讲，大数据主要是指处理海量数据的关键技术及其在各个领域中的应用；广义上讲，大数据包括大数据技术、大数据工程、大数据科学和大数据应用等与大数据相关的领域。

1. 大数据的不同定义

截至目前，全世界尚没有一个公认的关于大数据的定义，下面介绍几个定义。

1）维基百科的定义

大数据是指无法在可承受的时间范围内，用常规软件进行捕捉、管理和处理的数据集合。

2）高德纳（Gartner）咨询公司的定义

大数据是需要新的处理模式才能具有更强的决策力、洞察发现力和流程优化能力来适应海量、高增长率和多样化的信息资产。

3）麦肯锡全球研究所的定义

大数据是一种规模大到在获取、存储、管理、分析方面大大超出了传统数据库软件工具能力范围的数据集合，具有海量的数据规模、快速的数据流转、多样的数据类型和价值密度低等四大特征。

2. 大数据的特征

1）容量（volume）大

数据一般来说是通过采集技术获得的，由于大数据采集技术与传统数据采集技术有很大差异，所以，通过大数据采集技术获得的数据量要大得多。传统意义上的超大规模数据是指吉字节（GB）级的数据，海量数据是指太字节（TB）级的数据，而大数据则是指拍字节（PB）级及以上的数据。数据容量的换算关系见表 1-1。

表 1-1 数据容量的换算关系

单 位	换算关系	数 据 内 容
B	1B=8bit	一个英文字母占用的空间
KB	1KB=2^{10}B	相当于一则短篇故事的内容
MB	MB=2^{10}KB	相当于一则短篇小说的文字内容
GB	GB=2^{10}MB	相当于贝多芬第五乐章交响曲的乐谱内容
TB	TB=2^{10}GB	相当于一家大型医院中所有 X 光片的内容
PB	PB=2^{10}TB	相当于全美学术研究图书馆藏书 50% 的信息内容
EB	EB=2^{10}PB	5EB 相当于至今全世界人类讲过的话语内容
ZB	ZB=2^{10}EB	截至 2010 年，人类拥有的信息总量是 1.2ZB，全球数据量在 2020 年达到 60ZB

2）多样化（variety）

大数据的多样化主要体现在三个方面：一是数据来源的多样化，包括设备采集、互联网采集、数据迁移、人工录入等；二是数据类型的多样化，包括结构化、半结构化和非结构化数据；三是数据表示信息的多样化，数据具体表现分为网络日志、音频、视频、图片、地理位置信息等。

3）价值（value）大

存在于现实社会的原始信息（数据）或互联网中绝大部分数据，数据量虽然巨大，但价值密度较低。上述的海量数据，经过采集、清洗、深度挖掘、数据分析等处理之后，会有较高的商业价值。大数据技术的战略意义在于提高对数据的"加工能力"，通过"加工"可以挖掘出大数据的巨大"价值"。

4）速度（velocity）快

大数据的"速度快"主要体现在数据产生速度快、处理速度快、获得效益快等方面。大数据的这一特征无法通过单台计算机实现，一般采用分布式架构，实现对海量数据进行分布式数据挖掘。

1.1.2 我国的大数据发展及趋势

从 2014 年起，我国大数据相关领域经历了预热阶段、起步阶段、落地阶段、深化阶段这四个不同发展阶段，即将进入第五个高速发展阶段。

1. 预热阶段

2012 年 3 月，党的十八大政府工作报告中首次出现了"大数据"一词，从此确立了我国大数据发展的政策环境。大数据及相关技术逐渐成为政府和社会各界的关注热点，相应的支持政策不断出台，逐渐建立了适度宽松的发展环境，为各大高校、研究机构及企业集团的大数据普及、科研及应用指明了方向。

2. 起步阶段

我国首部大数据相关的战略性指导文件——《促进大数据发展行动纲要》，由国务院在 2015 年 8 月 31 日正式印发。该文件阐述了大数据产业在国内发展的整体部署，体现国家层面对大数据发展的顶层设计和统筹布局。该文件的发布成为中国发展大数据起步阶段的主要标志。

3. 落地阶段

在 2016 年 3 月发布的《"十三五"规划纲要》中，明确提出了我国大数据发展的规划和目标，制定了我国的大数据战略，标志着大数据技术及相关产业已经进入落地阶段。同年 12 月，工信部发布的《大数据产业发展规划（2016—2020 年）》，更是为我国大数据产业的"落地"和发展奠定了坚实基础。

4. 深化阶段

从 2017 年起，国家大数据战略开始走向深化阶段。党的十九大报告中提出了推动大数据与实体经济深度融合，进一步为大数据产业的未来发展指明方向。国内大数据产业迎来了全面良好的发展态势，2019 年 3 月，政府工作报告第六次提到"大数据"，并且有多项国家建设发展任务与大数据技术（或产业）密切相关。

5. 高速发展阶段

进入 21 世纪 20 年代,由于新冠肺炎疫情的爆发,许多行业受到了冲击,但与此同时,5G、互联网、大数据等为基础的数字科技领域得到了高速发展。到目前为止,大数据技术在我国抗疫、防疫方面起到了关键性的作用。随着国家数据安全法律制度的不断完善,对各行业的数据治理措施也将深入推进,逐步形成健康、可持续的大数据发展环境。可以预见,在今后几年内,大数据技术将进入高速发展阶段。

然而,大数据的发展也不可能一帆风顺,会面临诸多问题。例如,我国大数据原创性的技术和产品还没有完全达到国际领先水平,特别是在理论和算法方面,有待进一步发展。另外,数据开放共享水平依然较低,存在跨部门、跨行业的数据流通不顺畅,有价值的公共信息资源和商业数据没有充分流动起来等问题。这些问题的解决需要大数据从业者在大数据理论研究、技术研发、行业应用、安全保护等方面付出更多的努力。

1.1.3 大数据的应用

随着大数据技术的飞速发展,大数据的应用已深入诸多领域,正在改变着人们的生产和生活。以下简要介绍大数据的应用领域。

1. 大数据在科研领域的应用

新的大数据思维方式正在影响和改变着人类的科学研究方式和方法。在全球部署的数百个数据中心、几十万个处理器,能同时分析几十个 PB 的数据量。史无前例的计算能力对诸多领域的科学研究产生了深远影响,例如,大数据从最基础的人口普查、自然灾害调查,到各种事件的预测都起到了积极的作用,进而为人们的健康和社会发展创造更多的价值。

2. 大数据在交通领域的应用

在大数据技术、5G 技术、物联网技术等支持下,智慧交通、无人驾驶等一些新的应用已开始逐步变为现实。另外,在道路基础设施、资源运输、规划资源等方面,大数据技术的应用起到了重要作用。

3. 大数据在通信领域的应用

各大通信公司和媒体提供商,正在利用大数据的采集和分析技术,通过实时追踪媒体的去向及使用形式,为用户提供个性化的定制服务,并且及时评价反馈。

4. 大数据在医疗领域的应用

采用基于大数据分析的分布式计算方法,可以在几分钟内解码患者的 DNA 信息,并且采用挖掘技术制定出最新的治疗方案,甚至可以分析和预测疾病的发生。针对一些不能与医护人员进行正常交流的患者(如婴儿或昏迷患者),大数据的采集和分析技术有着广阔的应用前景。例如,通过记录和分析婴儿的心跳,对婴儿身体可能会出现的不适症状作出分析与预测,使得对婴儿的救助能力大大提高。

5. 大数据在金融领域的应用

金融交易是金融领域的重要组成部分。金融交易是一种高频交易(是自动化交易的一种形式,以速度见长,利用计算机系统加入人工智能算法,以智能化方式,快速、稳健地短线持仓执行交易),是大数据在金融领域应用的最主要表现。其中大数据分析和挖掘算法可用于辅助完成交易决策的制定,例如,引进了社交媒体和网站新闻数据信息的大数据挖掘算法,可以训练的辅助决定在未来几秒内是买入还是卖出某一股票。

6. 大数据在制造领域的应用

在制造领域,通过对工业大数据(产品质量检验、设备运行监测、原材料、销售等信息)进行分析、挖掘,可以提升制造业水平。具体应用包括产品质量和生产设备的故障诊断与预测,优化和改进生产工艺流程,降低产品能耗,产、供、销供应链的分析与优化等。

7. 大数据在体育领域的应用

在体育领域,大数据分析技术可应用于运动员训练。例如,使用视频分析追踪足球或棒球比赛中每个球员的表现;通过运动器材中的传感器可以获得比赛数据以及改进方案。此外,还可以追踪比赛环境外运动员的活动,例如,通过智能技术追踪运动员的营养状况以及睡眠等。

8. 大数据在个性化生活领域的应用

大数据还可以应用于个性化生活领域。大数据技术可以了解客户爱好和行为,通过搜集浏览日志和传感器数据,可以建立数据模型并预测,为用户及时推荐有个性化的产品和服务。例如,通过大数据分析技术,汽车保险行业能够了解客户的需求和驾驶水平,为客户提供相对适合的险种。

9. 大数据在安全领域的应用

政府可以利用大数据技术,对通过各种渠道收集的信息(数据)进行分析、研判,构建起强大的国家安全保障体系;企业可以利用大数据技术,对黑客的攻击方式、频率、手段等数据进行挖掘、预测,制定网络安全防护策略;警察可以借助大数据技术,对嫌疑分子进行监视、跟踪,有效预防犯罪。

1.1.4 大数据的层次架构

由于大数据技术的发展史相对较短,对于一些如定义、系统架构等基础性的认知,还没有形成共识。不同的参考文献,对大数据的层次架构体系有不同的理解和划分方法,使用较多的是如图 1-1 所示的大数据架构参考模型。该模型将大数据应用系统,在技术和应用的视角下,划分为三个层次(分别是基础资源层、管理与分析层、应用层)来描述各核心组件以及这些组件之间的分层关系和应用逻辑。

微课视频

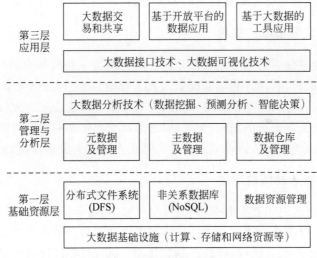

图 1-1　大数据架构参考模型图

1. 基础资源层

1）大数据基础设施

大数据基础设施层是大数据应用系统的最底层，主要指基础资源层的硬件设备和基础设施。例如用于大数据计算的处理器（包括云计算等设备），用于存储各个阶段产生的数据设备（各种分布式存储系统）、网络通信设备和资源。由于大数据的主要特征之一是数据量巨大，因此，一个大数据应用系统，需要大规模的计算、存储和网络基础设施资源，用于数据的采集、处理、分析、挖掘等服务。

2）分布式文件系统

根据大数据的特征，存储大数据的物理文件不直接存放在本地节点上，一般采用分布式文件系统（Distributed File System，DFS），通过计算机网络将各个节点相连，各节点都可以访问异地节点上的资源。目前，大多数的大数据应用系统都采用这种基于客户/服务器模式的分布式文件系统。

3）非关系数据库

大数据不但包含有关系数据库，还有大量的非关系数据库（NoSQL），NoSQL 包括类表结构数据库、文档数据库、图数据库等。由于 NoSQL 摒弃了关系模型的约束，并弱化了数据一致性的需求，从而使数据库具有更强的扩展能力，支持更大规模的数据存储。

4）数据资源管理

在大数据应用系统中，数据资源既有结构化数据（关系数据库），又有半结构化，甚至非结构化数据。因此，对数据资源的管理是一项非常烦琐、复杂的工作，需要有专门的软、硬件来实现，目前主要分为两种方式：一是虚拟化，二是基于 YARN（Yet Another Resource Negotiator）的资源管理层。

2. 管理与分析层

大数据管理与分析层主要负责大数据应用系统的中间层数据的管理,以及在这些数据之上进行的分析、挖掘、预测等一系列处理工作。

1) 元数据

在大数据系统的中间层数据中,元数据(metadata)是最基础、最关键的数据信息。元数据是关于数据的组织关系、数据的定义、数据的类型、数据的取值范围等对数据的约束和规范信息,是关于数据的数据(data about data)。元数据管理(metadata management)是关于元数据创建、存储、整合与控制等一整套流程的集合。应用元数据管理能够提升战略信息的价值,帮助分析人员做出更有效的决策,帮助业务分析人员快速找到正确的信息,从而减少对数据的研究时间,减少数据的误用,减少系统开发的生命周期,提高系统开发和投入运行的速度。

2) 主数据

主数据(masterdata,MD)是指大数据系统的中间层数据的主体,是整个大数据应用系统内,各个子系统需要交换、共享的全部数据。由于在传统的数据(信息)管理系统中,各个企事业内部业务系统的数据相对分散,缺乏对数据的共享,同时也会造成数据冗余、编码不统一、数据不同步等数据质量问题。主数据管理用一组约束和规范,以及一系列的处理方法,来提高主数据的质量。

3) 数据仓库

在大数据时代,由于传统的关系数据库在数据量、数据类型、数据存储模式等方面的限制,已不能满足大数据应用的存储需求,需要新的大数据存储模式,因此数据仓库的概念和技术应运而生。数据仓库可以简单地认为是企业决策支持系统在运行过程中所需全部数据的战略集合,是"面向主题的、集成的、随时间变化的、相对稳定的、支持决策制定过程的数据集合"。

4) 大数据分析

大数据分析是大数据系统核心的组成部分,若没有该组件,大数据系统就好像没有灵魂。只有通过对大数据进行分析,才能挖掘到其内部蕴含的价值。数据挖掘是大数据分析的主要任务,通过多种数据挖掘方法,挖掘内涵价值更全面、更真实的信息。通过对数据进行"全样非抽样、效率非精确、相关非因果"等大数据思维方式的分析、挖掘,预测将要发生的结果,是大数据分析的核心目的;智能决策是大数据分析结果应用的主要途径,可以通过人工智能、专家系统、智能分析等手段解决存在于智能决策领域的复杂问题。

3. 应用层

应用层是大数据系统的顶层,该层以可视化技术和应用接口技术为支撑,为具体的应用系统提供大数据的共享和交易、开放的数据应用平台、各种大数据的应用工具。用户可以通过数据 API 以及服务接口等方式,实现大数据交易、定制等共享服务、接口服务和应用开发支撑服务。

1.2　大数据技术

一般的大数据应用系统的处理流程是：首先，通过平台和工具，对各种数据源进行采集和预处理；然后，使用挖掘算法，对中间层的数据进行分析、挖掘；最后，将分析、挖掘的结果，通过可视化工具进行展示，供人们使用。大数据技术是指在大数据的整个处理流程中，所涉及的数据采集、预处理、数据挖掘、结果展示等一系列技术的总和。

1.2.1　大数据关键技术

微课视频

1. 数据采集与预处理技术

大数据采集就是将存在于企/事业内部信息管理系统中的关系数据、系统日志数据和存在于互联网中的海量结构化、半结构化及非结构化数据，通过各种监控设备，实时获取的大量实时数据以及来自历史的音视频资料的非实时数据，进行整理、集中存储，作为大数据分析、挖掘的原始"材料"。

由于种种原因，通过各种方法、技术采集到的数据一般都有质量问题。因此，对抽取到临时中间层的分布的、异构的数据，都需要进行数据清洗、转换、集成、归约等一系列的预处理工作，最后将处理结果加载到大数据存储系统中，才能用于后续的数据分析、挖掘。

2. 数据存储与管理技术

由于大数据系统的数据量巨大、数据结构复杂等特征，对数据的存储与管理技术要求较高。首先是容量上的扩展，大数据系统应具备对海量数据的存储和管理的能力，并能够方便、及时地按需扩展存储空间；其次是数据格式扩展，由于传统的关系数据库管理系统使用结构化数据，虽然有许多优点，但在存储和管理半结构和非结构化的数据时，缺点也非常明显，尤其缺乏灵活性。

目前，主要的大数据组织存储工具包括 HDFS、NoSQL、NewSQL、HBase 等数据库（仓库）。此外还有 MongoDB 等组织存储技术。

3. 数据分析与挖掘技术

数据分析与挖掘是指通过分析手段、方法和技巧对大量的、不完全的、有噪声的、模糊和随机的数据，进行收集、整理、加工和分析，提取有价值信息的过程。目前，人们已经开发了很多优秀工具，这些工具充分地利用云计算模式和框架，结合机器学习和数据挖掘算法，实现对海量数据的处理和分析。

4. 数据可视化技术

大数据可视化技术将错综复杂的数据和数据之间的关系，通过图片、映射关系或表格等形式，把数据挖掘结果以简单、友好、易用的图形化、智能化的形式呈现给用户，是一种更为清晰、直观的数据表现形式。

5. 数据安全和隐私保护技术

各种数据分布在云端、移动设备、关系数据库平台、PC端、采集器端等多个位置，必然会有数据泄露、数据窃取等与安全、隐私有关的问题。大数据在收集、存储以及使用过程都面临着重大的风险和威胁，对于数据安全而言要面临更大的挑战，传统的数据保护方法已经不再适用。目前，与大数据相关的数据安全与隐私保护技术主要有：云安全接入代理技术、令牌化技术、大数据加密技术、身份识别与访问管理技术等。

1.2.2 大数据支撑技术

微课视频

随着大数据的发展，云计算、物联网和机器学习逐渐走入了人们的视野，这四者代表了IT领域较新的发展趋势，它们之间的联系见图1-2。

图 1-2 大数据、云计算、物联网和机器学习

1. 云计算

维基百科中对云计算的定义：云计算是一种基于互联网的计算方式，通过这种方式，共享的软硬件的资源和信息可以按需求提供给计算机和其他设备。

云计算技术是硬件技术和网络技术发展到一定阶段而出现的一种新的技术模型。

2. 物联网

物联网是新一代信息技术的重要组成部分，具有广泛的用途，同时与云计算、大数据有着紧密的联系。

物联网实际是互联网的延伸，即物与物相连的互联网。万物皆可互联，各种信息传感设备与互联网结合起来，可以形成一个巨大的网络，使得人与物、物与物在任何时间、任何地点互联互通。

3. 机器学习

机器学习（machine learning，ML）是一门多领域交叉学科，涉及概率论、统计学、逼近论、凸分析、算法复杂度理论等多门学科。机器学习的定义：计算机程序如何随着经验积累自动提高性能，即对于某类任务 T 和性能度量 P，如果一个计算机程序在 T 上以 P 衡量的性能，随着经验 E 而自我完善，那么称这个计算机程序在从经验 E 中学习，即让机器模拟人类学习新的知识与技能，重点不是通过某精妙算法而达成，而是让程序通过学习学会解决问题并提高，举一反三，正所谓"授之以鱼不如授之以渔"。

在计算机系统中，所有的信息都是以数据的形式进行存储和管理的，当然也包括所谓的"知识"和"经验"。因此，机器学习首先要从大量的数据中总结、提取出"知识"和"经验"，即对数据进行分析处理，然后才能按照人类的认知学习过程，不断积累和丰富，使计算机变得更"聪明"。实际上，机器学习已经是使计算机更加智能的主要技术，而"智能"的表现之一是数据分析能力。由于大部分的学科都要面对数据分析任务，因此机器学习已经开始影响到计算机科学的众多领域，甚至影响到计算机科学之外的很多学科。机器学习按学习方式分类可以分为以下 4 类：监督学习、非监督学习、半监督学习、强化学习。

1.3 大数据的影响及思维方式

微课视频

1.3.1 大数据的影响

大数据对科学研究、思维方式和社会发展都具有重要而深远的影响。

1. 大数据对科学研究的影响

大数据最根本的价值在于为人类提供了认识复杂系统的新思维和新手段，人类自古以来在科学研究上先后历经了实验科学、理论科学、计算科学和数据密集型科学四种范式。

1）第一种范式：实验科学

在最初的科学研究阶段，人类采用实验来解决一些科学问题，许多著名的科学结论，都是经过实验的验证而得出的。例如，比萨斜塔实验、马拉铜球实验等。

2）第二种范式：理论科学

实验科学会受到多种条件的限制，难以对很多自然现象进行精确的解释。随着科学的进步，人类开始采用数学、几何、物理等理论，构建问题模型和寻找解决方案。比如牛顿的三大定律，奠定了经典力学的概念基础。

3）第三种范式：计算科学

随着第一台通用计算机诞生，科学研究进入了一个以"计算"为中心的全新时代。计算机拥有高速运算能力，对各个科学问题进行计算机模拟和计算，以解决各种问题。

4）第四种范式：数据密集型科学

物联网、云计算等技术的出现，开启了全新的大数据时代。如今，计算机不仅能做模拟仿真，还能进行分析总结，得到理论。在大数据环境下，一切将以数据为中心，从数据中发现问题、解决问题,真正体现数据的价值。大数据成为科学工作者的宝藏,从数据中可以挖掘未知模式和有价值的信息,服务于生产和生活,推动科技创新和社会进步。

第四种范式与第三种范式的明显区别在于,第三种范式一般先提出可能的理论,再搜集数据,然后通过计算来验证;而第四种范式先有了大量已知的数据,然后通过计算得出之前未知的结论。

2. 大数据对社会发展的影响

大数据将会对社会发展产生了深远的影响,具体表现在以下几个方面。

1)大数据决策成为一种新的决策方式

大数据决策可以面向类型繁多的、非结构化的海量数据进行决策分析,已经成为受到追捧的全新决策方式。

2)大数据成为提升国家治理能力的新方法

各级政府可以通过大数据分析、挖掘揭示政治、经济、社会事务的关系,对事物的发展趋势给出准确预判,做出合理、优化的决策,提高公共服务的效率,更好地服务人民,提升人民群众的获得感和幸福感。

3)大数据应用促进信息技术与各行业的深度融合

随着大数据技术和产业的飞速发展以及数据资源的积累和整合,当前很多行业在大数据技术的支撑下,功能和规范已经发生了改变,如银行、金融、交通、旅游等行业。可以设想,在未来 10 年,大数据技术及应用不断累积,将加速推进各行业与信息技术深度融合,开拓行业发展的新方向。

4)大数据开发推动新技术和新应用不断涌现

目前,大数据应用的优势已经显现,人们将更加努力地利用这些优势去满足各种应用需求,各种突破性的大数据技术将被不断提出并得到广泛应用,数据中蕴含的巨大价值将不断被发现并利用。在不远的将来,原来那些依靠人类自身判断力的应用领域,将逐渐被各种基于大数据的应用取代。

3. 大数据对就业市场的影响

大数据的兴起使得数据科学家成为热门职业。2010 年,在高科技劳动力市场上还很难见到数据科学家的头衔,目前,数据科学家逐渐发展为市场上最热门的职位之一,数据科学具有广阔的发展前景。

4. 大数据对人才培养的影响

大数据的兴起,将在很大程度上改变中国高校信息技术相关专业的现有教学和科研体制。一方面,数据科学家是需要掌握统计学、数学、机器学习、可视化、编程等多方面知识的复合型人才;另一方面,数据科学家需要大数据应用实战环境,在真正的大数据环境中不断学习、实践并融会贯通。

目前,国内很多高校设立了大数据专业或者开设了大数据课程,加快推进大数据人才培养体系的建立。2014 年起,中国的各大高等院校相继开设了"大数据技术与应用""数

微课视频

据科学与大数据技术专业"等本科及专科专业，到 2020 年，全国累计有 1000 余所高校已设立大数据相关专业。

1.3.2 大数据的思维方式

自然界和人类社会存在的数据是无限的，而人类的数据采集和分析能力是有限的，如何以有限对无限，大数据思想为我们提供了一种新的思维模式，具体表现在以下几个方面。

1. 全样而非抽样

过去，由于数据采集、数据存储和处理能力的限制，在科学分析中，通常采用抽样的方法。但是，抽样分析方法有优点也有缺点，抽样保证了在客观条件达不到的情况下，可能得出一个相对靠谱的结论，让研究有的放矢。然而，抽样分析的结果具有不确定性，可能会得出某些错误的结论。

现在，已经进入了大数据时代，大数据技术的核心就是处理海量数据。因此，有了大数据技术的支持，科学分析完全可以直接针对全集数据而不是抽样数据，并且可以在短时间内得到分析结果，速度之快，超乎我们的想象。

2. 效率而非精确

采用抽样的分析方法，必须追求分析方法的精确性，否则会导致出现"失之毫厘，谬以千里"的现象。现在，大数据时代采用全样分析而不是抽样分析，全样分析的结果就不存在误差被放大的问题，因此，追求高精确性已经不是其首要目标。大数据时代数据分析具有"秒级响应"的特征，要求在几秒内就给出针对海量数据的实时分析结果，否则就会丧失数据的价值，因此，数据分析的效率成为问题的核心。

此外，在大数据时代，我们能够更加"容忍"不精确的数据，而传统的样本分析师很难容忍错误数据的存在，因为他们一生都在研究如何避免错误数据出现。现在我们拥有各种各样、参差不齐的海量数据，很少有数据完全符合预先设定的情况，因此，我们必须要能够容忍不精确数据的存在。

3. 相关而非因果

传统数据分析的目的有两方面：一方面是解释事物背后的发展机理，另一方面是预测未来可能发生的事件，这两方面都反映了"因果关系"。但是，在大数据时代，因果关系不再那么重要，转而追求"相关性"。在无法确定事物背后的因果关系时，通过对数据的分析、挖掘，可为我们展示存在于事物内部或事物之间的相关性，提供分析、处理问题的新方法。对数据分析、挖掘的结果，为我们提供了事物的信息，消除了不确定性，获得了数据之间的相关性信息，展示了事物背后的因果关系，可以简单地理解为是一种强相关性。因此，在某种程度上，相关性可以反映因果关系，可以帮助预测未来可能发生的事件，这就是大数据思维的核心。

从分析因果关系到获得相关性信息，这个过程并不是抽象未知的，而是已经有了一整套较为成熟的方法,能够让人们从数据中寻找相关性,最后去解决各种各样的难题。

4. 以数据为中心

从事语音识别、机器翻译、图像识别的学者分为两派,一派采用传统的人工智能方法解决问题,简单来讲就是模仿人类;而另一派采用数据驱动法。以前,由于数据量有限,采用人工智能方法的学派占据上风。进入大数据时代后,由于数据存储和网络技术高速发展,人们获得和可用的数据量急剧增加,在某些应用领域,数据驱动方法的优势越来越明显,最终将完成从量变到质变的飞跃。

全世界各个领域的数据不断向外扩展,出现了数据在各领域间的交叉的现象,各个维度的数据从点和线渐渐连成了网,或者说,数据之间的关联性极大地增强。因此,随着大数据技术的普遍应用,使得"以数据为中心"的思考和解决问题的方式,越来越显现出优势。

5. "我为人人,人人为我"

"我为人人,人人为我"是大数据思维的又一体现,城市的智能交通管理是该思想的一个明显例证。从传统的由控制中心集中控制到人人参与智能控制,可以实时提供详细的交通信息,真正实现了"共建共享"。每个使用导航软件的智能手机用户,一方面共享自己的实时位置信息给导航软件公司,使得导航软件公司可以从大量用户那里获得实时的交通路况大数据;另一方面,每个用户又在享受导航软件公司提供的基于交通大数据的实时导航服务。

1.4 大数据伦理及安全

1.4.1 大数据伦理

微课视频

大数据不仅改变了社会,也改变了人们的思维方式和行为。但是也应看到,技术是把"双刃剑",大数据一方面为人们的生活提供了诸多便利和无限可能,另一方面,大数据在产生、存储、传播和使用过程中,可能引发伦理问题。

所谓的"大数据伦理问题",属于科技伦理的范畴,主要涉及由于大数据技术的产生和使用,而改变的集体和个人之间关系的行为准则。大数据技术同其他所有技术一样,其本身是无所谓好与坏的,由于使用大数据技术的个人、公司都有着不同的目的和动机,存在"善"与"恶"之分,由此将导致大数据技术的应用产生出积极影响和消极影响。

1. 大数据伦理的典型案例

1)"撞库"事件

2016年,黑客通过收集互联网上用户名和密码信息,致使某网站账号信息被窃取,间接导致全国多地用户受骗。不法黑客冒充工作人员,以各种理由,诱导用户进行银行卡操作,骗取用户大量户资金。

2)大数据"杀熟"

大数据"杀熟"是指,同样的商品或服务,老客户看到的价格反而比新客户要贵出许多。这一行为一般处于隐蔽状态,多数消费者在不知情的情况下"被溢价"了。大数据杀熟,实际上是对特定消费者的"价格歧视",与其称这种现象为"杀熟",不如说是"杀对价格不敏感的人"。是谁帮企业找到那些"对价格不敏感"的人群呢？是大数据。

3）隐性偏差问题

隐性偏差问题是大数据时代不可避免的一种社会现象。由于大数据技术的应用具有一定的技术（知识）含量,而社会的不同人群所掌握的技术（知识）不同,导致不同的人群所获得的社会服务不同,造成社会相对"不公"的现象,这就是隐性偏差问题。

4）"信息茧房"问题

目前,基于大数据和人工智能的推荐应用越来越多,越来越深入。互联网信息服务商不断推荐我们喜欢的信息来迎合我们的需求,久而久之会导致我们被封闭在一个"信息茧房"里面,看不见外面丰富多彩的世界。由于对世界的认识存在偏差,导致我们可能会做出偏颇的决策。

2. 大数据的主要伦理问题

1）隐私泄露问题

大数据时代下的隐私与传统隐私的最大区别在于隐私的数据化,即隐私主要以"个人数据"的形式出现。而在大数据时代,个人数据随时随地可被收集,个人数据的有效保护面临着巨大的挑战。进入大数据时代,就好像进入了一张隐形的监控网中,我们时刻都处于"第三只眼"的监视之下,并留下一条永远存在的"数据足迹"。

2）数据安全问题

个人产生的数据包括主动产生的数据和被动留下的数据,其删除权、存储权、使用权、知情权等,本属于个人可以自主行使的权力,但在很多情况下难以得到保障。一些信息技术本身就存在安全漏洞,可能导致数据泄露、伪造、失真等问题,影响数据安全。

3）数字鸿沟问题

数字鸿沟是指大数据时代的"不公平",所有人们不能公平地享受大数据技术所带来的便利与效益。产生这一问题主要原因是,大数据技术的应用需要一定的设备和"技术",特别是对于一些老年人,在使用信息基础设施、信息工具以及信息的获取等方面存在一些障碍,造成先进技术的成果不能被公正、公平分享,出现"富者越富、穷者越穷"的情况。

4）"数据独裁"问题

"数据独裁"是指在大数据时代,由于数据量的爆炸式增长,大数据挖掘、预测的结果越来越"准确",使人们越来越依赖数据做出判断和选择。从某个角度来讲,就是人被数据所统治（制约）,人类丧失了人的主动性,成为数据的"奴仆"。

5）数据垄断问题

在进入大数据时代后,数据是一种可在市场中交易的生产要素。然而,数据与其他生产要素具有很大区别,其产生的市场力量与传统市场力量也有很大区别,数据的数量决定其发挥作用的大小。因此,这将导致企业为了获取更高的经济利益,故意不进行数据信息共享,进而形成大数据的垄断,对用户的个人利益造成了损害。

6）数据的真实可靠问题

大数据时代将面临的一个伦理挑战是数据的失信或失真，许多大数据应用系统都是基于真实数据的，失真的或恶意伪造的数据使分析和预测的结果出现偏差，最终将导致各项政策的失误，使社会和个人的利益造成损失，甚至会阻碍社会的发展和进步。

7）人的主体地位问题

当前，由于大数据技术的飞速发展，一切事物都可映射为数据。在万物皆数据的环境下，人的主体地位受到了前所未有的冲击，逐渐丧失了人的主体地位。例如，人们在通过网络阅读新闻时，一些播放软件利用大数据技术，为用户推送大量的"用户感兴趣的新闻"，这会使读者获得的信息相对片面，影响了人的主观判断。

3. 大数据伦理问题的治理对策

1）加强大数据应用主体管理

首先，强化个人对大数据价值（意义）的认知，只有重视、了解它，才能更好地驾驭它、利用它。其次，要树立大数据时代的信息隐私观，要重视、了解由于个人隐私的泄露所带来的严重后果，提高防范意识，维护自身权益。最后，大力开展大数据伦理教育，树立不侵犯他人隐私的意识，对侵犯隐私，特别是造成严重后果的行为，一定要严厉打击。

2）加强大数据技术管理

加强对大数据处理过程中各个环节的监管，主要包括：一是加强个人数据搜集与存储安全保护；二是采取有力的措施限制大数据分析的非法利用与传输；三是从技术方面考虑，盗取他人信息必定需要一定的技术手段，提高信息安全防护技术是保护隐私的重要手段，维护个人隐私需要更加先进的技术。因此，各级政府和企业应该加大资金投入力度，注重技术的研发和人才培养。

3）加强大数据环境监管治理

首先，完善相关法律法规，大数据时代需要新的法律法规进行保障，也需要新的伦理制度给予支撑。其次，建立社会监督体系，构建大众参与、全民监管的监督模式，监管数据的真实性和安全性。最后，可以让公安部和工信部联合执法，加大对违法事件的处罚力度，保护大数据技术的运行环境。

1.4.2 大数据安全

进入 21 世纪以来，互联网已深刻地影响了人们的社会和经济生活，特别是大数据时代的到来，人们不仅要面临传统信息安全的挑战，而且要面临由于大数据技术带来的更加严峻的安全风险和挑战，这些风险和挑战来自多个方面。目前，大数据安全已引起了国家的高度重视，正在进行大数据安全法律政策建设，加快制定大数据安全相关国家标准，产业界也积极投身于大数据安全的发展。

微课视频

1. 大数据面临的安全挑战

1）大数据自身面临的安全挑战

随着大数据技术的不断发展，企业和个人数据信息的价值越来越突显，与其他有价资产相比，对于有价值的数据信息的保护存在其自身的特点。例如，由于数据信息具有共享性，所以数据信息泄露后不易被察觉。另外，由于信息的传播速度快，所以传播范围不易控制，因此，大数据自身面临的安全风险更大。目前，数据泄露事件频发，个人大数据成为重灾区，一些黑客首先利用撞库等手段窃取个人数据，然后将个人数据放在"暗网"中兜售，个人数据窃取的黑色产业链已经逐渐形成。

2）大数据平台安全面临架构和软件的安全风险

近年来，与大数据技术相关的各种平台和工具软件，如雨后春笋，这些大量的软件难免存在个别漏洞，极易引发安全风险。由于部分软件中存在安全漏洞，黑客或攻击者可通过发送特制的请求，利用该漏洞在服务器上执行代码，造成泄露隐私或系统的瘫痪，甚至造成重大经济损失。

3）大数据挖掘技术带来的安全挑战

传统的信息安全防护主要采用匿名化技术，即在涉及个人隐私的信息中，隐藏掉个人的关键信息。例如，在网购的相关信息中，隐藏姓名、电话号码等关键信息。但这一技术，在大数据挖掘技术下可能失效，大数据挖掘和分析能够对匿名化数据进行重新识别，引发隐私安全担忧。同时，大数据挖掘技术也带来数据滥用的风险，如大数据杀熟、价格歧视等。

2. 大数据安全的对策

1）进一步完善大数据安全标准

为应对大数据面临的安全挑战，首先应制定大数据安全相关标准，满足大数据隐私保护、公平交易、风险评估等要求。大数据安全标准应包含两个方面内容：一是为提高大数据产品和服务的安全可控水平，防范各种数据安全，特别是隐私的安全风险，维护国家安全和公众利益；二是建立数据交易与共享相关的数据安全管理办法，加快数据交易安全相关标准的制定工作，保护具有产权特征的数据及在交易过程中双方（也可能是三方）的合法权益。

2）强化大数据核心技术

目前，我国的一些大数据核心技术还存在受制于人的问题。例如，近几年由于芯片产品受制于人，给我国某些高科技产业带来不小的损失。建议加大政策扶持力度，鼓励和扶助国内电子产品厂商的研发投入，并鼓励国内企业的产品优先采用国产软件与硬件，建立自主可控信息技术产业生态体系。

3）推进大数据安全人才培养

目前，我国大数据安全产业研发能力尚不足，大数据安全人才稀缺。鼓励、扶持高校建设大数据安全相关专业，提高人才培养的速度和质量。同时，确立行业培训标准，促进大数据安全人才的认证和培养的专业性，建立公平的优秀人才选拔机制，促进大数据安全产业的健康发展。

3. 加强信息法律体系的构建

在大数据行业内同样存在产权、交易、价格、欺诈等问题，所以，大数据时代的信息法律体系应至少包括以下五部分内容。

1) 大数据时代的信息基本法

为保证大数据产业持续、有序地发展，首先应根据大数据的特征，制定以信息产权为基点的基本法。信息基本法有利于更大程度地发挥法律导向功能，是最高层次的信息法。该基本法应导向性规定信息法律体系的构建理念、立法环境、立法原则、法律关系与框架特征等基本原则，是信息立法的基本准则，它对整个信息法规体系的构造、修改和补充起指导作用。

2) 大数据时代的信息产权法律制度

由于信息具有价值、效益、排他性，所以，信息产权应予以保护。一般认为"信息产权"是"知识产权"的一部分，是信息权利体系中的基础性权利，也是信息法律体系构建的起点与基石，清晰的产权归属是大数据交易的前提与基础。信息产权法律制度应包括：大数据所有权的确认、价值的评估以及交易的定价机制等问题的解决方案及法律依据。

3) 大数据时代的信息开放与共享法律制度

大数据时代加速了"信息爆炸"，政府在履行职责过程中，产生了海量的数据和信息。各种数据信息流中，有的涉密，有的非涉密。政府部门应加大力度，将非涉密数据免费向社会开放，以数据信息互联互通，鼓励企业和个人对这些数据进行开发利用和价值再造，促进"数据驱动"经济社会发展，创造出更大的经济社会价值和公共利益。同时，也应加大对涉密数据的保护力度，对泄密者进行法律和经济的制裁。

4) 大数据时代的信息交易法律制度

网络信息产品有着与传统产品的本质区别，它既具有共享性，又具有排他性与竞争性。信息产品的提供者可能是政府机关或某些公益企事业单位，则此类信息产品不存在交易问题。有些信息产品的提供者是企业或个人，使得这类信息产品具有竞争性，会为企业或个人带来经济效益，消费者（用户）需要付费才可以获取、消费这类信息产品。这将导致消费者和信息产品的提供者之间产生纠纷，信息产品提供者之间存在激烈竞争。因此，各级政府需要充分发挥市场机制的作用，制定合理的价格体系，维护消费者和信息产品提供者的权益，为信息产品交易市场提供法律保障，做到有法可依。

5) 大数据时代的信息安全法律制度

《中华人民共和国网络安全法》自 2017 年 6 月 1 日起施行。该法是为保障网络安全，维护网络空间主权和国家安全、社会公共利益，保护公民、法人和其他组织的合法权益，促进经济社会信息化健康发展而制定的法律。它的颁布实施开启了我国大数据时代网络空间治理与法治建设的新时代。2017 年 4 月 8 日，全国信息安全标准化技术委员会正式发布了《大数据安全标准化白皮书》，重点介绍了国内外的大数据安全方面的政策法规及标准化的现状，重点分析了我们面临的关于大数据安全的安全挑战与风险；同时，此白皮书还制定了大数据安全的标准化体系框架。

1.5 本章小结

大数据时代已悄然来临，引起了信息技术的新革命，影响着社会生产和人们生活的方方面面。大数据技术与其他技术有很大的区别，它是一个新兴的、融合性技术。大数据技术为人类社会发展和进步，提供了巨大的潜力，同时也给我们的社会带了社会伦理、数据信息安全等新问题。因此，在利用大数据技术改善人民生产、生活环境，提高生活质量的同时，也要高度重视大数据战略、相关行业的法律、法规的建设，充分发挥大数据的"正能量"，尽量减小其"负能量"。

习题

1. 简述大数据的特征有哪些？
2. 大数据的应用主要在哪些方面？
3. 大数据改变了人类的哪些思维方式？
4. 人类自古以来在科学研究上先后历经了哪些范式？
5. 简述大数据的层次架构。
6. 大数据有哪些关键技术？
7. 大数据的支撑技术有哪些？
8. 简述我国大数据战略的层次体系。
9. 简述大数据伦理的内涵。
10. 大数据伦理问题主要包括哪些？
11. 大数据面临哪些安全挑战？
12. 针对大数据面临的安全挑战，有哪些对策？
13. 信息法律体系的构建主要涉及哪些方面？

第 **2** 章

大数据采集技术基础

本章学习目标
- 掌握大数据采集的概念、要点以及基本方法等基础知识;
- 掌握大数据分布式文件系统的工作原理以及读/写流程;
- 掌握大数据分布式数据库系统的数据模型、体系结构;

数据是计算机与外部世界之间联系的桥梁,是获取信息的重要途径。传统数据采集解决了从信息到数字信号的处理过程,这一过程数据量小、数据结构简单、数据存储和处理简单。随着信息技术的飞速发展,大数据开启了一个大规模生产、分享和应用数据的时代,如何从大数据中采集出有用的信息已经是大数据发展的关键之一。

2.1 传统数据采集技术

人们一般在使用计算机对数据(信息)进行加工处理时,首先,需要将自然界中的各种信息转换成数字信号(数据)存储在计算机的存储器中,然后,才能利用处理器对存储器中的数据进行加工、处理。因此,数据采集是所有大数据技术应用的第一步,并且随着计算机的存储能力和处理技术的飞速发展以及能处理的数据量急剧增加,数据采集技术的发展前景非常广阔。

2.1.1 传统数据采集及特点

自然界中的绝大部分信息都是以非数字(连续、模拟)信号的形式存在的,而当今的数字计算机中的处理器,又只能对数字信号(数据)进行计算处理。因此,首先需要将通过传感器获取的非数字信息转换为数字信号,并经过对信号的调整、采样、量化、编码等处理,生成数据并传输,最后送到计算机的存储系统中进行存储。将这一过程称为传统的(相对于大数据方式）数据采集（data acquisition），完成数据采集所需的软件和硬件的集合称为数据采集系统。

传统数据采集系统按其在数据采集过程中是否存在信息反馈，分为开环和闭环系统。开环数据采集系统只需将传感器等设备接收的连续、模拟的信号，经过一系列的模/数转换，生成计算机能识别的数字信号，然后存入计算机的存储器中，进行相应的计算和处理，最终得到所需的数据。闭环数据采集系统则需要将部分经采集处理后的信息，作为控制、监视进一步数据采集或其他设备运行的某些物理量。对传统数据采集系统性能的评价，第一是采集、处理及所获得数据的精度，第二是速度。在保证精度的条件下，应该尽可能提高采样速度（采样频率）以及处理速度，实现实时采集、控制。传统数据采集系统都具有以下几个特点。

1. 使用计算机系统

由于计算机的普及，当前的传统数据采集系统一般都包含有计算机系统，小到单片机，大到工作站或小型机，大大提高了数据采集的精度和速度，同时硬件投资成本也相对降低了。

2. 软件提升系统的灵活性

由于出现了大量的仿真和调试平台，使得采集控制程序的编写变得相对容易。因此，软件在数据采集系统中的运用越来越多，作用越来越大，提升了系统设计的灵活性。

3. 数据采集与处理相结合

由于半导体制造工艺的飞速发展，使得数据采集设备具有很强的数据处理能力，使得从数据采集、处理再到控制高度集成化。

4. 可靠性高

由于半导体技术的高度集成化，使得数据采集系统的体积越来越小，功耗越来越低，器件的稳定性越来越高，整个系统可靠性越来越高。

5. 引进新的技术

近年来，在传统的数据采集系统中，出现了很多先进的采集技术，如总线采集技术、分布式采集技术等。

2.1.2 传统数据采集的硬件与软件

按照传统数据采集系统的硬件构成，数据采集系统的架构分为两种形式，一种是基于微型计算机（或单片机）的数据采集系统，另一种是基于网络的集散型数据采集系统。

1. 微型计算机数据采集系统

微型计算机数据采集系统一般由微机（单片机）、传感器、程控放大器、采样/保持器、模/数转换器及外部设备等组成。这种数据采集系统的优点是：系统架构简单、技术上容易实现、成本低廉等，能够满足中、小规模数据采集的需求。对于大规模的数据采集，可以作为集散型数据采集系统的一个基本组成部分。

2. 集散型数据采集系统

集散型数据采集系统是在计算机网络技术的基础上，将若干个"数据采集站"，一台用于整体控制、管理的高档上位机（工作站或小型机），以及通信接口、通信线路（也可以无线）整合在一起，用于大规模的数据采集。其中，数据采集站一般是由单片机数据采集装置组成，位于生产设备附近，独立完成数据采集和处理任务，并将数据以数字信号的形式传送给上位机。与微型计算机数据采集系统相比，集散型数据采集系统具有系统的适应能力强、系统的可靠性高、系统可以实时响应、对系统硬件的要求不高、可采用数字传输等优点。

数据采集系统除了必须有系统硬件外，还必须有系统软件的支持。数据采集系统软件由于具体应用的不同，其规模、功能及所采用的技术也不相同，所配置的软件也不相同，但一般都由模/数信号采集与处理程序、脉冲/开关信号处理程序、系统参数设置程序、系统管理控制程序、通信程序等软件组成。

2.1.3　传统数据采集的关键技术

传统的数据采集系统主要是通过传感器等设备采集自然界中各种物理量，而这些物理量一般都是连续的模拟信号，而计算机处理的信号是二进制的离散的数字信号，所以，数据采集的关键技术就是将传感器等设备测得的连续模拟信号转变为离散的数字信号，这一过程主要涉及采样、量化和编码等关键技术。

1. 采样

采样过程就是将在时间和幅值上连续的模拟信号 $x(t)$，通过周期性开关信号（周期为 T_s），输出在时间上离散的脉冲信号 $x_s(nT_s)$。采样周期为 T_s 决定了采样信号的质量和数量，选择的依据是采样定理。具体的采样技术包括常规采样技术、间歇采样技术和变频采样技术。

2. 量化

采样技术负责把时间和幅值上连续的模拟信号变成时间上离散的采样信号，但此时的采样信号的幅值依然是连续的。下一步，必须将连续的信号转换为数字信号，这一过程称为量化过程。量化就是把采样信号的幅值与某个最小计量单位的一系列整倍数比较，以最接近于采样信号幅值的最小计量单位倍数来代替该幅值，例如，语音信号一般量化为 128 个级别或 256 个级别。

3. 编码

把量化信号的数值用 r 进制代码来表示，称为 r 进制编码。量化信号经编码后转换为数字信号。完成量化和编码的器件是模/数（A/D）转换器。编码有多种形式，最常用的是二进制编码,例如,128 个级别的语音信号用 7 位二进制编码表示,256 个级别的用 8 位二进制编码表示。

微课视频

2.2 大数据采集基础

大数据时代,人们希望能够将隐藏于海量数据中的信息和知识挖掘出来,为人类的社会经济活动提供依据。但是大数据来源广泛,数据结构复杂,如何从大量的数据中采集到需要的数据是大数据技术面临的一个挑战。

2.2.1 大数据采集的概念

数据采集是大数据产业的基石。大数据具有很高的商业价值,但是如果没有数据,价值就无从谈起,就好比不开采石油,就不会有汽油。大数据中蕴含的信息与价值,是通过对数据的分析与挖掘才能被发现和利用的,而且数据量越大,获得的信息越多和价值越大。因此,大数据采集是大数据应用的基础和前提。简单来说,大数据采集就是将现实世界中的数据源(不同于传统数据采集的连续、模拟信号),通过各种技术手段集中、整合和简单处理后,保存在大数据的存储系统中,以备后续的分析、挖掘。在数据大爆炸的互联网时代,被采集的数据不仅数据量巨大,而且数据源和数据类型也复杂多样,包括保存在关系数据库中的结构化数据,存在于网页中的 XML、HTML、报表等各类半结构化的数据,还包括所有格式的传感器数据、办公文档、文本、图片、图像和音频/视频信息等数据结构不规则或不完整、没有预定义数据模型的非结构化数据。

大数据采集与传统的数据采集既有联系又有区别,大数据采集是在传统的数据采集基础之上发展起来的,一些经过多年发展的数据采集架构、技术和工具被继承下来。同时,由于大数据本身具有数据量大、数据类型丰富、处理速度快等特性,使得大数据采集在数据源、数据类型、数据存储及数据处理方式等方面,又表现出不同于传统数采集的一些特点(见表 2-1)。

表 2-1 传统数据采集与大数据采集的区别

项　　目	传统数据采集	大数据采集
数据源	来源单一,数据量相对较少	来源广泛,数据量巨大
数据类型	结构单一	数据类型丰富,包括结构化数据、半结构化数据和非结构化数据
数据存储	关系数据库和并行仓库	分布式数据库、分布式文件系统
数据处理方式	大多采用离线处理方式,对生成的数据集中分析处理,不对实时产生的数据进行分析	对于响应时间要求低的应用可以采取批处理方式集中计算;而对于响应时间要求高的实时应用,则采用流处理的方式进行实时计算,并通过对历史数据的分析进行预测

2.2.2 大数据采集的要点

大数据采集的最终目的不只是存储,当然,存储是大数据应用必需的中间环节,最终目的是通过对数据的分析、挖掘,发现其中蕴含的大量有意义的信息和商业价值。因此,大数据采集具有以下三大要点。

1. 全面性

常言道"巧妇难为无米之炊",想要对数据进行分析挖掘,必须要有足够全面的数据。因此,采集的全面性是大数据采集的第一要求,必须要满足数据分析、挖掘所需。例如,在采集有关天气的数据时,要采集一段连续的时间内所有的气温、气压、湿度、风向等数据,才能用于后续的天气预报,否则预报的准确性将降低。

2. 多维性

如果简单地把大数据理解成关系型的二维表,全面性可以看成"行"的要求,即要有足够多的"记录";多维性则可以理解为要有足够的"列",即描述每个对象(记录)要有足够的属性(字段),这样才能保证数据分析、预测的准确性。例如,同样在采集天气的数据时,一定要采集当地的海拔、纬度等数据。

3. 高效性

大数据中蕴含的信息和价值是有时效性的,同样以天气预报为例,只有预报明天、后天的天气信息才有意义,如果"预报"的是昨天、前天的天气,没有丝毫意义,所以大数据采集对高效性的要求也非常高。数据采集的高效性主要表现在:采集技术的先进性、软件算法的时间复杂性、采集数据的针对性以及数据源提供数据的及时性等方面。

2.2.3　大数据的来源

大数据的来源主要是通过各种数据采集器、企业数据库、社交网络、开源的数据发布、GPS信息、网络痕迹(如购物搜索,历史等)、传感器等收集的结构化或者非结构化的数据。具体包括政府数据,各行业数据、物联网数据以及互联网数据等。

1. 政府数据

政府机构为了便于管理社会而下设的各种部门,比如财政部门、税务部门、海关、审计、社会保障部门、发改委、工商、医疗部门等,几乎所有政府部门为了有效完成部门职能,都已经构建了其业务系统,这些业务系统产生的数据主要以特定的结构存储在相应的数据中心,这些数据蕴含着巨大的价值,能够为政府宏观政策的制定、国家安全防控、社会有效管理等提供有力的数据支撑。

政府数据往往具有较高的真实性、权威性、实时性以及数据对象描述指向性明确且具体等特点。因此,在进行大数据项目的建设过程中,通过某种渠道采集政府相关部门的数据,已经成为一个必然的趋势。不过政府数据的采集还存在很多的挑战和困难:首先,出于数据安全及涉密的考虑,政府数据往往具有很强的封闭性,这使得政府数据的获取成本往往极高;其次,根据不同的职能定位,不同政府部门运营和管理的数据往往仅与该部门独立职能相关,因此,每个部门的政府数据都缺乏全局性,这就意味着采集更为全面的政府数据代价极大；最后，各级政府部门的信息基础设施建设不均衡，这使得相同类型的数据在不同级别的政府部门的服务器上表现形式会不完全一样，这也给数据的采集与整合带来极大的困难。

2. 企业业务数据

大型企业和事业单位出于生产、销售等需求，会构建不同的目标应用系统，例如企业资源计划（enterprise resource planning，ERP）、在线办公、在线交易等，这些系统不仅有效地完成了单位的主营业务，还汇聚了大量相关数据。这些数据以本单位私有财产的形式存放在各自的服务器中，例如，制造业的数据主要包括产品设计数据、企业生产环节的业务数据和生产监控数据，其中产品设计数据以文件为主，企业生产环节的业务数据主要是数据库结构化的数据，而生产监控的数据则是数据量非常大的实时数据。这些数据在辅助实现各个业务系统的价值目标方面具有重要的意义，同时这些数据也为各企事业单位的智能分析提供了重要的数据基础保障。

随着大数据时代的来临，各企业在数据的收集和营运方面也随之发生了变化。其中一个重要的变化就是，随着互联网的不断发展和对各个领域的渗透，各企业开始有意识地将互联网作为一个工具、渠道或平台，将自己的目标应用系统从不同的层次和角度进行改善，然后利用互联网实现更好的产品设计、制造和营销等。以互联网平台为核心，各企事业单位逐步淡化自有内部数据和互联网数据的界限，也就是说，单位内部的信息化应用环境在不断发生变化，互联网数据正从外部数据逐步被纳入本单位的内部数据管理。

如何将互联网的外部数据和企业的内部数据进行有效集成和汇聚，已经成为各企业的共同需求，同时也是这些企业大数据项目建设的重要基础。然而企业的数据采集也存在着很多挑战和困难。首先，不同的企业拥有的数据在目标应用中的价值度是不一样的，数据往往仅仅反映某一个维度的价值趋势，而如何选择更多的、彼此互补的数据源本身就是一个难题，这不但涉及不同企业的数据评估问题，同时还受大数据项目建设的物理条件的约束；其次，在采集和整合不同单位的数据时，一个非技术因素的难题在于潜在合作单位是否愿意将数据共享；最后，不同企业的信息基础设施建设不均衡，这使得相同类型的数据在不同企业的服务器上的表现形式不完全一样，这给数据的采集与整合带来了极大的困难。

3. 物联网数据

物联网在快速发展的同时也制造了海量数据，如何妥善处理及合理利用这些海量数据是物联网下一步发展的关键问题。物联网主要是通过传感器、条形码以及 RFID（radio frequency identification）等技术获取大量数据。

传感器技术的迅速发展和传感器网络的逐步完善为大数据的获取提供了有力的保障。传感器网络能够通过各类集成化的微型传感器进行实时监测、感知和采集各种环境或监测对象的信息，通过嵌入式系统对信息进行处理，并通过随机自组织无线通信网络以多跳中继方式将所感知的信息传送到用户终端，从而真正实现"无处不在的计算"。

条形码技术给零售业带来了革命性的改变，通过内嵌 ID 等信息，在扫描条形码之后，快速在数据库中进行 ID 匹配,很快就可获知该产品的价格、性能、厂商等具体信息。条形码被广泛应用于零售商店的收银以及车站售票等业务中,每天大量的商品销售记录(数据)通过扫描条形码而产生。近年来,智能手机应用的二维码(如支付宝、微信等)也随处可见。

RFID 技术又称无线射频识别,是一种通信技术,可通过无线电信号识别特定目标并读/写相关数据,而无须识别系统与特定目标之间建立机械或光学接触。射频标签是产品电子代码的物理载体,附着于可跟踪的物品上,可全球流通并对其进行识别和读/写,RFID 作为构建物联网的关键技术近年来受到人们的关注,许多行业都运用了射频识别技术。RFID 与条形码相比,扩展了操作距离,且标签的使用比条形码更加容易,携带一个可移动的阅读器便可收集到标签的信息。RFID 被广泛应用于仓库管理和清单控制方面。RFID 读/写器也分移动式和固定式,目前 RFID 技术应用很广,例如图书馆、门禁系统、食品安全溯源等。

4. 互联网数据

随着 Web 技术的发展,互联网上的每个用户的身份由单纯的"读者"进化为"作者"或"共同建设人员",由被动地接收互联网信息向主动创造互联网信息转变。Web 2.0 伴随着博客、百科全书以及社交网络等多种应用技术的发展,大量的网络搜索与交流促使形成海量数据,给人类日常生活方式带来了极大的变革。具体来说、互联网数据的来源如下:

(1)门户网站出于其媒体属性所发布的新闻、评论、报道等,如新浪财经、搜狐新闻等,这些数据往往具有较强的实时性和专业性。

(2)政府部门出于信息公开的目的在互联网上公开的数据,如法院公告、工商缺陷产品召回信息、政府招标信息等,这些数据往往具有很高的可信度。

(3)社交网站出于其媒体属性和社会属性允许普通用户发表自媒体信息,在提供用户社交服务的同时,将用户的言论、生活轨迹等记录下来。这些用户产生的数据往往具有一定的实时性和针对性。

(4)电商网站出于营销目的允许用户自由采购产品并查询、发布产品评论及销售量信息,这些数据往往具有一定的真实性和实时性。

(5)论坛往往是网民发表意见舆情的开放渠道和平台,用户在发表个人意见的同时,自己的价值倾向、事件评估等信息也被网站记录了下来,这些数据往往具有一定的实时性和针对性。

此外,移动互联网正逐渐渗透到人们生活、工作的各个领域。移动支付、手机游戏、视频应用、位置服务等丰富多彩的移动互联网应用的迅猛发展,正在深刻改变信息时代的社会生活。

2.2.4 大数据采集的基本方法

大数据采集是大数据系统必不可少的关键操作,也是数据平台的根基。针对不同的应用环境及采集对象,有多种不同的数据采集方法,包括系统日志文件采集、利用 ETL 工具采集、网络数据采集等。

1. 系统日志文件采集

在大多数的计算机应用系统中，都有自动记录与系统运行有关的日志文件，并且这类文件都有固定的数据格式，便于采集和处理。例如，数据库管理系统的日志文件，会自动记录操作者的账户、操作的数据对象、具体何种操作等信息，再如 Web 服务器日志文件，记录了 Web 服务器何时接受何人的何种处理请求，运行时出现的何种错误等各种原始信息，以及 Web 网站的外来访问信息，包括各页面的点击数、点击率、网站用户的访问量和Web 用户的财产记录等。

Web 服务器的系统日志是大数据采集的主要对象之一，Web 网站为获取用户在网站上的活动信息，一般有以下三种日志文件格式：公用日志文件格式、扩展日志格式和 IIS日志格式，都属于 ASCII 文本格式。关系数据库有时也会被用来存储日志信息，可以大大提高海量日志存储的查询效率。除了为维护系统运行的日志文件外，还有一些专为收集数据的其他日志文件，包括金融应用中的股票指标，网络监控中的用户行为以及交通管理中的道路运行状态信息等，这些日志文件更是大数据采集的目标。

对于系统日志文件采集，可以使用海量数据采集工具，如 Hadoop 的 Chukwa、Cloudera 的 Flume、Facebook 的 Scrible 以及 Apache kafka 等大数据采集框架。这些工具均采用分布式架构，能满足大数据的日志数据采集和传输需求。

2. 利用 ETL 工具采集

在企业内部，组织经营、管理和服务等业务流程中产生了大量的数据并被存储于数据中心或数据集市中。这些数据虽然都是由同一企业的内部业务所产生，但一般是由不同的系统产生并以不同的数据结构存储在不同的数据库中。例如 ERP 系统产生的数据存储在 ERP 数库中，在线交易平台产生的数据存储在交易数据库中。另一方面，在企业运营过程中可能会涉及其他合作企业的数据，这些由不同用户和企业内部不同部门提供的内部数据可能来自不同的途径，其数据内容、数据格式和数据质量千差万别，有时甚至会遇到数据格式不能转换或转换数据格式后丢失信息等棘手问题，严重阻碍了各部门和各应用系统中数据的流动与共享。因此，能否对数据进行有效的整合将成为是否能够对内部数据进行有效利用的关键，ETL 是整合数据的一个重要工具。

ETL 即数据抽取（extract）、转换（transform）、加载（load）。ETL 是将企业内部的各种形式和来源的数据经过抽取、清洗转换之后进行格式化的过程。ETL 的目的是整合企业中分散、零乱、标准不统一的数据，以便于后续的分析、处理和运用。

ETL 主要负责将分散的、异构数据源（如非关系数据库 NoSQL 等）中的数据、平面数据文件等抽取到存储系统的临时中间层后，再进行清洗、转换、集成，最后加载到数据仓库或数据集市中，成为联机分析处理、数据挖掘提供决策支持的数据。为了实现这些功能，ETL 相关工具一般会进行一些功能上的扩展，如工作流、调度引擎、规则引擎、脚本支持、统计信息等。

3．互联网数据采集

互联网大数据多以非结构化的形式存储在互联网中，包括 Web 网页、电子邮件、文本文档和实时社交媒体数据。互联网大数据蕴藏着巨大的价值，将其应用到生产生活中可以有效地帮助人们或企业通过信息挖掘做出比较准确的判断，以便采取适当的行动。例如，在电子商务领域，通过对用户的商品浏览记录和购物单进行分析，挖掘用户的购物偏好，从而推荐用户需要购买的商品；在金融领域，通过分析行业新闻、法院公告、政府政策公告等大数据信息，进行综合分析和预测，辅助银行对客户贷款风险进行预判，实现信贷风险的控制和管理；在社交网络领域，分析用户的博文信息和转发信息，挖掘用户的行为偏好，从而为企业竞争营销提供目标客户等。互联网大数据本身具有的特点决定了其本身隐藏的与众不同的商业价值，对互联网大数据进行有效收集以及充分挖掘，将成为许多行业扩展业务与市场的新兴突破点。

对互联网大数据的收集，通常是通过网络爬虫技术进行的。网络爬虫也叫网页蜘蛛，是一种"自动化浏览网络"的程序，或者说是一种网络机器人。通俗来说，网络爬虫从指定的链接入口，按照某种策略从互联网中自动获取有用信息。

目前，网络爬虫广泛应用于互联网搜索引擎或其他类似网站中，以获取或更新这些网站的网页内容和检索方式。它们可以自动采集能够访问到的所有页面内容，以供搜索引擎做进一步处理（分拣、整理、索引下载到的页面），使用户能更快地检索到需要的信息。

2.3 大数据分布式文件系统

大数据时代的到来，数据呈爆炸式增长。数据的大小从原来的 MB、GB 级别一跃成为当前的 TB、PB 甚至 EB 级别。传统的数据存储和管理方法，已不再适合海量数据的产生，因此，近年来，数据存储和管理技术有了飞跃式的发展。

2.3.1 数据管理技术的发展

数据管理技术从诞生到现在，经过不断演变和发展，如今已经有了一套成熟的理论体系和成熟的产业环境，引领计算机科学的快速发展并带来了巨大的经济效益。数据管理技术中，数据库技术是核心技术。回顾数据管理技术的发展历程，可分为 4 个阶段：文件系统阶段、数据库系统阶段、数据仓库阶段和分布式系统阶段。

1．文件系统阶段

人们研制计算机的最初目的是科学计算，随着数据存储技术的发展，在 20 世纪 50—60 年代，出现了可以长期保存数据的外存储器（如磁带、磁盘、磁鼓等），这些外存储器很快被人们用来存储数据信息。在外存储器中存取数据的基本单位被称为文件，操作系统中也出现了用于文件管理的相应软件，这一阶段存取数据的工具称为文件系统。此时，数据的存取已成为计算机的主要功能之一。

文件系统在数据管理上有一定的优点，但它仍存在一些缺点，主要表现在数据的共享性差、冗余度高、数据的独立性不足、并发访问容易产生异常、数据的安全控制难以实现等方面。

2. 数据库系统阶段

由于采用文件系统对数据进行存取和管理存在缺点，人们研究、设计一种新的数据存取和管理方式，20 世纪 50 年代末期进入数据库系统阶段。在这一阶段，数据库中的数据不再是面向某个应用或某个程序，而是面向整个企业（组织）或整个应用的，也就是说，数据库系统最主要的特点是共享性。

简单来说，数据库就是存储在计算机的外存储器中有组织（格式或模型）的、大量的、共享的数据集合。人们曾设计了三种存储数据的模型，分别是层次型、网状型和关系型，最后关系数据库被人们普遍使用。关系数据库的特点是可以供各种用户共享，具有最小冗余度和较高的数据独立性。用于管理数据库的软件称为数据库管理系统（DBMS），DBMS 非常重要，类似于人在使用计算机时的操作系统。对数据库的所有操作都是通过 DBMS 实现的，如数据库的建立、修改、删除，对数据的存、取、查询，维护数据的完整性和安全性，多用户同时使用数据库时的并发控制，故障恢复等。

数据库技术的出现，改变了人们利用计算机进行数据存储和管理的思维方式，从以程序（用于数据加工处理的）为中心，转向到以数据库（能够实现数据共享的）为中心。采用数据库系统存储和管理数据，既便于数据的集中管理，又便于对数据进行各种操作（如插入、删除、查询等），而且还可以进行数据的统计、分类、排序等简单的分析工作，从而提出了利用数据进行决策的思想。

3. 数据仓库阶段

数据仓库是基于计算机技术的快速发展和大数据时代下企业的需求而提出的，绝大多数数据仓库的建设是为了进行数据分析与挖掘，而且基本是基于关系数据库与多维数据库建立的。

4. 分布式系统阶段

传统的网络文件系统（NFS）虽然也是分布式的，但是在数据的存储和管理上，存在一些致命的缺点：一是数据的存取单位是文件，文件需要存储在单机上，数据的共享性差；二是当很多客户端同时访问 NFS 服务器时，对网络的压力大，且对服务器的处理能力要求高，极易产生瓶颈效应；三是对数据的操作，需先将数据下载到本地，很难保证数据的一致性。因此，NFS 虽然解决了数据分散的问题，但不是一个"好的"分布式数据存储管理系统。

要提高网络上数据的存取和管理性能，不能只靠提高网络的通信能力和服务器的处理能力，而应多从软件上考虑。现行的分布式系统（distributed system）是建立在网络之上的软件系统，具有高度的内聚性和透明性。内聚性是指每个数据库分布节点高度自治；透明性是指每个数据库分布节点对用户的应用来说都是透明的，看不出是本地还是远程。在分布式数据库系统中，用户在访问数据时，感觉不到数据是分布存储的，即用户不需要知道一个关系表是否被分割、是否有无副本数据的存在,对数据的具体操作在哪个站点上执行等。根据分布存储和管理的对象,分布式系统分为分布式文件系统和分布式数据库系统两类,下面先讨论分布式文件系统。

2.3.2 HDFS 概述

HDFS(Hadoop Distributed File System)是一个基于 Hadoop 框架的分布式文件系统,具有高度容错性,适合部署在廉价的机器上。HDFS 能提供高吞吐量的数据访问,适合处理有超大数据集的应用程序。HDFS 有以下几个基本要素。

1. Block

Block(数据块)是 HDFS 中的基本存储单位,Hadoop 架构下 Block 的默认大小为64MB,其大小决定了文件系统读/写数据的吞吐量及应用程序寻址的速度。每个 Block 对应一个或多个 Map 的任务。

2. Name Node

Name Node 维护 HDFS 存储文件数据的元信息,处理来自客户端对 HDFS 的各种操作的交互反馈。存储镜像(namespace image)文件和编辑日志(edit log)文件,这两个文件也会被长期存储在本地硬盘。

3. Secondary Name Node

Secondary Name Node 周期性保存 Name Node 的元数据检查点,这些元数据包括镜像文件(FsImage)数据和编辑日志(edit log)数据。如果 Name Node 故障,在 Name Node 下次启动时,会把 FsImage 加载到内存中。

4. Data Node

Data Node 是文件系统的工作节点,根据客户端或是 Name Node 的调度存储和检索数据。定期向 Name Node 发送所存储的块的列表。Data Node 启动时会向 Name Node 报告当前存储的数据块信息,后续也会定时报告修改信息。Data Node 之间会进行通信,复制数据块,默认 3 份,保证数据的冗余性。

5. Node Manager

Node Manager(节点管理程序)对它所在节点上的资源进行管理(CPU、内存、磁盘的利用情况)。定期向 Resource Manager 汇报该节点上的资源利用信息,监督 Container(容器)的生命周期。监控每个 Container 的资源使用情况,追踪节点健康状况,管理日志和不同应用程序用到的附属服务(Auxiliary Service)。

6. Resource Manager

Resource Manager(资源管理程序)负责集群中所有资源的统一管理和分配,接收来自各个节点管理程序（Node Manager）的资源汇报信息，并把这些信息按照一定的策略分配给各个应用程序（实际上是 Application Manager）。

2.3.3　HDFS 特点

1. 优点

（1）高容错性，数据自动保存多个副本，副本丢失后，自动恢复。

（2）适合批处理，通过移动计算而非移动数据，移动数据位置暴露给计算框架（Block偏移量）。

（3）适合大数据处理，能够处理 GB、TB 甚至 PB 级数据，百万规模以上的文件数量，一万以上节点。

（4）可构建在廉价机器上，通过多副本提高可靠性，提供了容错和恢复机制。

2. 缺点

（1）做不到低延迟数据访问，如毫秒级、低延迟与高吞吐率。

（2）不适合小文件存取，占用 Name Node 大量内存，寻道时间超过读取时间。

（3）不支持并发写入、文件随机修改，一个文件只能有一个写者，仅支持追加。

2.3.4　HDFS 工作原理

HDFS 设计之初就非常明确其应用场景，有一个相对明确的指导原则。

1. HDFS 设计目标

1）存储非常大的文件

HDFS 存储数据至少是几百 MB、GB 或者 TB 级别，实际应用中已有很多集群存储的数据达到 PB 级别。根据 Hadoop 官网，Yahoo 的 Hadoop 集群约有 10 万个 CPU，运行在 4 万个机器节点上。

2）采用流式的数据访问方式

由于 HDFS 要处理大规模的数据，用户的应用程序对数据进行的分析、处理工作，一次需要访问大量的数据。在 HDFS 中，应用程序对数据的访问采用批量处理方式，而不是采用交互式的处理。因此，HDFS 的应用程序以流的形式访问数据集，请求读取（访问）整个数据集比一次读取一条记录具有更高的效率。

3）运行于商业硬件上

Hadoop 的设计目标是尽量降低系统的硬件成本，不需要运行在专用的、高可靠性的机器上，可运行于普通商用机器（可以从多家供应商采购）。在一个集群（尤其是大的集群）系统中，节点失败率是比较高的。HDFS 的另一目标是确保集群在节点失败的时候，不让用户感觉到明显的中断。

2. HDFS 体系架构

HDFS 采用了主从（Master/Slaves）结构模型，一个 HDFS 集群包括一个 Name

Node 和若干 Data Node(见图 2-1)。Name Node 作为中心服务器,负责管理文件系统的命名空间及客户端对文件的访问,集群中的 Data Node 一般是一个节点,运行一个数据节点进程,负责处理文件系统客户端的读/写请求,在 Name Node 的统一调度下进行数据块的创建、删除和复制等操作。每个 Data Node 的数据实际上是保存在本地 Linux 文件系统中的。每个 Data Node 会周期性地向 Name Node 发送"心跳"信息,报告自己的状态,没有按时发送心跳信息的 Data Node 会被标记为 Dead,不会再给它分配任何读/写请求。

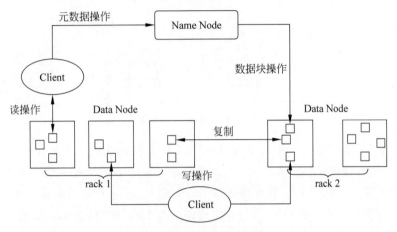

图 2-1　HDFS 的体系结构

存储在 HDFS 中的文件首先被分成块(通常为 64MB),然后将这些块复制到多个计算机中(Data Node)。每个分块的大小和复制的块数量等参数,在创建文件时由客户端决定。Name Node 可以控制所有文件操作。HDFS 内部的所有通信都基于标准的 TCP/IP。

由于 HDFS 是采用 Java 语言开发的,所以只要是支持 Java 虚拟机(JVM)的任何机器都可以作为部署 Name Node 和 Data Node 的节点。当然,一般要在集群中选择一台性能较好(可靠性高)的机器作为 Name Node,其他机器作为 Data Node。一台机器可以运行任意多个 Data Node,Name Node 和 Data Node 也可以放在同一台机器上运行,但很少在正式部署中采用这种模式。HDFS 集群中只有唯一一个 Name Node,该节点负责所有元数据的管理。这种设计大大简化了分布式文件系统的结构,可以保证数据不会脱离 Name Node 的控制,同时用户数据也永远不会经过 Name Node,这大大减轻中心服务器的负担,方便数据的管理。

2.3.5　HDFS 的读/写数据流程

1. 读数据流程

HDFS 可以直接使用 File System 操作读取数据,或者使用 URL 来读取数据。下面以采用 File System 方式介绍读数据的流程,见图 2-2。

(1) 客户端读取数据的第一步是,通过 open 方法,向分布式文件系统传递一个包含该数据的文件 Path。

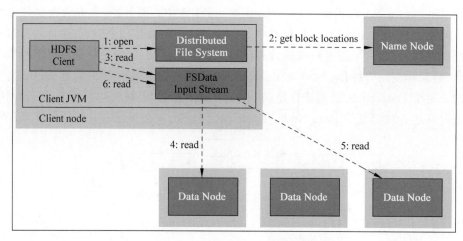

图 2-2　HDFS 读取数据流程

（2）分布式文件系统（DFS）采用远程过程调用（RPC），获取包含最开始几个 Block 的文件的 Data Node 网络地址。Name Node 根据刚获取的 Data Node 网络地址，结合网络拓扑结构判断哪些 Data Node 节点有这些 Block 副本，记录并返回地址。如下为特殊情况：如果客户端本身是一个 Data Node，并且该节点上刚好有这些 Block 副本，则直接从本地读取数据，读取流程结束，否则，继续执行步骤（3）。

（3）客户端使用 open 方法返回的 FS Data Input Stream 地址，调用 read 方法，采用数据流方式读取数据对象。

（4）分布式文件系统负责连接含有第一个 Block、最近的 Data Node 节点，然后采用数据流方式，反复调用 read 方法读取数据。

（5）当第一个 Block 中的数据读取完毕之后，分布式文件系统寻找下一个 Block 的最佳 Data Node，继续读取数据。如果有必要，分布式文件系统会联系 Name Node，一次获一批 Block 的节点地址信息，这些寻址过程对客户端都是不可见的。

（6）数据读取完毕，客户端调用 close 方法关闭流对象。

如果在上述的读数据流程中，发现与某一 Data Node 的连接发生通信故障，分布式文件系统会尝试从下一个最佳 Data Node 节点读取数据，并且记住该失败的 Data Node 节点，后续 Block 的读取不会再连接该节点。读取一个 Block 之后，分布式文件系统会进行数据的检验和验证，如果有误，分布式文件系统同样尝试从其他节点读取数据，并且将损坏的 block 汇报给 Name Node，客户端连接哪个 Data Node 获取数据，是由 Name Node 来平衡、调度的。因此，当有大量的并发客户端请求时，Name Node 会分配 Data Node 节点，做到使整个集群的通信负载均衡，而且 Block 的位置信息是存储在 Name Node 的内存中，请求和响应的效率非常高，因此，不会出现系统瓶颈问题。

2. 写数据流程

在 HDFS 中，通过使用 File System 类的 create 方法进行写数据操作。create 方法返回一个输出流（FS Data Output Stream），使用输出流的 get Pos 方法查看当前文件的位移,但是不能进行 seek 操作,HDFS 仅支持追加操作。写数据的流程见图 2-3。

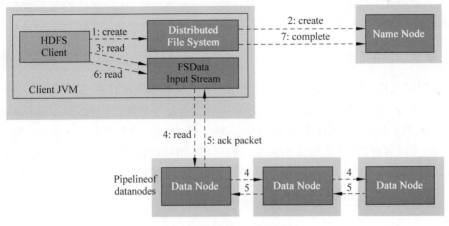

图 2-3　HDFS 的写数据流程

（1）客户端若有数据要写,首先调用分布式文件系统的 create 方法。

（2）分布式文件系统采用远程过程调用（RPC）,在 Name Node 上创建一个新文件,此时该文件没有关联到任何 Block。在这个过程中,Name Node 会做很多校验工作,例如是否已经存在同名文件,是否有权限。如果验证通过,返回一个输出流对象。如果没有通过验证,则向客户端发送异常信息。

（3）客户端在写入数据时,输出流被分解为多个 packet（数据包）,并写入一个数据队列中,该队列由数据流线（Data Streamer）管理。

（4）数据流线负责请求 Name Node,分配新的 Block 存放的 Data Node（一般是多个）。这些 Data Node 存放同一个 Block 的副本,构成一个管道。数据流线将 packet 写入管道的第一个 Data Node,第一个 Data Node 存放好 packet 之后,转发给下一个 Data Node,以此方式往下传递,直到所有被分配的 Data Node。

（5）分布式文件系统的输出流同时要维护一个确认队列（ack queue）,等待来自 Data Node 的确认消息。当管道上的所有 Data Node 都确认之后,该 ack packet 才从确认队列中移除。

（6）数据写入完毕,客户端通过 close 方法,关闭输出流。将所有的 packet 刷新到管道中,然后,等待来自 Data Node 的确认消息。当全部得到确认之后,告知 Name Node 文件是完整的。此时,Name Node 还需要进一步判断是否达到最小副本数的写入要求,如果达到要求,返回成功信息给客户端,否则,返回出错信息给客户端。

（7）项目完成,流程结束。

2.4　分布式数据库系统 HBase

2.4.1　分布式关系数据库系统的缺陷

关系数据库系统经历了半个多世纪的发展,出现了许多优秀的关系数据库管理系统,如 SQL Server、Oracle 等,在数据存储和管理方面为人类做出了巨大贡献。在进入大数据时代后,集中式的数据存储逐渐被分布式的数据存储取代,而分布式的关系数据库系统却难以适应大数据时代的要求,主要的原因有以下几点。

1. 规模效应带来的压力

大数据时代最主要的特征之一是数据量的暴增,单独一台计算机很难满足如此大规模数据量的存储和管理,也就是说用有限去应对无限是不可能。因此,分布式技术是必然的选择。关系数据库(RDB)可以见看作一张二维表,每一"行"称为记录(元组),每一"列"称为字段(属性)。传统的关系数据库在纵向扩展(增加记录)方面非常擅长,但在横向扩展(增加属性)方面却有些限制,而数据的横向扩展也是当前大数据发展的一个趋势。

2. 数据类型的多样性和低价值密度性

传统的关系数据库是结构化的,即所有的记录都具有相同的属性个数,且每个属性都具有相同的类型、长度等。可以理解成是标准的二维表,表中每个单元格数据的价值密度相对较高(很重要)。然而,大数据时代下的数据形式是多样的,各种半结构化、非结构化的数据是大数据的重要组成部分,且对数据的数量要求远大于对数据精度(质量)的要求,即单个数据的价值密度较低,关系数据库系统很难满足这些挑战。

3. 设计理念的冲突

关系数据库适用于数据查询、分类、统计等一些较基础的应用,在某种意义上说,是"事后"对所发生事情的"总结",而当前大数据应用的一个主要目的是,事前对将要发生的事情的"预测"。所以,从设计理念上说,关系数据库已再不适应当前大数据的发展。

2.4.2　HBase 简介

HBase(Hadoop Database)是一个分布式的、面向列的开源数据库系统。不同于一般的关系数据库,它是一个适合于非结构化数据存储的数据库。另一个区别为 HBase 是基于列,而不是基于行。

1. HBase 特性

1) 容量巨大

HBase 的单表可以有百亿行、百万列,可以在横向和纵向两个维度插入数据,具有很大的弹性。当关系数据库的单个表的记录为亿级时,查询和写入的性能都会呈现指数级下降,这种庞大的数据量对传统数据库来说是一种灾难,而 HBase 在限定某个列的情况下,对于单表存储百亿甚至更多的数据都没有性能问题。

2) 列存储

与很多面向行存储的关系数据库不同,HBase 是面向列的存储和权限控制的,它里面的每个列是单独存储的,且支持基于列的独立检索。在列存储里是按照列分开保存的,在这种情况下,进行数据的插入和更新,行存储会相对容易。而进行行存储时,查询操作需要读取所有的数据,列存储则只需要读取相关列,可以大幅降低系统 I/O 吞吐量。

3)稀疏性

通常在传统的关系数据库中,每列的数据类型是事先定义好的,会占用固定的内存空间,在此情况下,属性值为空(NULL)的列也需要占用存储空间。而在 HBase 中的数据都是以字符串形式存储的,为空的列并不占用存储空间,因此 HBase 的列存储解决了数据稀疏性方面的问题,在很大程度上节省了存储开销。所以 HBase 通常可以设计成稀疏矩阵,同时这种方式比较接近实际的应用场景。

4)扩展性强

HBase 工作在 HDFS 之上,理所当然地支持分布式表,也继承了 HDFS 的可扩展性。HBase 的扩展是横向的,横向扩展是指在扩展时不需要提升服务器本身的性能,只需要添加服务器到现有集群即可。HBase 表根据 Region 大小进行分区,分别存在集群中不同的节点。当添加新的节点时,集群就重新调整,在新的节点启动 HBase 服务器,动态地实现扩展。这里需要指出,HBase 的扩展是热扩展,即在不停止现有服务的前提下,可以随时添加或者减少节点。

5)高可靠性

HBase 运行在 HDFS 上,HDFS 的多副本存储可以让它在出现故障时自动恢复,同时 HBase 内部也提供 WAL 和 Replication 机制。WAL(Write-Ahead-Log)预写日志是在 HBase 服务器处理数据插入和删除的过程中用来记录操作内容的日志,保证了数据写入时不会因集群异常而导致写入数据的丢失;而 Replication 机制是基于日志操作来做数据同步的。当集群中单个节点出现故障时,协调服务组件 ZooKeeper 通知集群的主节点,将故障节点的 HLog 中的日志信息分发到各从节点进行数据恢复。

2. HBase 与传统关系数据库的区别

1)数据类型

关系数据库采用关系模型,描述每一行(记录)的数据分为不同的属性值,每个属性值有不同的数据类型和存储方式,例如数值型、序数型、逻辑(二元)型等。而 HBase 则采用了更加简单的数据模型,把描述每一行(记录)的数据转化为未经解释的字符串进行统一存储。

2)数据操作

关系数据库的一大特色就是可以利用关系演算,进行复杂的多表之间的操作(连接、拆分等)。而 HBase 只有针对"行"的简单操作,如插入、查询、删除、清空等,不包含存在复杂的表与表之间的关系操作,淡化了复杂的表和表之间的关系。

3)存储模式

关系数据库是基于行模式存储的,每一行的所有列的数据都存储在同一个数据表文件中。HBase 是基于列存储的,每个列族都由几个文件保存,不同列族的文件是分离的,也就是说,一行(记录或对象)的数据可能存储在多个数据文件中。

4)数据索引

关系数据库的另一个特色是其索引文件,通常用户可以针对不同查询要求,构建复杂的多个索引,这虽然可以提高数据访问(查询)速度,但当进行数据的插入和删除等操作时需要更新索引文件,否则将会出错。而 HBase 只有一个索引——行键,通过巧妙的设计,HBase 中的所有访问方法只能通过行键访问或者通过行键扫描,这样虽然会使数据访问变慢,但其他操作却更加简单,如插入、删除等。

5) 数据维护

在关系数据库盛行的时代,一是为了节约存储空间;二是为了保证数据的唯一性;三是为了便于管理,记录数据的更新操作是真的“更新”,即用最新的当前值去替换记录中原来的旧值,数据库中只保留最新的数据。而在 HBase 中执行更新操作时,并不会删除旧版本的数据,而是生成一个新的版本,原来旧版本的数据仍然保留。这样设计的主要考虑,旧版本的数据也蕴含着信息,也是有价值的。

6) 可伸缩性

可伸缩性含有两个方面的意思。一是对数据表来说,关系数据库很难实现横向扩展,即增加“列”(属性)很难,即使纵向扩展也会受到单台机器存储空间的限制。相反,HBase 和 Big Table 这些分布式数据库就是为了实现灵活的水平扩展而开发的,且存储数据的量不受单台机器存储空间的限制。二是从系统的硬件配置来说,HBase 在增加集群中节点的数量或扩展存储空间,都是轻而易举的事情,且这一过程中并不中断系统的应用。所以,分布式数据库系统 HBase 比分布式关系数据库系统具有更高的可伸缩性。

3. HBase 的应用场景

1) 确信有足够大的数据

HBase 适合分布在有上亿或上千亿行的数据,如果只有上百或上千万行数据,则用传统的 RDBMS 可能是更好的选择。因为所有数据可以在一两个节点保存,集群其他节点可能闲置。

2) 确信可以不依赖所有 RDBMS 的额外特性

由于 HBase 有与 RDBMS 不同的特性,例如列数据类型、第二索引、事务、高级查询语言等。

3) 确信有足够的硬件环境

因为 HDFS 在小于 5 个数据节点时,基本上体现不出它的优势,所以基于 HBase 的应用系统应有一定的硬件条件,数据节点数应大于 5 个。

HBase 的一个典型应用是 Web Table,一个以网页 URL 为主键的表,其中包含爬取的页面和页面的属性(如语言和 MIME 类型)。Web Table 非常大,行数可以达十亿级别。在 Web Table 上连续运行用于批处理分析和解析的 Map Reduce 作业,能够获取相关的统计信息,增加验证的 MIME 类型列以及人工搜索引擎进行索引的解析后的文本内容。同时,表格还会被以不同运行速度的“爬取器”(crawler)随机访问并随机更新其中的行;在用户单击访问网站的缓存页面时,需要实时地将这些被随机访问的页面提供给他们。

2.4.3 HBase 的数据模型关键要素

HBase 是一个稀疏的、长期存储的(存在 HDFS 上)、多维度的、排序的映射表。这张表的索引是行键、列(列族:列限定符)和时间戳。HBase 的数据都是字符串,没有类型。

可以将一个表想象成一个大的映射关系,通过行键+列(列族:列限定符)+时间戳,就可以定位特定数据。由于 HBase 是稀疏存储数据的,所以某些列可以是空的。HBase 由以下的要素构成。

1. HBase 的关键要素

1)表

HBase 采用表(table)来组织数据,有时为了与关系数据库的表相区分称为 Big table。表同样由行和列组成,列被划分为若干列族。

2)行

每个 HBase 表都由若干行(row)组成,每个行由行键(row key)来标识。可以通过全表扫描、单个行键或一个行键的区域 3 种方式来访问表中的行。行键可以是任意字符串,其最大长度为 64KB,行键的长度一般为 10~100 字节,HBase 内部行键一般以字节数组的方式被保存。

3)列族

一个 HBase 表被分组成许多"列族"(column family)的集合,它是基本的访问控制单元。列族需要在表创建时进行定义。当列族被创建之后,数据可以被存放到列族中的某个列下面。列名都以列族作为前缀。

4)列限定符

列限定符(column qualifier)是列族中数据的列索引,列族里的数据通过列限定符(或列)来定位。列限定符没有数据类型,一般被视为字节数组 Byte[]。在 HBase 中,使用(:)来分隔列族和列族修饰符,写在 HBase 源码中不能够修改。

5)单元格

在 HBase 表中,通过行、列族、列限定符和时间戳或版本来确定一个单元格(cell)。一个单元格中可以保存同一份数据的多个版本。单元格的内容是不可分割的字节数组。单元格中存储的数据没有数据类型,所有类型的数据都转换成字符串,被视为字节数组 Byte[]。

6)时间戳

每个单元格都保存着同一份数据的多个版本,采用时间戳(time stamp)进行索引。时间戳一般是 64 位整型(表示公元 1 年 1 月 1 日零时起至当前的总毫秒数),可以由用户赋值,也可以由 HBase 在数据库写入时自动赋值。每次对单元格执行操作(新建、删除、修改)时,HBase 都会自动生成并存储一个时间戳。在每个存储单元中,不同版本的数据按照时间戳倒序排序,即最新的版本数排在最前面。

2. HBase 的逻辑模型

下面以一个实例来阐释 HBase 的逻辑视图模型。表 2-2 是一张用来存储学生信息的 HBase 表，学号作为每位学生行键的唯一标识。表中存有两组数据：学生李明（LiMing），学号 1001，英语成绩 100 分，数学成绩 80 分；学生张三（ZhangSan），学号 1002，英语成绩 100，数学成绩 90。表中的数据通过一个行键、一个列族和列限定符进行索引和查询定位。通过{row key,column family,time stamp}可以唯一确定一个存储值，即一个键值对：

{row key,column family,time stamp}→value

表 2-2　HBase 数据逻辑模型——学生表

行键	列族 Sname	列族 course		时间戳	value
		Math	English		
1001		course：math		t3	80
			Course：English	t2	100
	Sname			t1	LiMing
1002		course：math		t6	90
			Course：English	t5	100
	Sname			t4	ZhangSan

3. HBase 的物理模型

在逻辑模型中，HBase 中的每个表是由许多行组成的，但是在物理存储层面，它与 C 语言存储二维数组的方式相同，采用基于列的存储方式，而不是像传统关系数据库那样采用基于行的存储方式，这也是 HBase 和传统关系数据库的重要区别。表 2-2 中的逻辑模型在物理存储的时候，会存储成表 2-3 的形式，按照 Sname 和 course 这两个列族分别存放，属于同一个列族的数据会保存在一起，空的列不存储成 null，而是不会被存储，这样可以起到节约存储空间的作用，但是当被请求时同样会返回 null 值。

表 2-3　HBase 数据物理模型——学生表

列族	行键	列限定符	时间戳	value
Sname	1001	Sname	t1	LiMing
	1002	Sname	t4	ZhangSan
Course	1001	math	t3	80
		English	t2	100
	1002	math	t6	90
		English	t5	100

2.4.4　HBase 的体系结构

HBase 采用主/从（Master/Slave）架构搭建集群，由一个主服务器（HMaster）节点、若干个区域服务器（HRegionServer）节点、一个分布式协调器（ZooKeeper）组成的集群，而在底层，它将数据存储于 HDFS 中，也可以将底层的存储配置为 Azure Blob Storage（用来存放大量的像文本、图片、视频等非结构化数据的存储服务）或 Amazon Web Services（亚马逊云计算服务）。HBase 的体系架构见图 2-4。

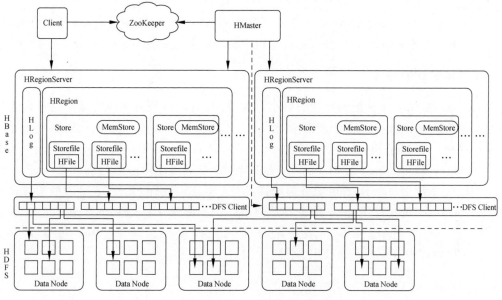

图 2-4　HBase 的体系架构

1. Client 的主要功能

（1）使用 HBase 的 RPC 机制与 HMaster 和 HRegionServer 进行通信。

（2）对于管理类操作，Client 与 HMaster 进行 RPC。

（3）对于数据读/写类操作，Client 与 HRegionServer 进行 RPC。

2. ZooKeeper 功能

（1）通过 ZooKeeper 的 Master Election 机制，保证同时只有一个 HMaster 处于 Active 状态，Master 与 RegionServer 启动时会向 ZooKeeper 注册。

（2）时监控 RegionServer 的上线和下线信息，并实时通知给 Master。

（3）存储所有 Region 的寻址入口和 HBase 的模式（schema）和表（table）的元数据。

（4）ZooKeeper 的引入实现 HMaster 主从节点的故障转移（failover）。

3. HMaster 功能

（1）管理 HRegionServer，实现其负载均衡。

（2）管理和分配 HRegion，比如在某个 Region 变得过大时，需要对其进行切分，即 HRegion split，此时 HMaster 需要分配新的 HRegion；在 HRegionServer 退出时迁移其内的 HRegion 到其他 HRegionServer 上。

（3）监控集群中所有 HRegionServer 的状态（通过 Heartbeat 和监听 ZooKeeper 中的状态）。

（4）处理 schema 更新请求（创建、删除、修改 Table 的定义）。

4．HRegionServer 功能

（1）RegionServer 维护 Master 分配给它的 Region，处理对这些 Region 的 I/O 请求。

（2）RegionServer 负责切分在运行过程中变得过大的 Region。

5．Store（HStore）

Region 是 Master 分配和管理的最小存储单元，但并不是最小的物理存储单元或数据读/写单元。Region 由一个或者多个 Store 组成，每个 Store 保存一个列族；每个 Strore 又由一个 MemStore 和 0 至多个 StoreFile 组成，StoreFile 存储在 HDFS 上（数据写入时，先写 MemStore，当 MemStore 超过阈值（默认 64MB），则会刷入 StoreFile 磁盘），HBase 系统为每个 Region 服务器配置了一个日志（HLog）文件，它是一种预写式日志（Write Ahead Log）。Region 服务器是 HBase 的核心模块，而 Store 则是 Region 服务器的核心。每个 Store 对应了表中的一个列族的存储。每个 Store 包含了一个 MemStore 缓存和若干个 StoreFile 文件。

6．HLog

每当我们写一个请求，数据会先写入 MemStore 中，当 MemStore 超过了当前阈值才会被放入 StoreFile 中，但是在这期间一旦主机停电，那么之前 MemStore 缓存中的数据就会全部丢失。因此，HBase 使用日志（HLog）来应对这种突发情况。HBase 要求用户更新数据必须先被记入日志后才能写入 MemStore 缓存，并且直到 MemStore 缓存内容对应的日志已经被写入磁盘后，该缓存内容才会被刷新写入磁盘。

2.5　大数据分布式数据仓库

数据仓库（Data Warehouse，DW 或 DWH）是一个面向主题的、集成的、相对稳定的、反映历史变化的数据集合，为决策支持系统和联机分析应用提供结构化的数据环境。其主要功能是将企事业单位累积的大量数据，经系统的分析整理，存储在数据仓库理论所特有的数据储存架构中，为各种分析方法（如联机分析处理、数据挖掘等）提供大量有效的、结构化的数据，以利于决策的快速拟定和建构商业智能。

2.5.1　数据仓库的特点

数据仓库技术的出现远晚于数据库技术，但它并不是所谓的"大型数据库"，而是为数据分析以及智能决策而产生的，因此有如下特点。

1. 效率足够高

由于各种数据分析技术对数据源和分析结果都有严格的时间要求,日是最基本的时间周期,有时甚至以小时或更短的时间单位为周期,例如,大家最熟悉的天气预报,现在可以做到小时级。因此,要求数据仓库的数据存取以及更新效率足够高,否则无法满足实际应用的需求。

2. 数据质量

数据仓库的最主要应用是为智能决策提供支持,常言道"失之毫厘,谬以千里"。因此,对数据仓库中数据的质量要严格要求,否则,脏数据将分析出错误的结果,导致制定出错误的决策,造成不可挽回的损失。

3. 扩展性

由于数据分析、挖掘技术的发展迅速,在进行数据仓库系统架构设计时,要考虑到未来 3～5 年的扩展性。这主要体现在数据建模具有合理性,数据仓库方案中多出一些中间层,使海量数据流有足够的缓冲,不至于数据量增加时,系统无法运行。

4. 面向主题

传统数据库的数据组织是面向事务处理的,且各个业务系统之间各自分离,而数据仓库中的数据是面向一定的主题进行组织的。主题是一个抽象概念,是在较高层次上将企业信息系统中的数据综合、归类并进行分析利用的一种抽象,每个主题对应一个宏观的分析领域。数据仓库排除对于决策无用的数据,提供特定主题的简明视图。

2.5.2 Hive 的内部架构

Hive 是建立在 Hadoop 上的数据仓库基础构架。它提供了一系列的工具,可以用来进行数据提取、转化、加载,这是一种可以存储、查询和分析存储在 Hadoop 中的大规模数据的机制。Hive 定义了简单的类 SQL 查询语言,称为 HQL,它允许熟悉 SQL 的用户查询数据。同时,HQL 也允许熟悉 MapReduce 开发者的开发自定义的 mapper 和 reducer 来处理内建的 mapper 和 reducer 无法完成的复杂的分析工作。

由于 Hive 构建在静态批处理的 Hadoop 之上,因此不适合那些需要低延迟的应用。Hive 的最佳使用场合是大数据集的批处理作业,例如网络日志分析。

Hive 的内部架构由四部分组成,见图 2-5。

1. 用户接口

用户接口主要有三个:CLI、Client 和 WUI,中最常用的是 CLI。启动 CLI 时,会同时启动一个 Hive 副本。Client 是 Hive 的客户端,用户连接至 Hive Server。在启动 Client 模式的时候,需要指出 Hive Server 所在节点,并且在该节点启动 Hive Server。WUI 通过浏览器访问 Hive。

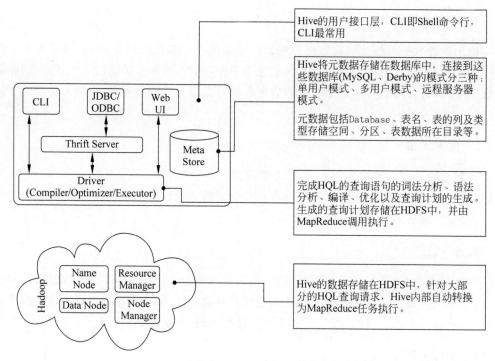

图 2-5　Hive 内部架构

2. 元数据存储

Hive 将元数据存储在数据库中，如 MySQL、Derby。Hive 中的元数据包括表的名字，表的列和分区及其属性，表的属性（是否为外部表等），表的数据所在目录等。

3. 底层的 Driver

Hive 的核心是驱动引擎，完成 HQL 查询语句从词法分析、语法分析、编译、优化以及查询计划的生成。生成的查询计划存储在 HDFS 中，并在随后由 MapReduce 调用执行。驱动引擎由四部分组成：

（1）释器。解释器的作用是将 Hive SQL 语句转换为抽象语法树（AST）。

（2）编译器。编译器是将语法树编译为逻辑执行计划。

（3）优化器。优化器是对逻辑执行计划进行优化。

（4）执行器。执行器是调用底层的运行框架执行逻辑执行计划。

4. Hadoop

Hive 的数据存储在 HDFS 中，大部分的查询由 MapReduce 完成（包含 * 的查询，如 select * from bl 不会生成 MapReduce 任务）。

2.5.3　Hive 的数据组织

1. Hive 的存储结构

Hive 的存储结构包括数据库、表、视图、分区和表数据等。数据库、表、分区等都对应 HDFS 上的一个目录。表数据对应 HDFS 目录下的文件。

2. Hive 的数据存储格式

Hive 中所有的数据都存储在 HDFS 中，没有专门的数据存储格式，因为 Hive 是读模式(Schema n Read)，可支持 TextFile、SequenceFile、RCFile 或者自定义格式。

3. Hive 数据中的列分隔符和行分隔符

只需要在创建表的时候告诉 Hive 数据中的列分隔符和行分隔符，Hive 就可以解析数据。Hive 的默认列分隔符是控制符 Ctrl＋A，默认行分隔符是换行符\n。

4. Hive 中包含的数据模型

database：在 HDFS 中表现为 $\{$hive. metastore. warehouse. dir$\}$ 目录下一个文件夹。

table：在 HDFS 中表现所属 database 目录下一个文件夹。

external table：与 table 类似，不过其数据存放位置可以指定任意 HDFS 目录路径。

partition：在 HDFS 中表现为 table 目录下的子目录。

bucket：在 HDFS 中表现为同一个表目录或者分区目录下根据某个字段的值进行哈希之后的多个文件。

view：与传统数据库类似，是基于基本表创建的，具有只读性。

5. Hive 的元数据

Hive 的元数据存储在 RDBMS 中，除元数据外的其他所有数据都基于 HDFS 存储。在默认情况下，Hive 元数据保存在内嵌的 Derby 数据库中，只能允许一个会话连接，只适合简单的测试，实际生产环境中不适用。为了支持多用户会话，则需要一个独立的元数据库，使用 MySQL 作为元数据库，Hive 内部对 MySQL 提供了很好的支持。

6. Hive 中的表

Hive 中的表分为内部表、外部表、分区表和分桶(Bucket)表。内部表和外部表的区别：删除内部表，会删除表元数据和数据；删除外部表，只删除元数据，不删除数据。内部表和外部表的使用选择，在大多数情况下区别不明显，如果数据的所有处理都在 Hive 中进行，倾向于选择内部表；但是如果 Hive 和其他工具要针对相同的数据集进行处理，外部表更合适。一般使用外部表访问存储在 HDFS 上的初始数据，然后通过 Hive 转换数据并存到内部表中。适用使用外部表的场景是，针对一个数据集有多个不同的

Schema。通过外部表和内部表的区别和使用选择的对比可以看出，Hive 其实仅仅只是对存储在 HDFS 上的数据，提供了一种新的抽象，而不是管理存储在 HDFS 上的数据。所以不管创建内部表还是外部表，都可以对 Hive 表的数据存储目录中的数据进行增、删操作。

分区表和分桶表的区别：Hive 数据表可以根据某些字段进行分区操作，细化数据管理，可以让部分查询更快。同时，表和分区也可以进一步被划分为 Buckets，分桶表的原理和 MapReduce 编程中的 Hash Partitioner 的原理类似。分区和分桶都是细化数据管理，但是分区表是手动添加区分的。由于 Hive 是读模式，所以对添加进分区的数据不做模式校验。分桶表中的数据是按照某些分桶字段进行哈希形成的多个文件，所以数据的准确性高很多。

2.6 本章小结

由于在数据量、数据来源等方面，大数据采集与传统数据采集都有很大区别，因此，根据大数据采集的要点和难点，有特殊的采集方法和技术，如系统日志文件采集、利用 ETL 工具采集、互联网数据采集等。随着数据管理和存储技术的发展，基于大数据应用的分布式文件系统（HDFS）、分布式数据库（HBase）和分布式数据仓库（Hive）的技术已经有了明显发展，应用得到了普及，并展示出强大的优势。

习题

1. 传统数据采集的关键技术有哪些？
2. 大数据采集的要点是什么？
3. 针对不同的大数据来源，分别有哪些采集方法？
4. 数据管理技术的发展经历了哪几个历程？
5. 大数据分布式文件系统（HDFS）有哪些特点？
6. HBase 与传统的关系数据库有哪些不同？
7. 简述 Hive 的内部架构。

第 **3** 章

系统日志数据采集

本章学习目标

- 了解系统日志数据概念、分类、采集方法等基础知识；
- 了解 Flume、Scibe 日志数据采集系统；
- 熟练掌握 EventLog Analyzer、Log Parser 日志采集系统。

日常工作中，机器每天会生成大量日志文件，日志文件一般由数据源系统生成，用于记录数据源执行的各种操作活动，如网络监控的流量管理、计算机登录退出信息以及访问 Web 服务器行为等。在大数据时代，能够从日志文件中得到众多有价值的数据。通过收集这些日志文件，然后进行数据分析，可以从公司业务平台的日志文件中挖掘潜在的价值信息，为公司的决策和后台服务器平台的性能评估提供可靠的信息保障。系统日志采集系统所做的就是采集不同类型的日志文件，并支持离线和在线的实时查找、分析、筛查，找出有用的资源。

目前，越来越多的企业建立日志采集系统来保存大量的日志数据，并通过对这些数据进行分析来获取商业或社会价值。流行的工具包括 Cloudera/Apache 的 Flume、Facebook 的 Scrible、Manage Engine 的 EventLog Analyzer 和微软的 Log Parser。

3.1 系统日志数据采集概述

通用日志采集系统由采集、存储分析和结果应用三部分组成。日志采集主要负责提供多种方式、方法进行采集日志；日志存储分析主要实现日志统一存储和定制的场景分析；结果应用实现将日志分析结果提供服务接口或者默认的管理功能，供各种应用功能使用。

3.1.1　系统日志分类

系统日志记录系统中的硬件、软件、系统问题等信息，以及根据不同命令执行的各种操作活动。根据系统日志记录的内容，系统日志一般分为三类：用户行为日志、业务变更日志和系统运行日志。

1. 用户行为日志

记录系统用户使用系统时的一系列操作信息，登录/退出的时间、访问的页面、使用的不同应用程序等。

2. 业务变更日志

该日志主要根据需要，用于特定业务场景。它记录了用户在某一时刻使用某一功能对某一业务（对象、数据）进行了何种操作，例如，何时从 A 变为 B 等信息。

3. 系统运行日志

该日志用于记录系统运行时，服务器资源、网络和基础中间件的实时运行状态，定期从不同设备采集信息进行记录。

以上这些种类的日志数据，记录了用户方方面面的行为，包括各种交易、社交、应用程序习惯、搜索等信息。通过对这些数据的收集，制定规则进行分析，对结果进行筛选，可以获得拥有各种商业价值和社会价值的资料。

3.1.2　日志分析应用场景

日志收集和分析是由需求驱动的。日志采集根据某一场景提出的需要，进行指定内容的采集，并对采集到的日志有针对性制定规则，使用专业软件手段进行分析。分析后的结果常见的应用场景包括如下几种。

1. 完善和提升系统

应用程序通过分析用户行为，调查哪些功能最受欢迎，对用户信息进行分析，得出某区域、某类用户为何种客户群，这有利于针对指定用户进行功能提升，有利于完善应用程序功能，从而提高用户体验。

2. 内容推荐

根据用户平时的阅读内容，收集相关日志并进行分析，通过完善算法，自动向用户推荐其感兴趣的内容，提高用户黏性。

3. 系统审计

对于企业（商业）公司为用户提供的系统，收集日常操作日志和业务变更日志有利于备查，也可以提供相关的安全审计功能。

4. 自动化操作和维护

场景化服务架构的系统或平台,在运维上需要很高的投入。自动化部署和运维,可以从很大程度上减轻运维的工作量。针对系统运行环境日志进行自动采集和分析,根据预定规则可以实现服务器资源的预警和动态分配,有利于快速定位和排除故障。

现在使用的系统多种多样,不同的系统有不同的运行环境,采集的日志类型大不相同,相应分析日志的需求也有较大差别。因此日志内容和采集方式具有多样性,有必要设计一个日志采集系统,满足日志采集的需要,并在应用功能中支持便捷反向捕获分析结果。

3.1.3　系统日志收集方法

微课视频

收集系统日志有三种方式。

1. Web API 模式

日志数据以基于 HTTP 的 RESTful 模式采集,并发送到消息队列,主要用于提供移动端、微信公众号和少量日志采集,可与.NET 分布式系统上的“API 网关”结合使用。

2. 服务代理模式

根据日志组件和消息队列客户端驱动程序,将其封装为日志服务代理,提供方便统一的使用界面。支持日志在本地和在线实时发送消息,其中日志发送到本地可以结合第三种方式完成日志采集的功能。

3. LC 客户端模式

实现客户端批量抓取日志数据,并将其发送到 LC 服务器。LC 客户端基于 TCP 与 LC 服务器通信,基于 NIO 框架构建,可以支持高并发处理。随后,LC 服务器将日志数据写入文件。

3.2　Flume 数据采集

Flume 最初是 Cloudera 公司提供的一个用于收集、聚合和传输海量日志的高可用、可靠、分布式的工具。Flume 支持在日志系统中定制各种数据发送规则,用来采集数据。同时,Flume 提供了简单处理数据并将其写入各种存储格式(可定制)的方法。

3.2.1　Flume 效益

目前 Flume 分为两个版本:①Flume0.9x 版本,统称为 Flume-OG(原代);②Flume1.x 版本,统称为 Flume-NG(下一代)。由于早期的 Flume-OG 存在设计不合理、代码臃肿、扩展困难等问题,在 Flume 被接纳进 Apache 后,开发人员对 Cloudera Flume 的代码进行了重构,对 Flume 的功能进行了补充和加强,并将其更名为 Apache Flume,于是就有了 Flume-NG 和 Flume-OG 两个完全不同的版本。在实际开发中，大多使用 Flume-NG 的流行版本进行 Flume 开发，本节主要对 Flume-NG 进行介绍。

利用 Flume 采集系统日志数据具有以下优点。

1. 集中存储

Flume 可以将应用程序生成的数据，存储在任何集中式存储器中，如 HDFS、HBase。

2. 高稳定性

当数据采集的速度超过需要写入的数据时，也就是当采集的信息满足峰值时，采集的信息非常大，甚至超过了系统写入数据的能力，此时 Flume 会在数据生产者和数据接收者之间进行调整，以确保其能够提供介于两者之间的稳定数据。

3. 传输和接收的一致性

Flume 的采集流水线是基于事务的，因此保证了数据传输和接收的一致性。

4. 整体性能高

Flume 具有可靠性、容错性、可扩展性、可管理性和可定制性。

3.2.2 Flume 整体结构

Flume 是一个分布式日志数据采集系统，它从各种服务器上采集数据并发送到指定的地方，如 HDFS、HBase 等，其总体结构见图 3-1。

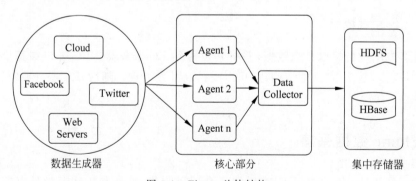

图 3-1　Flume 总体结构

从图 3-1 可以看出，一个基于 Flume 的日志采集系统由三部分组成：数据生成器、Flume 核心部分和集中存储器。其中，数据生成器（如 Facebook、Twitter 等）生成的数据，由运行在 Flume 服务器上的单个代理收集，然后数据收集器从每个代理收集数据，并将收集到的数据存储在 HDFS 或 HBase 中。

在数据传输的整个过程中，事件在流动。事件是 Flume 内数据传输的最基本单位。它由一个可选的报头和一个加载数据的字节数组（数据集从数据源接入点传入并传输到发射机）组成。

Flume 系统首先对事件进行封装,然后使用 Agent 对其进行解析,并根据规则将其传输到 HBase 或 HDFS 中。

3.2.3　Flume 的核心部件 Agent

Flume 的核心是 Agent。Flume 将 Agent 作为最小的独立运行单元,一个 Agent 就是一个 Java 虚拟机(JVM)。Agent 是一个完整的数据采集工具,包括三个核心组件,即数据源(源)、数据通道(通道)和数据槽(宿)。通过这些组件,"事件"(event)可以从一个地方流到另一个地方。各组件的具体功能见图 3-2。

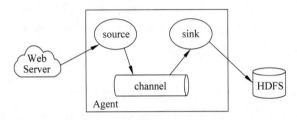

图 3-2　Flume 核心 Agent 组件

1. 数据源(source)

数据源是数据采集端,负责数据捕获后的特殊格式化,将数据封装成事件,再将事件推送到数据通道。Flume 支持的数据源有:

(1) Avro 源。Avro(数据序列化系统)源负责监控 Avro 端口,接收来自外部 Avro 客户端流的事件数据,与另一个 Flume Agent 上的 Avro sink 配对时,可以创建一个层次集合拓扑,使用 Avro 源可以实现多级流、扇出流、扇入流等效果。

(2) 假脱机目录源。Spooling(假脱机)目录源允许监视指定磁盘上的文件目录提取数据,它会查看文件指定目录中新添加的文件,并读出文件中的数据。

(3) Taildir source。Taildir(尾巴)source 用于观察指定的文件,可以实时地监视每个文件中添加的新行。如果文件正在写入新行,这个收集器将重新收集它们以等待写入完成。

(4) HTTP 源。HTTP 源可以通过 HTTP POST 和 GET 请求接收事件数据,GET 通常只用于测试,HTTP 请求会由 HTTP 源处理程序的 handler(处理器)可插拔插件接口实现到 Flume events 中,这个处理程序接收 HttpServletRequest 并返回 Flume events 列表。

2. 数据通道(channel)

数据通道是连接数据源和数据时隙的组件,可以看作是数据的缓冲区(数据队列)。它可以将事件临时存储在内存中,或者将其持久化到本地磁盘,直到数据槽完成对事件的处理。Flume 支撑的数据通道有:

1) 内存通道(memory channel)

内存通道将事件存储在可配置最大尺寸的内存队列中,非常适合需要较高吞吐量的流量,但代理失败时会丢失部分数据。

2）文件通道（file channel）

文件通道是 Flume 的一个持久通道,它将所有事件写入磁盘文件,因此,不会因丢失进程或机器关闭,造成数据丢失。File 通过在一个事务中提交多个事件来提高吞吐量,这样只要提交事务,就不会丢失数据。

3. 数据槽（sink）

数据槽取出数据通道中的数据,存储到文件系统和数据库,或者提交到远程服务器。sink 类似一个集结的递进中心,它需要根据后续需求进行配置,从而最终选择是将数据直接进行集中式存储（例如,直接存储到 HDFS 中）,还是继续作为其他 Agent 的 source进行传输。Flume 支持的 sink 有如下几种。

1）HDFS sink

HDFS sink 将 event 写入 Hadoop 分布式文件系统（HDFS）,它目前支持创建文本和序列文件,以及两种类型的压缩文件。HDFS sink 可以基于经过的时间或数据大小或event 数量来周期性地滚动文件（关闭当前文件并创建新文件）,同时,它还通过属性（如event 发生的时间戳或机器）来对数据进行分桶或分区。HDFS 目录路径可能包含将由HDFS 接收器替换的格式化转义序列,以生成用于存储 event 的目录/文件名,使用HDFS sink 时需要安装 Hadoop,以便 Flume 可以使用 Hadoop jar 与 HDFS 集群进行通信。

2）Logger sink

Loggersink 用于记录 INFO 级别 event,通常用于调试。Logger sink 接收器的不同之处是它不需要在“记录原始数据”部分中说明额外的配置。

3）Avro sink

Avrosink 形成了 Flume 分层收集支持的一半,发送到此接收器的 Flume event 将转换为 Avro event 并发送到配置的主机名/端口对上,event 将从配置的 channel 中批量获取配置的批处理大小。

3.2.4 Flume 运行机构

Flume 采用了分层架构,见图 3-3,分别为 Agent,Collector 和 Storage。其中,Agent和 Collector 主要由 source 和 sink 两部分组成。

1. Agent

Agent 的作用是将数据源的数据发送给 Collector。Flume 自带了很多直接可用的数据源 Source。

2. Collector

Collector 的作用是将多个 Agent 的数据汇总后,加载到 Storage 中。它的 Source 和Sink 与 Agent 类似。

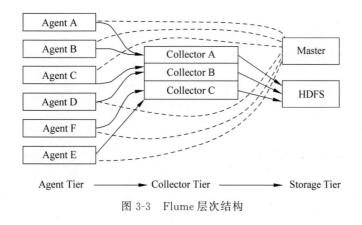

图 3-3　Flume 层次结构

3. Storage

Storage 是存储系统,可以是一个普通的 File,也可以是 HDFS、Hive、HBase、分布式存储器等。

4. Master

Master 负责管理、协调 Agent 和 Collector 的配置信息,是 Flume 集群的控制器。

为保证 Flume 的可靠性,Flume 在 source 和 channel 之间采用 Interceptors 拦截器用来更改或者检查 Flume 的 events 数据。在多 channel 情况下,Flume 可以采用默认管道选择器(每一个管道传递的都是相同的 events)或者多路复用通道选择器(依据每一个 event 的头部 header 的地址选择管道)实现 channel 的选择。为了保证负载均衡,采用 sink 线程用于激活被选择的 sinks 群中特定的 sink。

3.3　Scribe 数据采集

Scribe 是 Facebook 所发布的一个开源日志收集系统,已经得到了广泛的应用。Scribe 基于使用非阻塞 C++ 服务器的 thrift 服务的实现。它可以收集各种日志源的数据,并存储在集中存储系统(可以是 NFS 或分布式文件系统等)上,进行统一的统计、分析和处理。为日志的"分布式采集、统一处理"提供了一种可扩展、高度容错的方案。当集中存储系统的网络或服务器出现故障时,Scribe 会将日志转储到本地或另一台机器上。当集中存储系统恢复时,Scribe 会将转储的日志重新传输到集中存储系统。

Scribe 主要用于以下两种场景:一是它与生成日志文件的应用系统集成在一起。Scribe 提供了几乎所有开发语言的开发包,可以很好地与各种应用系统集成。二是应用系统本地生成日志文件。Scribe 使用一个独立的客户端程序(独立的客户端也可以用各种语言开发)来生成应用系统的本地日志文件。

3.3.1 Scribe 的功能

1. 支持多种存储类型

Scribe 支持多种存储类型，并且是可扩展的。

2. 日志自动分段功能

Scribe 可以自动按大小和时间拆分文件。

3. 灵活的客户

（1）支持多种通用语言。
（2）可与应用系统集成，作为独立客户端使用。

4. 支持日志分类

Facebook 有数百个博客类别。

5. 其他职能

（1）连接池。
（2）灵活的日志缓存大小。
（3）多线程功能（消息队列）。
（4）日志可以在划片服务器之间转发。

3.3.2 Scribe 的架构

Scribe 的架构比较简单，主要包括三个部分，分别是 Scribe Agent、Scribe 和存储系统，见图 3-4。

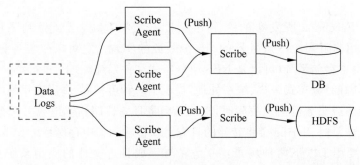

图 3-4　Scribe 体系结构

1. Scribe Agent

Scribe Agent 实际上是一个 thrift client。向 Scribe 发送数据的唯一方法是使用 Thrift Client，Scribe 内部定义了一个 Thrift 接口，用户使用该接口将数据发送给 server。

2. Scribe

Scribe 接收到 Thrift Client 发送过来的数据,根据配置文件,将不同 Topic 的数据发送给不同的对象。Scribe 提供了各种各样的 Storage,如 file、HDFS 等,Scribe 可将数据加载到这些 Storage 中。

3. 存储系统

存储系统实际上就是 Scribe 中的 Store,当前 Scribe 支持非常多的 Store,包括 File(文件)、Buffer(双层存储,一个主储存,一个副存储)、Network(另一个 Scribe 服务器)、Bucket(包含多个 Store,通过哈希将数据存到不同 Storage 中)、Null(忽略数据)、Thriftfile(写到一个 Thrift File Transport 文件中)和 Multi(把数据同时存放到不同 Store 中)。

3.3.3 Scribe 的流程

Scribe 采集数据的流程见图 3-5。Scribe 从各种数据源收集数据,将其放在共享队列中,然后将其推送到后端中央存储系统。当中央存储系统出现故障时,Scribe 可以临时将日志写入本地文件。在中央存储系统恢复性能后,Scribe 将继续把本地日志推送到中央存储系统。

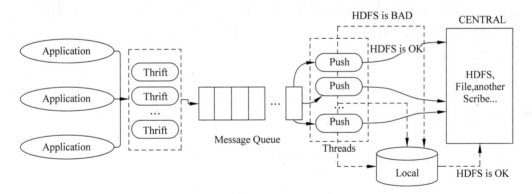

图 3-5 Scribe 数据采集流程

需要注意的是,每个数据源必须通过 Thrift 向 Scribe 传输数据(每个数据记录包含一个类别和一条消息)。可以在 Scribe 中配置用于侦听端口的 Thrift 线程的数量(默认值为 3)。在后端,Scribe 可以将不同类别的数据存储在不同的目录中进行单独处理。

3.3.4 Scribe 存储类型

1. file

Scribe 将日志写入文件或 NFS。支持两种文件格式,即 Std 和 HDFS,分别表示普通文本文件和 HDFS。

2. Network

Network 存储向其他 Scribe 服务器发送消息。Scribe 保持持久的链接打开以至于它能够发送消息。在正常运行的情况下，Scribe 会基于当前缓存中存在多少条消息等待发送而分批次的发送。

3. Scribe Buffer

Scribe Buffer 使用两层存储：一个主存储和一个辅助存储。日志将优先写入主存储，如果主存储失败，Scribe 会将日志临时存储在辅助存储中。主存储的性能恢复后，辅助存储中的数据将复制到主存储。

4. Null

用户可以在配置文件中配置一个名为 Default 的类别。如果数据所属的类别没有在配置文件中设置相应的存储方式，则该数据将被视为 Default。如果用户希望忽略此类数据，可以将其放入空存储区。

5. Bucket

Bucket 存储使用每个带前缀的消息作为 key 写入多个文件中。能够定义一个隐藏的或明确的 Bucket。定义隐藏的 Bucket 必须要有一个名称是"Bucket"子 Bucket，这个子 Bucket 可以是 File 存储、Network 存储或者 Thriftfile 存储。

6. Multi

一个 Mutil 存储是将所有消息转发到子存储中去的一个存储。一个 Mutil 存储可能有多个名为 Store0、Store1、Store2 等的子存储。

3.4　Event Log Analyzer 数据采集

Event Log Analyzer 是一个实时、基于 Web 的软件，主要用于日志收集和日常公司的事务管理和信息安全管理。Event Log Analyzer 支持多种日志类型，包括：不同系统（Windows、Linux、UNIX 等）的系统日志，网络设备（路由、交换机等），应用程序（数据库 Oracle、Apache 等）。该软件可对上述文件进行收集、查找、分析、报表、归档，提供了对网络中用户活动、网络异常和内部威胁的实时监测。IT 部门可用 Eveng Log Analyzer 进行网络系统审计，生成合规性报表。

3.4.1　Event Log Analyzer 特点

Event Log Analyzer 能分析所有 Windows 和 UNIX 系统日志。如果在网络中的某台机器上生成一个重要的安全事件，就会显示在 Event Log Analyzer 仪表盘上的即时报表中。从事件日志报表可以进行深入分析，即可在数分钟之内找出根本原因，然后集中力量解决问题。

1．即时告警

可以设置在服务器上生成特定事件时触发告警。例如，可以设置在邮件服务器上，将紧急事件通过电子邮件发送给操作员。借助 Event Log Analyzer 告警，就可以了解网络中每个系统的最新状态。

2．将分布式事件存档到中央位置

存档的事件日志能充分显示系统在不同时间的性能。但是，事件日志检索是一项相当复杂的任务，除非将所有事件日志存储到一个中央位置，这样操作员就可以随时访问这些日志。Event Log Analyzer 能把从每个系统接收到的事件日志自动存档到一个中央位置，以供操作员随时访问。

3．不需要客户端软件/代理

Event Log Analyzer 不需要在每台机器上安装单独的代理以便收集日志。因为收集 Windows 事件和 Syslog 消息的代理本身就是 Event Log Analyzer 服务器的一部分。因此 Event Log Analyzer 能在不增添主机负荷的前提下收集和分析事件日志。

然而，如果需要，可以将代理部署在客户端以便收集事件日志。这将便于在某个大型的分布式网络中，从各个位置的服务器收集事件日志。

3.4.2 Event Log Analyzer 主要功能

Event Log Analyzer 通过定义日志筛选规则和策略，帮助 IT 管理员从海量日志数据中精确查找关键有用的事件数据，准确定位网络故障并提前识别安全威胁，从而降低系统宕机时间、提升网络性能、保障企业网络安全。其主要功能如下。

1．日志管理

日志管理是 Event Log Analyzer 的最主要功能，保障应用系统的网络安全，包括以下具体功能：

1）Windows 系统日志分析

监控和报表网络范围内的 Windows 服务器、系统和网络设备；以及合规问题、性能精度是一个重大责任。在如此重压的环境下，需要的将是一款前瞻性的事件日志监控解决方案。它能应付快速发展的 IT 世界，并提供高科技的、技术完备的 Windows 日志管理解决方案。

2）Syslog 分析

系统日志(Syslog)管理是几乎所有企业的重要需求。系统管理员将 Syslog 看作是解决网络上系统日志支持的系统和设备性能问题的关键资源。人们往往低估了对完整的 Syslog 监控解决方案的需求，导致长时间筛选大量系统日志来解决某一个问题。高效的事件日志 Syslog 分析可减少系统停机时间、提高网络性能，并有助于加强企业的安全策略。

3）应用程序日志分析

Event Log Analyzer 支持广泛的应用程序，并使用其 ULPI 技术生成报表和告警。这些报表可分析生成的顶级事件、事件趋势等的详细信息。这些报表有助于 IT 安全经理轻松地管理拖欠费用户和分析应用程序的异常性能。

4）Windows 终端服务器日志监控

Event Log Analyzer 允许通过实时监控和分析终端服务器日志数据，监控 Windows 远程桌面服务上发生的用户活动并生成相关报表。它分析用户在每个远程连接会话中所花费的时间、登录到服务器的用户、所访问的资源、对用户授权的资源以及用户是否成功连接到资源等。

5）Syslog 服务器

Event Log Analyzer 带有内置的 Syslog 服务器。它通过侦听 Syslog 端口（UDP）来实时收集 Syslog 事件。另外，也可以配置多个端口来侦听 Syslog，当部分设备使用一些其他端口发送 Syslog 时，这很有用。在其他日志管理应用程序中，可能需要单独的 Syslog 服务器或转发器。

6）通用日志解析

Event Log Analyzer 比大多数设备和应用程序所能提供的丰富支持都更为强大，确保可以解析来自任何可生成人类可读日志的来源的日志数据。使用 Event Log Analyzer 可以分析网络中任何应用程序的日志数据。

2. 应用程序日志分析

Event Log Analyzer 的应用程序日志分析功能主要是对以下日志进行监控和分析。

1）IIS Web 服务器日志分析

Event Log Analyzer 收集、分析、审计和监控 IIS Web 服务器，并提供报表，包含错误事件、针对服务器的安全攻击和使用情况分析的信息。"错误"报表提供了对访问 IIS Web 服务器上托管的网站时可能遇到的错误（如用户身份验证失败、HTTP 错误请求、HTTP 请求实体太大和网关超时）的洞察，了解用户在网站上可能遇到的问题，且可向这些报表分配定制告警。

2）Apache Web 服务器日志分析

Event Log Analyzer 可以收集、分析 Apache HTTP 服务器生成的日志信息。使用这些信息，可以判断服务器的使用情况、找出漏洞所在，并设法改进服务器结构和整体性能。

3）打印机服务器日志分析

打印服务器是可能会导致公司信息泄露至关重要的地方，但是，确保打印服务器的顺利运行以及保持高效率的打印过程也很重要。监控打印服务器日志具备以下功能：确保不会打印敏感文档、标记试图在权限不足时进行打印的情况、识别失败的打印作业及其原因、发现员工打印习惯的模式和趋势等。

3．IT 合规性审计报表

Event Log Analyzer 的合规性审计报表功能主要是为了满足合规性审计需要。

1）合规性审计

Event Log Analyzer 通过实时监控网络和敏感数据，轻松生成合规报表，可帮助各组织为自定义时间段内的日志数据进行保留和归档。根据灵活的时间段归档日志数据可帮助管理员对归档日志执行取证分析，以满足合规审核要求、调查数据盗窃及追踪网络入侵者。

2）PCI 合规性报表

Event Log Analyzer 是 Manage Engine 的日志分析和管理软件，可帮助建立对 PCI DSS 的合规性。Event Log Analyzer 的合规报表主要满足 PCI DSS 第 10 条要求，该要求涉及跟踪和监控对持卡人数据的所有访问。除了第 10 条要求外，Event Log Analyzer 还可帮助确定是否符合其他 PCI DSS 要求。

3）ISO 27001 合规性报表

Event Log Analyzer 可以帮助企业生成符合 ISO 27001：2013 的 A.12.4.1、A.12.4.2 和 A.12.4.3 管制条例，这些管制条例可帮助企业记录事件并生成证据。同时，Event Log Analyzer 还满足管制条例 A.9.2.1、A.9.2.5 和 A.9.4.2 的要求，确保仅允许授权用户访问系统和服务，并阻止对系统和服务未经授权的访问。

4）自定义合规性报表

Event Log Analyzer 允许用户自定义和配置现有的预定义合规性报表，以满足与企业及行业相关的独特内部安全策略要求。可以通过添加或删除默认事件报表列表来修改现有合规报表。

4．系统与用户监控日志报表

Event Log Analyzer 的系统与用户监控日志报表功能可以及时了解事件活动。

1）内建报表

Event Log Analyzer 包含超过 1000 种预定义报表。每当收集日志时都会立即生成报表，通过仅显示最重要的信息来减少组织的日志审核开销。事件日志报表帮助组织分析其网络并满足各种安全和合规要求。

2）自定义报表

Event Log Analyzer 提供了几个选项来自定义报表。根据要求，可以使用新的报表配置文件创建新的自定义报表。除了新的自定义报表之外，还可自定义现有的预建（预填充）报表以满足需求。通过使用这些自定义报表，由于报表已针对特定数据进行删减，因此管理员可以轻松进行日志分析。

3）活动目录日志报表

Event Log Analyzer 可监控 Active Directory 日志，且任何特定故障事故可实时进行跟踪。它可以立即向网络管理员发出告警，因此可很快地采取补救措施来避免网络故障。

4）历史事件趋势

Event Log Analyzer 中的趋势报表可分析一段时间内设备的性能。趋势监视有助于预测网络上 Windows 和 UNIX 设备以及 Cisco 交换机和路由器的使用情况与性能。Event Log Analyzer 中的趋势报表根据事件严重性和事件类型显示跨设备生成的事件。

3.4.3　Event Log Analyzer 的可视化用户界面

Event Log Analyzer 是用来分析和审计系统及事件日志的管理软件，能够对全网范围内的主机、服务器、网络设备、数据库以及各种应用服务系统等产生的日志，进行全面收集和细致分析，通过统一的控制台进行实时可视化的操作。

在正常信息管理中，会涉及多种设备，见图 3-6。监控本地客户端、服务器、网络基础设备等提供的信息非常重要。本地报表可帮助分析生成的重要事件、事件趋势等详细信息。这些报表有助于 IT 安全经理轻松地管理用户和应用程序的异常性能，减少解决问题所花费的时间。

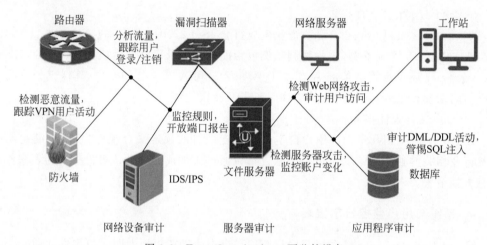

图 3-6　Event Log Analyzer 可监控设备

服务器是 IT 基础设施的关键，且事实上经常暴露于巨大的风险之下。人们通常认为服务器已经在防火墙的保护之下了，但实际上，它们很容易受到攻击，需要采取安全措施。主要考虑的因素是威胁源。随着远程连接技术的广泛使用，公司可以整合更多的远程工作者、全球办公室、企业以及竞争对手。远程员工可造成与内部员工相同的威胁，原因可能是不正确的安全措施以及对远程网络设备的监管不力。这就需要随时留意那些行为不当者、数据窃贼等。

除服务器和客户端外，监控网络设备是必需的，因为它可帮助用户全面了解网络。Event Log Analyzer 支持监视路由中的用户活动、路由流量、交换机日志、各种版本防火墙流量等。

从 Event Log Analyzer 的用户界面（见图 3-7），可以根据需要找到相应的功能。

用户界面从左到右依次如下。

1. Home（主页）

Home 选项卡包含集中的 Event Log Analyzer 设置面板，进一步分为多个选项卡，包括 Event Overview（本地机器）、Network Overview（网络事件）和 Security Overview（安全事件），可根据自身需要对主页面进行调整。主页面默认标签能看到基本选项，All Events 所有事件、Windows 事件、Syslog 事件、所有设备、日志趋势（Log Trend）等。

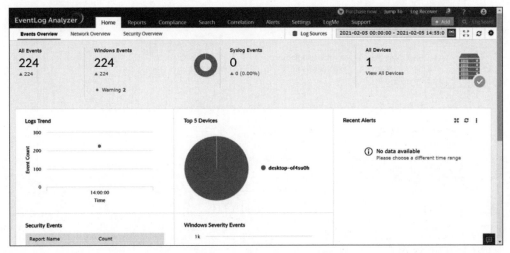

图 3-7　Event Log Analyzer 可视化界面

2. Reports（报表）

Reports 选项卡提供自定义报告和报告模板，可创建、修改、删除、计划和重新安排自定义报告。报告配置文件可以导入，并以 PDF、CSV 和 XML 格式导出。

报告模板见图 3-8，通常采用经常使用的信息自动生成报告，如用户活动报告、趋势报告、详细的应用程序报告和详细的设备报告。报告包括访问用户数量最多的设备、登录次数最多的用户、具有最多交互式登录的用户等。

3. Compliance（合规性）

Compliance 选项卡根据不同合规政策的要求生成指定的报告，如 FISMA（见图 3-9），包括 PCI-DS、SOX、HIPAA、GLBA、GPG 和 ISO 27001：2013 等。

图 3-8　报告模板

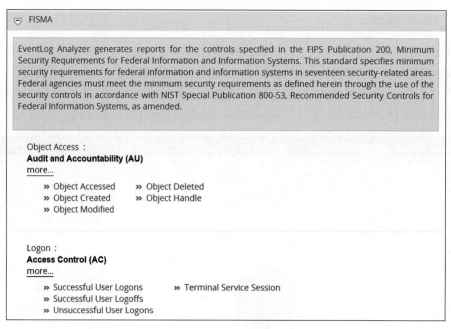

图 3-9　FISMA 报告

4. Search（搜索）

提供搜索原始日志的两个选项：基本搜索或高级搜索。搜索结果显示在页面的下半部分，最终搜索结果可以保存为报告（PDF 或 CSV 格式），也可以按预定间隔进行生成并自动发送邮件给指定用户。

图 3-10　不同规则预定义

5. Correlation（相关性）

提供不同类别之间的规则预定义，见图 3-10，这些规则会在发生特定事件（或事件组合），在指定时间段内进行指定次数时生成警报。比如制定网络相关规则，专门显示华为手机上网事件并定时将数据报表上传到指定负责人的邮箱。

6. Alerts（警告）

允许用户创建警报配置文件，以通知用户或团队阈值违规、网络异常、用户活动或合规违规等。警报选项卡显示所有警报配置文件、生成的警报，包括禁用、修改或删除任何现有警报配置文件的选项。警报配置文件也可以以 XML 格式导出或导入。

7．Setting（设置）

允许根据自身需求配置 Event Log Analyzer。三个子部分分别为"配置""管理设置"和"系统设置"。

8．＋Add（下拉菜单）

该按钮提供了添加主机、告警、报表和导入日志等功能。另外，搜索框用来进行快速搜索。在页面的右上角有两个图标，分别是 Event Log Analyzer 监听端口列表和 Syslog 数据包查看器。在帮助菜单中，提供了升级许可、关于、用户指南和反馈等选项。

3.5　基于 Log Parser 的数据采集

Log Parser 是一款功能强大的多功能工具，可提供对基于文本的数据（如日志文件、XML 文件和 CSV 文件）以及 Windows 操作系统上的关键数据源（如事件日志、注册表、文件系统和 ActiveDirectory）的查询以及输出。它可以像使用 SQL 语句一样查询分析这些数据，甚至可以把分析结果以各种图表的形式展现出来。

3.5.1　Log Parser 组成部分

Log Parser 主要组成部分，可以拆分为以下三种：目标输入、类 SQL 语句引擎、结果输出。通过架构图 3-11 可以看出，输入源（多种格式的日志源）经过 SQL 语句（有 SQL 引擎处理）处理后，输出想要的结果。

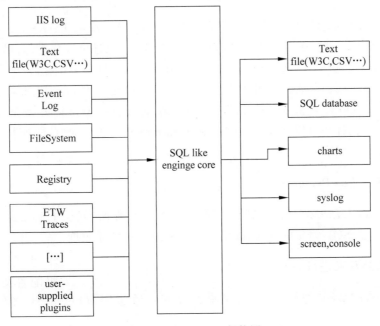

图 3-11　Log Parser 架构图

1. 目标输入

Log Parser 使用通用日志或记录当作输入来源的提供者，每条日志信息可以当作 SQL 表中的行，所以目标输入可以认为是要处理的数据的 SQL 表。

Log Parser 可以从以下数据类型中检索或处理指定数文件：

IIS 日志文件（W3C、IIS、NCSA、集中式二进制日志、HTTP 错误日志、URLScan 日志、ODBC 日志）、Windows 事件日志、Windows 注册表、通用 XML、CSV、TSV 和 W3C-格式化的文本文件（如 Exchange 跟踪日志文件、个人防火墙日志文件、Windows Media Services 日志文件、FTP 日志文件、SMTP 日志文件等）等。

2. 类 SQL 语句引擎

使用包含通用 SQL 语句（SELECT、WHERE、GROUP BY、HAVING、ORDER BY）、聚合函数（SUM、COUNT、AVG、MAX、MIN）和丰富的功能集（如 SUBSTR、CASE、COALESCE、REVERSEDNS 等）。

3. 结果输出

可以被视为接收数据处理结果的 SQL 表。Log Parser 的内置输出可以将结果以文本、图片存在本地，以数据形式发送上传。本地文本支持多种格式，如 CSV、TSV、XML、W3C 等。图片可以 GIF 或 JPG 格式导出，或直接显示，也可直接发送到 SQL 数据库、syslog 服务器等。

3.5.2　Log Parser Lizard 软件功能

针对 Log Parser 只能用类 SQL 编写，不易操作，引入了 Log Parser Lizard 软件。该软件将 Log Parser 进行了可视化处理，提高了可操作性，通过可视化操作，可以更直观地分析服务器日志、网站日志等复杂庞大的文件，方便导入和处理。Log Parser Lizard 同样支持多种格式的文件，如常用的日志文件、CSV 文件、XML 文件以及注册表、文件系统等内容。遇到 Windows 域被入侵的相关安全事件时，需要分析 Windows 安全日志，此类日志往往非常大，同样也可以使用 Log Parser Lizard 高效分析安全日志文件，提取有用信息，提高效率。

1. 封装了 Log Parser 命令

Log Parser Lizard 改进的可视化处理，增加了图形界面，减少了 Log Parser 对数据进行预处理时类 SQL 语句的输入，降低了 Log Parser 的使用难度。

2. 支持外观颜色设置

Log Parser Lizard 的软件主界面见图 3-12，可以通过不同颜色和图标区分不同数据。

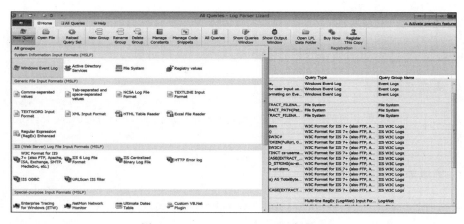

图 3-12　Log Parser Lizard 运行界面

3. 允许设置文件名

不同于 Log Parser 只能用命令行处理，Log Parser Lizard 可以针对不同内容从选项卡列表中新建文件名，删除和添加新的文件。

4. 允许保存文件

可以将编写过的命令，以文件的形式保存下来，方便下次直接打开调用。

5. 提供多种类图表

支持多种类的图表，见图 3-13，可以将查询结果以多种图表形式展示。

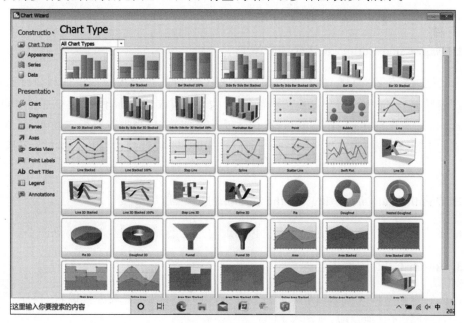

图 3-13　图表类型

6. 提供资源搜索功能

Log Parser Lizard 自带多种模板和数据库，可以直接引用。

7. 集成开源工具

如 log4net 等，可以方便地对 IIS logs、EventLogs、active directory、log4net、File Systems、T-SQL 进行查询。

8. 集成输出插件

集成 Infragistics.UltraChart.Core.v4.3、Infragistics.Excel.v4.3.dll 等，使查询结果可以方便地以图表或 Excel 格式展示。

9. 对纯文本文件运行 SQL 查询

通常，SQL 查询只能在数据库上执行，Log Parse 使用类似于 SQL 语法的语言。Log Parser Lizard 可以使用自身的 SQL 语法，能够对纯文本文件（如某些日志文件）直接进行 SQL 查询。例如，查找硬盘上最小的 10 个重复文件、相同状态码。Log Parser Lizard 也可以查找 IIS 日志、某个入侵的 IP 地址、HTTP 状态代码等。

10. 支持 Excel 和 PDF

运行所需的查询并查到所需的信息后，不仅可以保存为 CSV、IIS 日志文件，还可以将结果保存到 Excel 电子表格或 PDF 文件中，或直接将结果通过邮件附件发送出去。

3.5.3　Log Parser Lizard 软件特色

1. Expression Editor（表达式编辑器）

当表达式编辑器（见图 3-14）使用较复杂搜索条件时，可使用该模块加载多种布尔值或正则表达式。在编辑器中，可以手动输入表达式，或使用控件中提供的选择函数（Functions）、运算符（Operators）等。表达式是一个字符串，当进行解析与处理时，会计算一些值。表达式由列、字段名称、常量、运算符与函数组成。列、字段名称必须用括号括起来。

2. Conditional formatting for the column（过滤器）

该控件允许用户直观地使用可视化界面编写过滤器并编辑过滤条件，见图 3-15。

3. Result Grid（结果集控件）

该控件以表格形式显示结果集，与 Excel 表类似，支持对结果进行编辑、排序、筛选、分组、汇总计算等其他功能，见图 3-16。

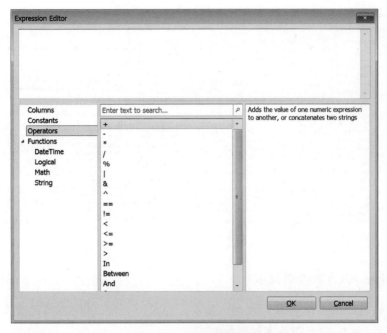

图 3-14 表达式编辑器

图 3-15 过滤器

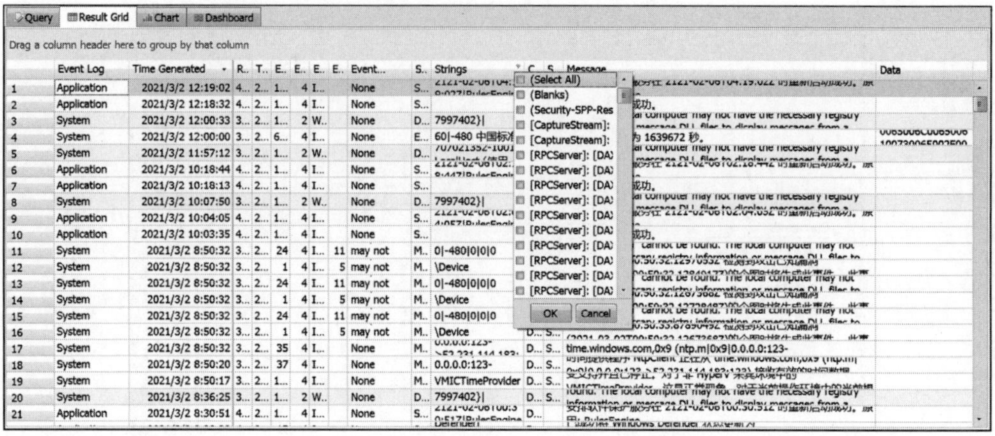

图 3-16　结果集控件

4. Dashboard（自制控制面板）

见图 3-17，Dashboard 模块可根据定制需要加载的类型，引用不同的数据源，制作包括数据透视表、图表、树形图等多种展示方式。

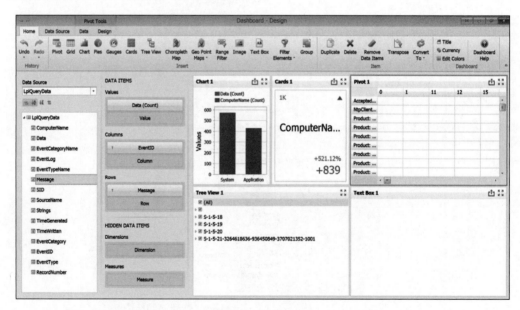

图 3-17　Dashboard

5. Report Designer（报告编辑器）

Report Designer 是一份 WYSIWYG 报告引擎，见图 3-18，该控件提供了一个用户界面，与 Word 操作界面类似，可以快速创建标准报告，具有数据整形（分组、排序与过滤）功能、基本文字排版、引入运行结果、分层数据表示等功能。

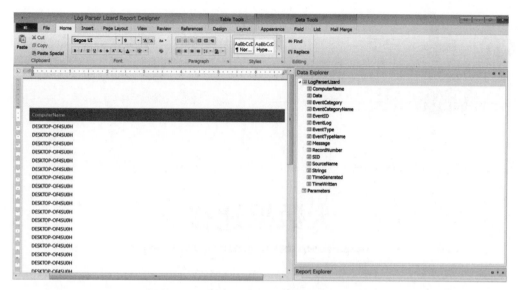

图 3-18 报告编辑器

3.6 本章小结

企事业单位的业务平台每天都会产生大量的日志文件,用于记录数据源执行的各种操作活动,包含很多有价值的数据。通过对这些日志文件进行采集,然后进行数据分析,可以挖掘到具有潜在价值的信息,为决策和后台服务器平台性能的评估提供可靠的数据保证。本章首先阐述了系统日志的分类、应用以及采集方法等基础知识,然后介绍了Flume、Scribe、Event Log Analyzer 和 Log Parser 四种简单常用的采集工具。

习题

1. 系统日志分为哪些类别?
2. 系统日志的采集方式有哪些?
3. 利用 Flume 采集系统日志数据有什么优点?
4. Flume 的核心部件有哪些?
5. Scribe 架构的三个主要部分是什么?
6. Scribe 的存储方式有哪些?
7. Event Log Analyzer 应用于哪些场景?
8. Log Parser 由哪三部分组成?
9. Log Parser Lizard 的软件特色是什么?

第 **4** 章

大数据迁移

本章学习目标

- 了解、掌握大数据迁移基础知识;
- 理解四种基本大数据迁移技术;
- 了解 Sqoop 等大数据迁移工具;
- 熟练应用 ETL 数据迁移技术。

针对这种来源复杂、数据量大的企业数据,可以采用数据迁移的方法采集并获取数据,以便进行大数据分析,为企业发展提供辅助决策支持。数据迁移的方法比较多,如基于 Hadoop 的 Flume 工具的网络传输方法、备份还原方法、ETL 工具的历史数据迁移方法、数据库工具方法以及直接复制法等,然而在不同的应用中,其考虑的因素不一样,采用的方法也不一样。以大数据和云计算为背景,基于 Hadoop 云平台的数据迁移应运而生。

微课视频

4.1 数据迁移基础

数据迁移是对数据进行选择、准备、提取和转换,并将其从一个计算机存储系统永久传输到另一个计算机存储系统的过程。在迁移数据时,数据完整性验证和遗留数据存储的退役也被视为整个数据迁移过程的一部分。数据迁移是任何系统实施,升级或整合的关键考虑因素。在企业中,数据迁移的原因通常涉及多种,包括服务器或存储设备更换、维护或升级、应用程序迁移、网站整合、灾难恢复和数据中心迁移等。而企业通常期望数据迁移过程能以尽可能自动化的方式执行,使得企业可以从烦琐的任务中释放人力资源。

4.1.1 大数据迁移的需求

1. 新老系统切换需要

数据作为企业的核心资源，是企业业务连续和发展的基础。因此，当信息系统更新或者新老系统切换时，需要对老系统的数据进行整理、抽取，并按照新系统的业务逻辑和数据规则进行迁移，以保障业务的连续性。

2. 搬迁或数据中心合并需求

政策上的很多指导引发了组织结构的变化以及数据分布的改变，这会涉及大量的结构性数据（数据库）和非结构性数据（金融交易的图像存档）的迁移。

3. 性能提升需求

由于业务的发展、企业规模的变大，原有的存储无论是容量还是响应速度都无法满足现有的需求，因此企业不得不更换更高性能的存储来提升性能。

4. 分级存储架构需求

为了解决存储成本问题，集中式大型系统多采用分级存储的设计方案，一些历史数据将定期从高性能存储环境中迁移到更加廉价、性能更低的存储环境中，这也常常会带来大规模数据迁移的问题。

5. 存储整合需求

有时一个应用实例会在企业内部有多份同样的备份。随着企业内部结构性数据和非结构性数据的不断增长，企业越来越希望将这些数据进行整合，以减少在存储空间上的投入。这种需求大大推动了区域性的数据整合。

4.1.2 大数据迁移的风险

由于数据的使用者（各种硬件和软件）也非常复杂。大数据迁移时会发生各类问题、遇到各式各样的风险，其中最常见的高危风险事件如下。

1. 最小停机时间风险

数据迁移时间必须满足业务操作可以容忍的停机时间，同时必须事先做好完整的回退路线图。

2. 业务系统性能下降风险

存储本身是个复杂的系统，数据迁移至新设备后，需要在很多环节上增加后续监控力度和优化强度，发现信息系统存在的瓶颈，如热盘分布、光纤通道配置等，这些环节都会影响新设备的性能发挥。

3. 数据丢失风险

大数据迁移存在数据丢失的风险，而且经常不能被及时发现，需要用一些复杂的统计途径进行数据完整性的核对。

4. 数据不一致风险

数据库升级或应用系统升级过程中，可能会涉及数据结构的调整，因而在数据迁移时，数据一致性的问题就更为突出。此时需要制定严格的数据转储方案，描述数据之间的逻辑关系。迁移后需要进行严格地数据校验。

5. 迁移失败风险

数据迁移受到很多客观因素的影响，因而在大数据的迁移过程中难免遇到失败。因此需要在整个数据迁移方案中从技术和时间上充分考虑，设计回退方案，确定回退方案启动的标准和管理人。

4.1.3　大数据迁移的流程

数据迁移的实现可以分为 3 个阶段：数据迁移前的准备、数据迁移的实施和数据迁移后的校验。

1. 数据准备

根据数据迁移的特点，大量的工作都需要在准备阶段完成，充分而周到的准备工作是完成数据迁移的重要基础。具体而言，要编写待迁移数据源的详细说明（包括数据的存储方式、数据量、数据的时间跨度）；建立新旧系统数据库的数据字典；对旧系统的历史数据进行质量分析，新旧系统数据结构的差异分析；对新旧系统代码数据进行差异分析；建立新老系统数据库表的映射关系，应对无法映射字段的处理方法；开发、部属 ETL 工具，编写数据转换的测试计划和校验程序；制定数据转换的应急措施等。数据准备工作是完成数据迁移的基础，准备工作需要充分而周全。

2. 迁移实施

数据迁移的实施是实现数据迁移的 3 个阶段中最重要的环节。它要求制定数据转换的详细实施步骤流程；准备数据迁移环境；业务上的准备，结束未处理完的业务事项，或将其告一段落；对数据迁移涉及的技术都得到测试；最后实施数据迁移。数据迁移的实施是将准备好的数据复制到物理介质或将其推送到全球互联网上，迁移过程中可能出现多变的迁移环境及数据变化（写入、导出、格式化等），这要求数据实施迁移必须制定完备的数据迁移实施流程。

3. 数据校验

数据迁移后的校验是对迁移工作的检查，数据校验的结果是判断新系统能否正式启用的重要依据。因为无论是通过物理介质还是网络传输,数据传输期间有很多不确定影响因素,完整的数据迁移才是迁移任务成功的标志。可以通过质量检查工具或编写检查程序进行数据校验,通过试运行新系统的功能模块(特别是查询、报表功能)检查数据的准确性。

4.1.4 大数据迁移任务类型

面对不同的迁移需求和复杂多变的数据环境,数据迁移的类型大有不同,目前最常见的迁移类型有以下 3 种。

1. 结构迁移

将源库中待迁移对象的结构定义迁移至目标库(例见表、视图、触发器、存储过程等)。

2. 全量数据迁移

将源库中待迁移对象的存量数据,全部迁移到目标库中。在执行全量迁移任务时不能在源库中写入新的数据,不然容易产生数据不一致的情况。

3. 增量数据迁移

将源库中自上一次迁移后的全部改动和新的增量数据迁移至目标库。一般增量数据迁移会保持实时同步的状态,所以迁移任务不会自动结束,需要手动结束。

数据迁移的类型并不唯一。为保障数据一致性,在系统支持的情况下,配置任务类型时,可以选多个任务类型。当然,多个任务类型同时进行数据迁移时,传输的效率必然会受到影响。

数据迁移是一项很重要的工作。然而面对如此复杂多样的大数据和层出不穷的网络问题,迁移工作不得不考虑三大问题:安全、高速传输和快速校验。一个没有效率、安全保障的大数据产业"只会开花不会结果",数据时代必然要重视这些问题才能掌握"数据权"。

4.2 数据迁移相关技术

信息系统的数据量随着业务的发展变得越来越庞大,尤其是在目前大数据应用高速发展的情况下,数据迁移已成为大数据分析的重要内容。根据业务类别、数据量大小及系统构架的不同,数据迁移的难易程度和所采用的迁移技术也不同。数据迁移的技术一般包括基于存储的数据迁移、基于主机逻辑卷的迁移、基于数据库的迁移和服务器虚拟化数据迁移等。

4.2.1 基于存储的数据迁移

当企业期望利用更高效的存储技术作为其底层存储支撑时,通常会选择更加合理的物理介质,这就涉及存储迁移过程。这个过程必须通过虚拟化技术将物理数据块从一个磁带或磁盘移动到另一个磁带或磁盘,数据格式和内容本身通常不会在过程中发生变化,并且可以在对上面的层产生最小影响的情况下实现。

基于存储的数据迁移,主要分为同构存储和异构存储的数据迁移。同构存储的数据迁移利用其自身复制技术,实现磁盘或卷 LUN 的复制。同构存储的复制技术又分为同步复制和异步复制:同步复制时,主机 I/O 须写入主存储和从存储后,才可继续下一个 I/O 写入;异步复制时,主机的 I/O 写入主存储后便可继续写入操作,而无须等待 I/O 写入存储。异构存储的数据迁移是通过存储自身的虚拟化管理技术,实现对不同品牌存储的统一管理及内部复制,从而实现数据迁移。

基于存储的数据迁移主要应用于机房相隔距离较远、数据量方面比较大、关键业务不能长时间中断等情景,如机房搬迁、存储更换、数据灾难备份建设等。目前,电信、金融等企业容灾中心大都基于此技术。基于存储的数据迁移,其优点是能够在非常短的时间内实现数据的迁移与业务的恢复,缩短对业务的影响时间,尤其适用于数据仓储等大数据的数据迁移。其不足之处在于:会对存储的性能造成一定影响,尤其基于存储的同步复制技术会占用较高的存储缓存,且写入速度取决于性能较低的存储;需要额外支付较高的软件许可费用。因此一般用于基于同操作系统平台的数据迁移。

1. 基于同构存储的数据迁移

基于同构存储的数据迁移使用存储的同步复制迁移技术,实现不同机房之间的数据迁移工作。以某企业的磁盘管理为例,实施步骤见图 4-1。

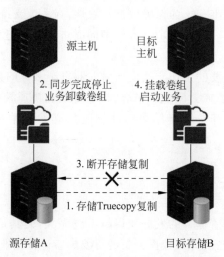

图 4-1　基于同构存储的数据迁移实施步骤

从图 4-1 中可以看出,基于同构存储的数据迁移首先需要在新机房环境中为目标主机建立必需的用户以及配置系统参数,然后在源存储与目标存储上实现卷 LUN 的对应关系、进行数据复制同步完成后,停止旧机房主机的数据库及业务应用,确保数据完全一致。最后,断开两机房存储之间的 Truecopy 复制。

2. 基于异构存储的数据迁移

基于异构存储的数据迁移使用虚拟化技术将目标存储作为一台主机,接管原存储,再通过存储的内部复制技术实现数据的接管,通过主机访问新存储而实现数据的迁移。此数据迁移技术一般用于海量数据异构存储的更换,存储虚拟化技术可在较短的时间内完成数据迁移。

假若主机连接于存储 A,新存储 B 与原存储 A 为不同品牌,要实现数据迁移至新存储,以某企业的存储虚拟化技术为例,其数据迁移步骤为:

(1) 使用目标存储 B 的虚拟化管理软件识别存储 A 的 LUN1,建立映射关系。

(2) 断开既有主机与存储 A 之间的 I/O 链路。

(3) 在主机上识别目标存储 B 虚拟化管理的 LUN 2,以间接使用存储 A,启动业务检测。

(4) 存储内部复制技术实现虚拟化管理的映射卷 LUN2(主卷)至存储 B(从卷) LUN3 复制。

(5) 存储内部复制完成后,断开主机与存储 B 虚拟化管理 LUN2 的 I/O 链路,连接主机至存储 B 的 LUN3,改变主卷属性并删除复制关系,具体见图 4-2。

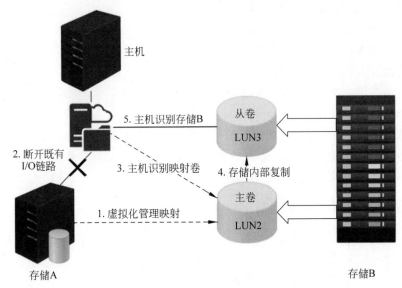

图 4-2 基于异构存储的数据迁移实施步骤

4.2.2 基于主机逻辑卷的数据迁移

UNIX、Linux 操作系统具有稳定性好、不易感染病毒等优点,通常作为数据库服务器操作系统使用,一般使用逻辑卷管理磁盘。主机的逻辑卷管理使卷组(VG)的信息保存于磁盘,只要操作系统平台一致,其卷组信息在新主机上能够识别,可对卷组直接挂载使用,实现更换主机。基于主机的逻辑卷镜像数据迁移主要是为既有逻辑卷添加一个物理卷(PV)映射,通过数据的初始化同步使新加入的 PV 与既有 PV 数据完全一致,再删除位于原存储上的 PV，实现数据在不同存储之间数据的迁移。逻辑卷的数据迁移一般适用于存储、主机更换等情景。

使用基于主机逻辑卷的数据迁移的优点如下：

(1) 使用逻辑卷迁移时，影响较小。

(2) 不需要任何费用。

(3) 步骤简单、容易操作且速度较快。

(4) 支持任意品牌存储之间的数据迁移。

但是，使用基于主机逻辑卷进行数据迁移时，逻辑卷镜像同步时会消耗主机资源，所以尽可能在业务不繁忙时操作。另外，基于主机逻辑卷的数据迁移一般不用于远距离数据迁移及特大数据量迁移，通常用于基于存储区域网络（SAN）数据的迁移。

1. 使用逻辑卷更换主机

如果新主机操作系统与旧主机一致，且采用了逻辑卷管理存储，仅需要主机识别存储和导入卷组就可以实现数据迁移。假如在实际中更换操作系统为 SuseLinux 系统的主机时，具体步骤如下：

(1) 原主机卸载文件系统：＃umount/sybase。

(2) 原主机设置卷组为不激活状态：＃vgchang-an vgdata。

(3) 原主机导出卷组：＃vgexport vgdata。

(4) 光纤交换机 ZONE 设置好后新主机识别存储。

(5) 卷组导入：＃vg import vg data。

(6) 激活卷组：＃vg chang-ay vg data。

(7) 挂载文件系统：＃mount/sybase，启动数据库。

建议在规划系统时，尽可能地使用逻辑卷管理，这样不仅方便存储空间的动态调整，也方便更换主机。如果没有使用逻辑卷，需要重新划分空间、调整系统参数、安装数据库及导出导入数据库数据，不仅耗时，还会影响系统稳定性。

2. 使用主机逻辑卷镜像更换存储

使用主机逻辑卷镜像更换，存储仅须将新存储添加至当前系统卷组，同时逻辑卷镜像写入两份数据，然后对旧存储删除就可以实现数据迁移，见图 4-3。

以 Symantec SF 逻辑卷镜像更换存储为例，具体实施步骤如下：

(1) 识别磁盘：＃yxdisk scandisks。

(2) 初始化磁盘：＃/opl/VRTS/bin/vxdisk setup-i tagmastoreuspl 0001。

(3) 添加磁盘到磁盘组：＃vxdg-g sybasel5 adddisk tagmastore -uspl 0001。

(4) 为卷做镜像，并可将镜像设置在指定硬盘方便以后维护：＃ vxassist-b-g sybase15 mirror lv data dev layout＝nostripe alloc＝tagmastore-uspl 0001。

(5) 拆除指定的卷镜像：＃/usr/sbin/vxplex-g sybasel5-o rm dis lv data dev-01。

(6) 从磁盘组中删除磁盘：＃/usr/sbin/vxdg-g sybase15 rmdisk tagmastore usp 00000。

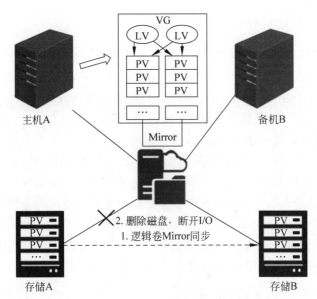

图 4-3　使用主机逻辑卷镜像更换存储

（7）磁盘反初始化：♯/usr/sbin/vxdiskunsetup tagmastore-usp 00000。

（8）删除盘符管道：♯/usr/sbin/vxdisk rm tagmastore-usp 00000。

使用 UNIX、Linux 逻辑卷镜像时，使用命令的语法不同，如使用 HP UNIX 实施时，需要改变 LV 为严格的 PVG-strict，防止意外覆盖数据或没有实现两台存储的镜像。

4.2.3　基于数据库的数据迁移

在软件工程中，数据库迁移（也称为模式迁移）指的是对关系数据库模式的增量可逆变更的管理。当企业中存在将数据库模式更新或恢复为某个较新版本或较旧版本的需求时，就会对数据库执行模式迁移。该过程通常使用架构迁移工具以编程方式执行。大多数架构迁移工具旨在最小化架构更改，降低对数据库中任何现有数据的影响。尽管如此，它们并不保证数据的完整保存，例如，删除数据库列之类的模式更改可能会破坏数据。但这些工具有助于保留数据的含义或重新组织现有数据以满足新要求。

1. 同构数据库数据迁移

同构数据库的数据迁移技术，通常是利用数据库自身的备份和恢复功能来实现数据的迁移，可以是整个库或是单表进行迁移。大型数据库都有专门的数据复制技术，可以用于数据迁移，如 Sybase 的 Replication Server、Oracle 的 Data Guard 等。数据量不大时，一般为原数据库主机导出数据再通过网络通道将数据传输至目标数据库主机并导入，例如 Oracle 的 export/import，Sybase 的 dump/load 等。

同构数据库的数据迁移较为简单，不限制操作系统平台，但是这种方法的缺点为对业务影响时间较长，数据迁移的速度取决于主机的读/写速度以及网络传输速度。

2. 异构数据库的数据迁移

异构数据库的数据迁移一般使用第三方软件实现，这种方法适用于纯数据迁移，并且不需要关注存储过程。第三方软件提供了不同数据库转换的解决方案，无论哪种解决方案均须对数据库迁移后的各种数据进行测试。以使用第三方软件 Navicat 从 Access 向 MySQL 进行数据迁移为例，数据迁移时存在以下问题：

（1）字段类型的长度发生了变化，如字符型的长度均变为了 255。

（2）自增序列不一致。数据转换后需要重新定义。

（3）程序不完全兼容，如在分页时需要设置记录集为客户端游标。

（4）主键、索引丢失。针对业务模型很复杂的应用或大量使用存储过程的应用，需要编写程序通过筛选、抽调等一系列过程实现数据迁移与业务应用。

异构数据库的迁移不限操作系统、数据库平台，但是需要花费一定的时间及费用，特别是定制开发，可能会时间很长且代价较高，在数据迁移后应用须一定时间才能趋于稳定。

4.2.4 基于服务器虚拟化的数据迁移

服务器虚拟化可以提高设备资源的利用率，尤其是可以使 CPU、内存、存储空间得到充分使用，可实现服务器整合，也符合目前云计算的需求。由于服务器虚拟化有诸多优势，目前除核心数据库或明确不能运行于虚拟机的应用外，越来越多的企业将应用程序部署于虚拟平台，比如部分铁路局的铁路旅客服务信息系统使用的是 Microsoft Hyper-V 虚拟化产品，客运管理、审计系统等业务使用的是 SMware 虚拟化产品，铁路局也正在使用虚拟化产品整合设备资源。实现虚拟机在线迁移已是各厂商必备功能。目前较为成熟、应用广泛的产品有 VMware vSphere、Microsoft Hyper-V、RedHat KVM 等。下面以 VMware 为例介绍服务器虚拟化的数据迁移。

1. 物理机向虚拟机迁移

物理机向虚拟机迁移是指将包含应用配置的物理服务器迁移到虚拟机，而不需要重新安装操作系统和应用软件，这个过程称为 P2V（Physical to Virtual），降低了数据迁移的复杂程度。每个虚拟机厂商均有自己的迁移组件工具，如 VMware 使用 vSphere Convertor，其迁移时在需要迁移的物理机上安装一个 Agent，通过 Convertor 服务器操作，最后把这个物理机变成一个虚拟机文件，导入到 vCenter。

迁移时仅须在 Convertor 图形界面上设置源和目标主机地址、选择目标虚拟机和存放位置便可开始转换。迁移时需要注意以下问题：①在迁移的过程中要充分考虑每个物理机上应用所需要的 CPU、内存及空间资源，避免迁移后无法使用；②迁移前将物理机的临时文件或者无用文件删除；③建议在业务量较小的时间执行，这样可以减小对平台影响，实现快速迁移。

2．虚拟机的迁移

虚拟化平台的功能强大，可以很方便地实现数据的迁移，如 VMware 已实现了使用迁移技术建立数据中心。虚拟机的迁移主要是将虚拟机从运行的主机或存放数据的存储迁移至另外的主机或存储，可用于处理主机或存储故障，同时也方便更换主机或存储。虚拟机的迁移通常分为冷迁移和热迁移，冷迁移是将已经关停的虚拟机在不同的主机上启动或将相关虚拟机文件静态复制至目标存储，热迁移指的是在不影响虚拟机可用性的情况下将虚拟机迁移至目的地，在 VMware 中主要有 vmotion 和 storage vmotion 的两种迁移方法。

VMware 现已支持跨虚拟数据中心远距离在线迁移，其 vmotion 提供虚拟机的在线迁移功能，即无论有无共享存储，都可以在不中断业务的情况下在服务器之间实时迁移虚拟机，其主要用于服务器硬件维修、没有停机计划的情况。vmotion 迁移虚拟机时，仅在物理机之间复制虚拟机所占内存，其虚拟化迁移步骤如下：

（1）vmotion 将虚拟机的内存从源主机复制到目标主机，此时虚拟机仍可正常使用，在源主机上会使用内存地址段记录内存的变化。vmotion 网络在虚拟机的大部分内存从源主机复制到目标主机后，会将虚拟机置于静止状态。

（2）在源物理机上虚拟机处于短暂静止状态时，剩余内存和变化内存会被复制至目标主机，当目标虚拟机的内存与源主机的内存一致时，迁移已基本完成，同时虚拟机 IP、MAC 被完整复制至目标主机。

（3）目标主机的虚拟机会告知网络设备可以访问，同时源主机释放虚拟机内存。

另外，需要注意的是，vmotion 在线迁移时，物理机之间的 CPU 要兼容。

storage vmotion 可以实现虚拟机在不停机的情况下将虚拟机存储位置迁往不同的存储设备，仅需满足物理主机能够访问源数据存储和目标数据存储。在迁移过程中，系统会检测存储是否支持 VAAI（Vstorage APIs array Integrate），如果支持，复制 VM 目录时则会在存储之间直接复制，如果不支持则会使用经 YMkernel 复制。其迁移原理及步骤见图 4-4。

从图 4-4 可以看出，storage vmotion 迁移的步骤如下：

（1）在迁移开始时，先将源存储的 VM 目录复制至目标存储。

（2）在目标存储上使用新复制的 VM 目录生成一个新 VM，其处于静止状态。

（3）通过镜像驱动程序（mirror driver）向源存储和目标存储同时写入数据 I/O。

（4）通过系统 VMk emel 或 VAAI 将源 VM 数据复制到目标存储。

（5）源 VM 数据复制完成后，将 mirror driver 写入新的数据，与目标存储上的 VM 数据合并，并暂停源 VM。

（6）新 VM 使用合并后的数据启动，并删除源 VM 及其目录数据。

vmotion 迁移的是虚拟机内存，并不会迁移虚拟机作为文件存储的位置，而 storage vmotion 迁移的是虚拟机作为文件存储的位置。两种迁移在操作上都可以利用图形界面完成，在 vCenter 里选择要迁移的虚拟机，右击，选择"迁移"，会有"更改主机""更改数据存储""更改主机和数据存储"3 个选项，按需选择即可迁移。使用在线迁移最大的优点就是不需要中断系统运行,不影响业务,迁移过程可以在业务不繁忙的时间进行,减小对既有运行项目影响,并可加快迁移速度。

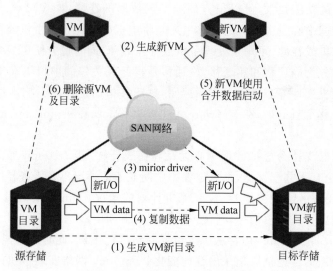

图 4-4　storage vmotion 迁移过程

4.3　大数据迁移工具 Sqoop

当数据量在 60 万行以下的时候,使用 Excel 较为方便;MySQL 等关系型数据库系统理论上可以存储亿级别条数的数据,但实际上这样会很卡;HBase 或 Hive 可以存储或处理达 PB 级别数据,可以处理离线数据,而且适用于实时数据计算。

随着企业业务的发展以及大数据应用技术的发展,必将涉及将数据在传统数据库(SQL)和大数据之间的进行迁移。例如,原来存储数据的 MySQL 容量不够了,就需要将数据迁移到 Hadoop 生态中;或者,原始的业务数据存储在 Hive 或者 HBase 中,此时营销同事想要进行数据分析,他们只会用 SQL,那这时候就要将 Hadoop 中的数据迁移到 MySQL 等关系型数据库中等数据迁移需求。

4.3.1　Sqoop 概述

Sqoop(SQL-to-Hadoop)是一款开源的数据迁移工具,最早是作为 Hadoop 的一个第三方模块,现已独立成为一个 Apache 项目。通过 Sqoop 可以很方便地实现在 Hadoop HDFS 和关系数据库系统之间的数据迁移。

在大数据应用领域,Hadoop 框架是越来越受青睐的分布式计算环境,很多的云服务都是基于这种框架的,因此,更多的用户需要将数据集在 Hadoop 和传统关系数据库之间迁移,提供这一功能的工具软件层出不穷。Apache Sqoop 就是这样一款工具,可以在 Hadoop 和关系型数据库之间转移大量数据。Sqoop 有以下几个优势。

1．数据迁移效率高

Sqoop 可以高效且可控地利用资源，比如，它可以通过调整任务数来控制任务的并发度，另外还可以配置数据库的访问时间等。

2．数据类型转换的安全性高

Sqoop 类似于其他 ETL 工具，使用元数据模型来判断数据类型，能自动地完成数据类型的映射与转换，保障了在数据迁移过程中数据类型的安全性。

3．通用性高

它支持多种关系型数据库，比如 MySQL、Oracle、PostgreSQL。对于某些非关系（NoSQL）数据库，Sqoop 也提供了连接器。

4．支持增量倒入

Sqoop 支持增量更新，将新记录添加到最近一次的导出的数据源上，或者指定上次修改的时间戳。

另外，Sqoop 专为大数据批量传输设计，能够分割数据集并创建 Hadoop 任务来处理每个区块。

尽管 Sqoop 有很多的优点，但在使用并行机制要小心。在默认情况下，Sqoop 假设大数据是在分区间范围内均匀分布的。如果分区不是均匀的，可能会出现负载失衡的情况。

Sqoop 的工作流程见图 4-5。首先，Sqoop 接收客户端的 shell 命令或 Java api 命令请求。然后，任务翻译器（Task Translater）将命令转换为对应的 MapReduce 任务。最后，MapReduce 将关系型数据库和 Hadoop HDFS 建立关联，完成数据的迁移。

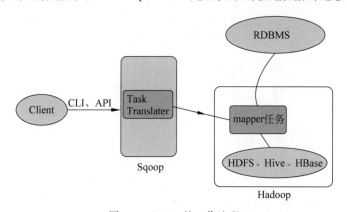

图 4-5　Sqoop 的工作流程

4.3.2　Sqoop 的数据导入

数据导入是指将数据从传统关系数据库，导入到 Hadoop 云环境平台的数据存储区域，如分布式文件系统 HDFS、HBase 或者 Hive 等。Sqoop 提供多种数据导入方法，其中通过 Sqoop Import 工具导入数据比较便捷。Sqoop 通过若干个 MapReduce 作业，将传统关系数据库中数据表的记录一行一行地抽取数据，然后，将记录数据写入 HBase 或分布式文件系统 HDFS 中。图 4-6 给出了利用 Sqoop 从传统关系数据库的数据表中将数据导入到分布式文件系统 HDFS 或 HBase 的流程图。

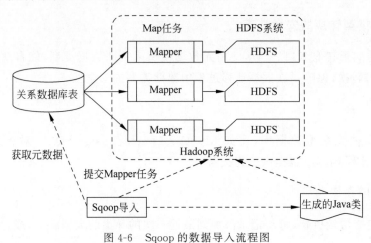

图 4-6　Sqoop 的数据导入流程图

Sqoop 作为一个数据转移工具，数据导入方式有以下几种。

1. 利用 Sqoop import 导入 HDFS

通过 shell 命令，利用 Sqoop import 工具，可以实现将关系数据库的数据导入 HDFS 中，导入过程见图 4-7。

```
1 sqoop import
2 --connect  jdbc: mysql: //localhost:3306/database
3 --table tablename
4 --username root
5 --password admin
6 --target-dir  /outdir/
7 --fields-terminated-by '\t'
8 -m  1
9
10 --null-string ''
11 --incremental append
12 --check-column id
13 --last-value  num
```

图 4-7　使用 Sqoop import 工具将数据导入 HDFS 过程

说明：

--connect：指定 JDBC 的 URL，其中 database 指的是 MySQL 或者 Oracle 中的数据库名。

--table：要读取数据库 database 中的表名。

--username--password：MySQL 数据库中的用户名和密码。

--target-dir：HDFS 中导入表的存放目录（注意：是目录）。

--fields-terminated-by：设定导入数据后每个字段的分隔符。

-m：并发的 map 数量。

--null-string：导入的字段为空时，用指定的字符进行替换。

--incremental append：增量导入。

- -check-column：指定增量导入时的参考列。

--last-value：上一次导入的最后一个值。

2. 增量导入

在实际的工作中，数据库表中数据(记录)是不断增加的，两次数据导入之间，增加的数据(记录)量可能不是很多，或者说数据表的变化不大。因此，每次导入的时候只想导入增量的部分，不想将表中的所有数据再重新导入一次，即如果表中的数据增加了内容，就向 Hadoop 中导入一下，如果表中的数据没有增加就不导入，这就是增量导入方式，可以通过下列 shell 命令实现。

--incremental append：增量导入。

--check-column：增量导入时需要指定增量的标准，即哪一列作为增量的标准。

--last-value：增量导入时必须指定参考列，即上一次导入的最后一个值，否则表中的数据又会被重新导入一次。

3. 批量导入

将关系数据库的一个数据表导入 HDFS 需要一组 shell 命令，如果要导入多个数据表，则要写太多的 shell 命令，太烦琐，且效率也太低。可以创建一个作业脚本文件，通过执行脚本文件，一次导入多个数据表，这就是批量导入。与批量导入有关的 shell 命令有：

--create 脚本文件名：创建一个脚本文件。

--list 脚本文件名：查看脚本文件。

--exec 脚本文件名：执行脚本文件。

4. 利用 Sqoop Import 导入 HBase

与导入到 HDFS 的方法类似，通过 shell 命令，利用 Sqoop Import 工具，可以实现将关系数据库的数据中导入 HBase 中，导入过流程见图 4-8。

```
1  sqoop import
2  --connect  jdbc: mysql: //localhost:3306/database
3  --table tablename
4  --username root
5  --password admin
6  --hbase-create-table
7  --hbase-table  A
8  --column-family  infor
9  --hbase-row-key id
10 --fields-terminated-by '\t'
11 -m 1
12
13
14 --null-string ''
15 --incremental append
16 --check-column id
17 --last-value  num
```

图 4-8 使用 Sqoop Import 工具将数据导入 HBase 过程

说明：

--connect：指定 JDBC 的 URL 其中 DataBase 指的是 MySQL 或者 Oracle 中的数据库名。

- -table：要读取数据库 DataBase 中的表名。

--username--password：指的是 MySQL 数据库中的用户名和密码。

--hbase-create-table：表示在 HBase 中建立表。

--hbase-table A：指定在 HBase 中建立表 A。

- -column-family infor：表示在表 A 中建立列族 infor。

- -hbase-row-key：表示表 A 的 row-key 是 consumer 表的 id 字段。

-m：并发的 map 数量。

--null-string：导入的字段为空时，用指定的字符进行替换。

--incremental append：增量导入。

- -check-column：指定增量导入时的参考列。

- -last-value：上一次导入的最后一个值。

4.3.3　Sqoop 的数据导出

数据导出是指将经过大数据分析、处理后的，存储在 Hadoop 云环境平台 HDFS 中的数据导入到传统关系型数据库的数据表中。数据导出流程见图 4-9。首先，用户应在关系数据库系统中，创建好一个与导出数据相对应的数据表。接着，利用 Sqoop Export，结合目标表的定义生成一个 Java 类。然后，通过创建 MapReduce 作业，该作业将存储在 HDFS 中需要导出的数据解析为数据记录。最后，将解析的记录逐条的写入关系数据库的数据表中。

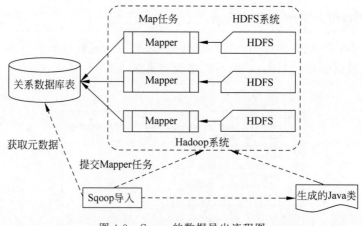

图 4-9　Sqoop 的数据导出流程图

利用 Sqoop import 工具，将数据从分布式文件系统 HDFS 中，导出到传统关系数据库的数据表，其导出过程的 shell 命令见图 4-10。

```
1 sqoop export     **表示数据从HDFS导出到关系数据库中
2 --connect  jdbc: mysql: //localhost:3306/database
3 --table tablename    **Mysql数据库中的表，即将被导入的表名称
4 --username root
5 --password admin
6 --export-dir  /outdir/  **HDFS中即将被导出的文件目录
7 --fields-terminated-by '\t'   **HDFS中被导出的文件字段的间隔符
8 -m 1
9
10
11 --null-string ''
12 --incremental append
13 --check-column id
14 --last-value  num
```

图 4-10　使用 Sqoop import 工具导出数据

4.4　ETL 数据迁移技术

ETL 是三个英文单词(Extract、Transform、Load)的缩写,分别表示对数据的三种处理方法,即抽取、转换、加载。

4.4.1　ETL 概述

ETL 这三种方法(步骤)连接起来,可以实现将数据源端的数据,经过一系列处理后,再传送到目的端的过程,该过程是构建数据仓库的基本流程。首先,用户从数据源中抽取出所需的数据,然后,经过一系列的数据类型、存储模型以及数据预处理(数据清洗、数据归约、数据集成等)等转换,最后,按照已定义的数据仓库模型,将转换后数据加载到数据仓库中。

简单来说,ETL 是将数据从一个或多个源复制到目标系统的一般过程,而目标系统中存储的数据与源系统之间可能存在很多不同,如数据类型、数据模型以及是否采用分布式等。采用 ETL 技术处理数据的流程有三步:①从源中提取(选择和导出)数据;②将数据转换为目标所期望的形式;③将转换后的数据加载(读取或导入)到目标系统。这是一个典型的流水线过程,每一步都通过不同的组件完成,且都需要一定处理时间。因此,通常并行流水线的执行这三个阶段,在提取数据的同时,对已接收的数据执行转换过程,并对已完成转换的数据执行加载过程。常见的 ETL 流程见图 4-11。

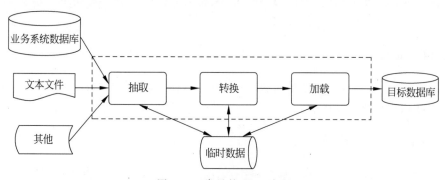

图 4-11　常见的 ETL 流程

其中,数据提取涉及从同构或异构来源提取数据;以便进行查询和分析;数据加载则将数据插入到最终目标数据库中。例如,数据集市或数据仓库。

1．数据抽取

ETL 的第一步是数据抽取，首先，需要确定从哪些源系统（可能是同构的也可能是异构的）进行数据抽取；然后，定义数据接口，对每个源文件及系统的每个字段进行详细说明；最后，确定数据抽取的方法：是主动抽取还是由源系统推送、是增量抽取还是全量抽取、是每日抽取还是每月抽取等。抽取的结果可以直接进行数据转换，也可以存入临时的中间存储系统中。

2．数据转换

按照目标系统的要求，对抽取的数据进行数据模型、类型的转换，并对一些数据质量问题（如不完整数据、错误数据、重复数据）进行处理等。

1）空值处理

首先判断、发现哪些字段存在空值数据，并根据该字段的定义、约束以及空值的多少，选择适当的处理方法，如简单的替换或填充，或调用专门的空值处理模块，或对这些含空值的对象进行分割处理，加载到不同的目标库。

2）数据标准化

按照目标库的模型和类型定义，对抽取的数据进行统一元数据、统一标准字段、统一字段类型的一系列的标准化处理。

3）数据拆分

依据对目标库的定义和业务需求，对源数据集中的某些属性（字段）进行拆分或合并处理，如居民的身份证号可以拆分出地区、出生日期、性别等信息。

4）数据验证及替换

根据时间（时间戳）规则、业务规则、自定义规则等，对抽取的数据进行验证，若发现无效数据、缺失数据，可以进行修订、替换处理。

5）数据关联

根据已知的关联关系（依赖性）和利用判断相关性的技术获得的新的关联关系，对抽取的数据进行关联性验证，保障数据完整性。

3．数据加载

采用不同的方式（全量或增量），将存储在中间临时数据集中的数据或经转换处理后的数据加载到目标数据集中。

4.4.2　ETL 的实现模式

ETL 有四种主要实现模式：触发器模式、增量字段、全量同步、日志比对。

1．触发器模式

触发器方式实现 ETL 的基本流程如下。首先，在有抽取要求的源数据表中，针对改变数据的操作(插入、修改、删除)建立相应的触发器。每当有对源表中数据进行修改操作时,将启动触发器,在一个增量日志表中记录该修改操作的信息。然后,当 ETL 进行数据抽取时,不是直接在源表中抽取数据(全部或部分),而是先查阅增量日志表,根据增量日志表记录的信息,从源表中抽取对应的完整记录数据,同时对抽取过的数据及时被标记或删除。因此,触发器方式是一种增量抽取机制。

为了更好地实现通用性,增量日志表一般不存储对数据的所有修改信息,而只存储被修改的源表名称、更新的关键字值(主键或索引)和更新操作类型(插入、修改、删除),只有当 ETL 执行抽取操作时,才根据源表名称和更新的关键字值,从源表中提取对应的完整记录,根据更新操作类型,对目标表进行相应的处理。

触发器方式有三项优点,一是由于采用增量抽取,数据抽取的性能高;二是由于增量日志表的结构统一,ETL 加载规则简单、速度快;三是该方式不需要修改目标数据表的结构。触发器方式的主要缺点是,需要在源数据表上建立触发器,对基于源数据表业务系统可能有一定的影响。

2. 增量字段

增量字段方式也是一种增量抽取方式,与触发器方式不同的是,该方式不需要创建触发器,而是在源数据表中增加增量字段,或利用源系统自带的自增长字段(如 Oracle 的序列)。当源业务系统中数据新增或被修改(包括删除)时,增量字段就会自动产生变化,时间戳字段就会被修改为相应的系统时间,自增长字段就会增加。每当 ETL 工具进行增量数据抽取时,只需要比对最近一次数据抽取的增量字段值,就能判断出来哪些是新增数据、哪些是修改数据,从而做到有针对性地进行抽取,而不必进行全量抽取。

增量字段抽取方式的优点与触发器方式基本相同。缺点是对于不含有自增长字段的源数据库系统,需要考虑设计增加增量字段,可能对原业务系统有一定影响。另外,由于源数据库的原因,可能会出现修改的数据被遗漏的情况。

同触发器方式一样,增量字段有可以引进时间戳技术、使 ETL 系统设计清晰、源数据抽取相对清楚简单等优点,但是,维护时间戳的操作,也需要一定的系统资源。对于不支持时间戳技术的数据库系统,则要求业务系统进行额外的更新时间戳操作,在应用上存在一定的局限性。

3. 全量同步

全量同步又叫全表删除插入方式,是指 ETL 工具在每次抽取数据前,先删除目标表中所有记录数据,然后,抽取源数据表的全部数据,经转换后,再加载到目标数据表中。该方式实际上是一种全量抽取方式。只有在数据量不大,全量抽取的时间代价小于执行增量抽取的代价时,可以采用该方式。同步流程见图 4-12。

图 4-12 全量同步方式的同步流程

全量同步方式无论是对源数据系统的数据表，还是对目标任务系统的数据表都不产生影响，业务处理流程不需要修改，所有抽取任务、规则和管理维护都由 ETL 完成。但是，ETL 工具本身的设计和实现较为复杂，数据抽取和加载的效率较低。全表同步方式在对全表数据对比时被动进行的，而触发器和使用时间戳技术的方式采用的是主动通知 ETL 的方式，相比之下，ETL 性能较差。

4. 日志比对

大、中型的数据库管理系统（如 Oracle）都有系统日志，会自动记录对数据进行的所有插入、更新等操作，日志比对方式的 ETL 就是通过读取数据库管理层面的日志信息，来抽取变化的数据。该方式不需要改变源系统数据表的结构，不影响原系统的业务流程，且数据抽取可以做到实时进行。同时，该方式也存在两个缺点，一是不同数据库系统的日志文件结构存在较大的差异性，特别是同时设计多个不同架构的数据源时，对日志文件的分析将耗费较大的资源；二是对数据库系统日志的访问，需要一定的权限（数据库管理员或数据库所有者），可能会给系统造成一定的风险，所以采用这种方式的 ETL 在具体应用上有很大的局限性。

Oracle 的改变数据捕获（Changed Data Capture，CDC）技术是日志比对方式中一个成熟的实例，CDC 技术是在 Oracle9i 数据库中引入的，其核心技术是能够识别从上次抽取之后发生变化的数据。利用 CDC，在对源表进行插入、修改和删除等操作的同时，就可以实时提取数据，并且将变化的数据保存在数据库的变化表中，这就是 CDC 的基本原理。变化的数据被捕获后，CDC 利用数据库视图以一种可控的方式提供给目标系统。

4.4.3　ETL 工具

数据来源可以是各种不同的数据库或者文件，这时候需要先把他们整理成统一的格式后才可以进行数据的处理，这一过程用代码实现显然有些麻烦。另外，在数据库中可以使用存储过程去处理数据，但是处理海量数据的时候存储过程显得比较吃力，而且会占用较多数据库的资源，这可能会导致数据库资源不足，进而影响数据库的性能。因此，选择一款适合的 ETL 工具十分必要。

选择 ETL 工具主要考虑以下几个因素，对平台的支持程度；抽取和装载的性能是不是较高，且对业务系统的性能影响大不大，侵入性高不高；对数据源的支持程度；是否具有良好的集成性和开放性；数据转换和加工的功能强不强；是否具有管理和调度的功能等。

1. Apache Camel

Apache Camel 是一个基于企业整合模式（EIP）的开源框架，支持多种开发语言，提供了在不同的应用系统之间，以不同的方式传递数据消息的解决方案。Apache Camel 内集成了大量组件（Component），每个组件都是一种消息中间件（或消息服务）的具体实现，每个消息中间件所用的协议都是不同的，因此，可以通过多种不同的协议来完成数据消息的传输。Apache Camel 允许用户定义灵活的路由规则，可以说是一个规则引擎。

用户在使用 Apache Camel 过程中,可以定义自己的路由规则,实现从不同的数据源抽取数据,对抽取的数据进行一系列的转换处理,并可以将这些数据加载到不同的目标系统。Apache Camel 可以完成以下几个任务。

1)数据整合

Apache Camel 可以将来自不同服务器的数据,如 ActiveMQ、RabbitMQ、WebService 等,统一把它们都存储到日志文件中。

2)数据分发(加载)

Apache Camel 的数据分发分为两种,一是顺序分发,数据按一定的顺序依次发送给 endpoing,在某个 endpoint 出现故障后,则数据不会再被继续分发;二是并行分发,通过抽取处理得到的数据同时发送到不同的 endpoint,没有先后顺序之分,各个 endpoint 的数据处理也是独立的。

3)消息转换

用户可以通过 Apache Camel 内置的组件,或使用 Java 自己定义的组件,实现数据的转换。

4)规则引擎

用户可以使用 Spring Xml、Groovy 这类 DSL 来定义 route,不需要修改代码,就能达到修改业务逻辑的目的。

Apache Camel 的详细资料可访问主页：http://camel.apache.org/。

2. Apache Kafka

Apache Kafka 是一个分布式的、基于发布-订阅(pub-sub)模式的、开源的消息系统,用 Scala 和 Java 编写而成。消息系统负责将数据从一个应用程序传输到另一个应用程序,因此应用程序可以专注于数据,而不必考虑如何共享数据。Apache Kafka 为处理实时数据提供了一个统一、高通量、低延时的平台。有如下优点。

1)高可靠性

Kafka 采用分布式、分区复制和容错机制,并保证零停机和零数据丢失。

2)高可扩展性

Kafka 消息传递系统轻松缩放,无须停机即可进行系统扩展。

3)耐用性强

Kafka 使用分布式提交日志,这使消息会尽可能快地保留在磁盘上,实现持久存储。

4)高性能

Kafka 对于发布和订阅消息都具有高吞吐量。即使 TB 级消息,也能保持稳定的性能。

Apache Kafk 的详细资料可访问主页：https://kafka.apache.org/。

3. Apatar

Apatar 用 Java 编写,是一个开源的数据抽取、转换、装载(ETL)项目,使用模块化的架构。提供可视化的 Job 设计器与映射工具,支持所有主流数据源,提供灵活的基于

GUI、服务器和嵌入式的部署选项。它具有符合 Unicode 的功能，可用于跨团队集成数据，填充数据仓库与数据市场，在连接到其他系统时在代码少量或没有代码的情况下进行维护。

Apatar 的详细资料可访问主页 http://apatar.com/。

4. Kettle

Kettle 是 Pentaho 中的一套开源 ETL 工具，由纯 Java 语言编写，可以在 Windows、Linux、UNIX 上运行，无须安装，数据抽取高效稳定。Kettle 的设计理念是希望把各种数据放到一个壶里，然后以一种指定的格式流出。用户使用 Kettle 工具集管理来自不同数据库的数据时，只需在一个图形化的环境里，描述你想做什么就可以，而不必说明你想怎么做。

Kettle 允许用户管理来自不同数据库的数据，它包括 Transformation 和 Job 两种脚本文件。Transformation 完成针对数据的基础转换，Job 则完成整个工作流的控制。Kettle 家族目前包括 Spoon、Pan、CHEF、Kitchen 4 个产品。Spoon 允许通过图形界面来设计 ETL 数据转换过程。Pan 允许批量运行由 Spoon 设计的 ETL 转换，Pan 是一个后台执行的程序，没有图形界面。CHEF 允许用户创建任务（Job），任务允许数据转换、脚本等，更有利于自动化更新数据仓库的复杂工作。Kitchen 允许批量使用由 CHEF 设计的任务，Kitchen 也是一个后台运行的程序。

Kettle 的详细资料可访问主页 http://kettle.pentaho.org/。

4.5　本章小结

数据迁移是大数据采集的重要组成部分，是企业从传统的信息管理系统向大数据应用系统升级、改造时，必须解决的问题。以大数据和云计算为背景，基于 Hadoop 云平台的数据迁移工具是企业进行数据迁移的一个不错的选择。实际应用中，存在诸多因素影响数据迁移工作，如云环境平台的网络状况、迁移数据量的选取、数据冗余性的影响、迁移工具和方法的选择等因素都可能影响着数据迁移的性能和效率。针对数据迁移方面的研究，已经提出了很多数据迁移处理方案，并且从不同因素考虑对数据迁移的性能进行优化。

习题

1. 大数据迁移的需求有哪些？
2. 简述大数据迁移的流程。
3. 异构数据库的数据迁移一般存在哪些问题？
4. 简述 storage vmotion 实现基于虚拟机的数据迁移的步骤。
5. 简述 Sqoop 的工作流程。
6. Sqoop 的数据导入方式有哪几种？
7. 简述 ETL 过程的三个基本步骤。
8. ETL 有哪四种主要实现模式？

第 **5** 章

互联网数据采集

本章学习目标

- 了解爬虫概念、爬行策略、Robots 协议等基础知识；
- 掌握各种网络爬虫方法；
- 熟练掌握爬虫工具使用方法；
- 能够运用 Python 语言编写爬虫软件。

随着网络的飞速发展，网络已经成为世界上最大的信息载体，每天都有大量的新数据涌入网络。因此，如何从网络中提取出有效的信息并加以利用，是开发人士面对的新课题。互联网中大量的相关信息可以反映用户的偏好倾向、事件发展趋势等。更重要的是，互联网数据以共享开放的形式存储在互联网中，这意味着互联网数据收集的成本往往更低。因此，相关互联网数据的采集与整合几乎成为大数据项目建设的必然选择。从网络中自动抓取信息的最常见、最有效的方法是使用网络爬虫。

5.1 网络爬虫概述

微课视频

随着大数据时代的来临，我们每天面对的数据数不胜数，为了在繁多数据中找到有效的内容，网络爬虫扮演着越来越重要的角色。互联网中的数据是海量的。如何从这些海量信息中自动、高效地获取用户感兴趣的内容，是互联网数据行业面临的重要问题，网络爬虫技术正是为解决这些问题而诞生的。

5.1.1 网络爬虫的基本概念

1. 互联网数据采集面临的困难和挑战

如何在蕴含海量信息的互联网中采集到自己感兴趣的数据，将面临以下的困难和挑战。

（1）每个门户网站的建设水平不同，每个网站的结构往往因用户体验不同而不同，这意味着通过统一的方法从互联网上收集数据几乎是不可能的。

（2）互联网数据的结构一般比较复杂，通常以文本、表格、图片、视频等非结构化形式存在，这也给互联网数据的采集带来了挑战和困难。

（3）大型互联网公司，如百度，总数据量超过 1000PB，覆盖中文网页、百度视频、百度日志等部分，拥有 70% 以上的中文搜索市场。对于如此海量的数据集，需要研究分布式架构来满足其采集需求。

（4）对于需要从网页获取的互联网数据，可以通过网络爬虫程序自动获取数据，但由于对爬虫程序的监管，不同的网站往往会设置很多障碍，从而增加了互联网数据采集的难度。

2. 网络爬虫的定义

互联网数据的收集通常是借助网络爬虫来完成的。"网络爬虫"（简称爬虫）就是定向或不定向地按照一定的规则，对互联网上的网页数据进行抓取的程序或脚本。抓取网页数据的一般方法是定义一个入口页面，这个页面一般会包含指向其他页面的 URL，所以从当前页面获取这些 URL，添加到爬虫的爬行队列中，进入新页面后再递归进行上述操作。爬虫数据收集方法可以从网页中提取非结构化数据，将其存储为一个统一的本地数据文件，并以结构化的方式存储。支持图片、音频、视频等文件或附件等各式的信息，附件可以自动与正文关联。

该技术被广泛应用于互联网搜索引擎、信息收集、舆情监测等方面，以获取或更新这些网站的内容和检索方式。同时，这项技术还可以自动收集所有可访问的页面内容，供搜索引擎进一步处理，使用户能够更快地检索到自己需要的信息。

3. 网络爬虫的基本原理

网络爬虫通过网页中的一些超链接信息，辅以一定的算法，按照一定的规则自动采集其所能访问的所有页面内容，为搜索引擎和大数据分析提供数据源，网络爬虫一般具有数据采集、数据处理和数据存储三大功能。

网络爬虫一般从一个或多个初始 URL 下载网页内容，然后通过搜索或内容匹配的方式获取网页中感兴趣的内容。同时，从当前页面中不断提取新的 URL，依照爬虫策略按一定顺序放入待爬取的 URL 队列中。整个过程循环执行，直到满足系统相应的停止条件，然后对捕获的数据进行清洗、整理、索引并存入数据库或文件中。最后根据查询需要，从数据库或文件中提取相应的数据，以文本或图表的形式显示出来。

4. 网络爬虫的应用

网络爬虫应用广泛。常见的应用包括：

（1）抓取网站上的图片，重点浏览。

（2）抓取相关财务信息，进行投资分析。

（3）从多个新闻网站上爬取新闻信息，集中阅读。

（4）利用爬虫对相应网页上的信息进行爬取，自动过滤网页中的广告，方便信息的阅读和使用。

（5）使用爬虫，可以设置相应的规则，从网上自动收集目标用户的公开信息，便于营销。

（6）抓取网站用户活跃度、发言次数、热门文章等信息，进行相关分析。

网络爬虫的本质，是一种自动抓取网页的程序，是搜索引擎的重要组成部分。

5．网络爬虫算法

网络爬虫算法定义爬取范围、如何过滤重复页面等爬行策略的要求和规则。根据不同的目的，选择不同的爬虫算法，爬虫的运行效率和得到的结果也会不同。

1）基于网络拓扑的分析算法

该算法的思想是，基于网页之间的链接（网络拓扑），对与已知网页有直接或间接链接关系的对象（可以是网页或网站等）作出评价，然后确定爬取的范围和顺序。该算法有三种不同的类型，分别是网页粒度、网站粒度和网页块粒度。

2）基于网页内容的分析算法

该算法是指利用网页内容（文本、数据等资源）的特征，对网页进行评价，然后确定爬取的范围和顺序。网页的内容已经从超文本发展到动态页面（或隐藏 Web）数据，后者的数据量大约是直接可见页面数据（PIW，公共索引 Web）的 $400\sim500$ 倍。除此之外，多媒体产生的数据、Web 服务等形式的网络资源日益丰富。因此，这种算法已经从最初单纯的网页文本检索，发展到包括网页数据抽取、机器学习、数据挖掘、语义理解等多方面的综合应用。根据网页数据加载的不同形式，可以将算法分为以下三类：第一类，针对文本和超链接为主的非结构化或简单网页；第二类，针对结构化数据源动态生成的网页，这种页面的数据不能直接批量访问；第三类，介于前两种之间，具有良好的结构，遵循一定的模式和规律，可以直接访问的网页。

5.1.2　网络爬虫的爬行策略

在使用网络爬虫时，URL 队列是一个非常重要的部分，待抓取队列中的 URL 按什么顺序排列是一个非常重要的问题，这就涉及网络爬虫的抓取策略。

网络爬虫的抓取策略是指，在使用爬虫系统时，待抓取 URL 队列中 URL 排序的方法。不同的网页抓取策略会对应不同的网页抓取算法，抓取效率会根据算法不同有所不同。常见的爬虫抓取策略有深度优先策略、广度优先策略、本地 PageRank 策略、OPIC 策略、大站优先策略、反向链接数策略和最佳优先搜索策略。

1．深度优先策略

深度优先策略是按照深度从低到高的顺序，逐一访问下一层的网页链接，直到无法打开下一层的网页链接为止。在完成一个爬行分支后，爬虫返回到上一个链接节点，进一步搜索其他分支的链接。当遍历所有链接时，爬网任务结束。例如，见图 5-1 的网页链接关

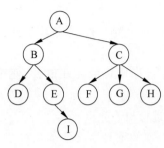

图 5-1　网页链接关系示意图

系,根据深度优先策略,爬虫的爬行顺序为 A→B→D→E→I→C→F→G→H。

深度优先策略更适合垂直搜索或站内搜索,但当爬行页面包含的内容层次较深时,会造成巨大的资源浪费。

2. 广度优先策略

广度优先策略是按照广度优先的搜索思想,逐层抓取 URL 池中每个 URL 的内容,并将每一层的 URL 添加到 URL 池中,按照广度优先策略继续遍历。图 5-1 的 Web 链接关系,按广度优先策略的爬行顺序为 A→B→C→D→E→F→G→H→I。由此可见,这种策略属于盲目搜索。它不考虑结果的可能位置,只对整个网络进行彻底搜索,效率较低。但是,若想要覆盖尽可能多的网页,广度优先是一个较好的选择。这个策略多用在主题爬虫中,因为网页离初始 URL 越近,它的主题相关性就越大。

3. 局部 Page Rank 策略

本地 Page Rank 策略基于 Page Rank 的思想,根据一定的网页分析算法,预测候选 URL 与目标页面的相似度,或者与主题的相关性,选择一个或几个评价最好的 URL 进行抓取,即将下载的网页与要抓取的 URL 队列中的 URL 一起组成一个网页集,计算每个页面的 Page Rank 值。计算结束后,将 URL 队列中待抓取的 URL 按照 Page Rank 的大小排列,按顺序抓取页面。但由于网络中广告链接和作弊链接的存在,这种策略容易导致 Page Rank 的值不能完全描述其重要性,从而导致捕获的数据无效。

4. OPIC 策略

OPIC(Online Page Importance Computation)策略实际上是一个页面的重要性评分。在开始时,所有页面都被给予相同的初始"现金"(cash)。当一个页面 P 被下载时,P 的"现金"被分配给从 P 解析出的所有链接,P 的"现金"被清空。要爬网的 URL 队列中的所有页面必须根据"现金"的数量进行排序。与 Page Rank 相比,Page Rank 每次都需要迭代计算,而 OPIC 策略不需要迭代过程。因此,OPIC 计算速度明显比局部 Page Rank 策略快,是一种更好的重要性度量策略,适用于实时计算场景。

5. 大站优先策略

大站优先策略是指将 URL 队列中所有要抓取的网页按照其网站进行分类。对于需要下载页面数量较多的网站,会优先下载。因为大型网站往往包含的页面较多,往往著名企业的网页质量就更高,这种策略会倾向优先加载大型网站。大量的实际应用表明该策略优于深度优先策略。

6. 反向链接数策略

反向链接数指一个网页被其他网页指向的链接数量,表示网页内容被其他网页推荐的程度。受推荐和认可的指数越高,则被指向的链接数越多,因此很多时候,搜索引擎也会参考这个指标来评估网页的重要性,从而决定不同网页的抓取顺序。

7. 最佳优先搜索策略

最佳优先搜索策略根据一定的网页分析算法,预测候选 URL 与目标网页的相似度,选择一个或几个备选 URL 进行抓取。该策略并不会访问所有网页,而只访问被算法预测为"有用"的页面。因为最佳优先级策略是一种局部最优搜索算法,使用这种策略时,许多相关网页可能会被忽略。因此,并不推荐单一使用最佳优先搜索策略,一般都将最佳优先级与具体应用相结合进行改进,才能跳出局部最优。

在实际应用中,通常会结合几种策略来捕获网络信息。例如,百度蜘蛛的抓取策略是以广度优先策略为主,辅以局部 Page Rank 策略。

5.1.3 Web 更新策略

Internet 中的网页信息是经常更新的,网页更新后,网络爬虫必须对这些网页重新进行爬取。然而,互联网中网页信息的更新速度并不统一;如果网页更新太慢,网络爬虫太频繁,必然会增加爬虫和 Web 服务器的压力;如果网页更新较快,但抓取时间间隔较长,则抓取的内容不能真实反映网页的信息。由此可见,网页的更新率与爬虫的更新率越接近,爬虫的效果就越好。当然,在爬虫服务器资源有限的情况下,爬虫还需要根据相应的策略,使不同的网页具有不同的更新优先级,更新优先级较高的网页会得到更快的抓取响应。

常见的网页更新策略如下。

1. 用户体验策略

通常在搜索引擎查询一个关键词时,结果中会给出大量的网页,这些网页会按照一定的规则进行排名。大多数用户只会关注排名靠前的网页。因此,在服务器资源有限的情况下,爬虫策略会优先更新排名靠前的网页。这种更新策略以用户体验为优先参考,被称为用户体验策略。

在用户体验策略中,爬虫程序会保留相应网页的多个历史版本,并根据多个历史版本的内容更新、搜索质量影响、用户体验等信息进行相应分析,确定这些网页的抓取周期。

2. 历史数据策略

历史数据策略是根据网页的历史更新数据,采用泊松分布建模的方法预测网页的下次更新时间,从而确定网页的下次抓取时间,即更新周期。

以上两种策略都需要历史数据作为依据。但如果一个网页是新的网页,就不会有相应的历史数据,爬虫服务器就需要采用新的更新策略。比较常见的策略是聚类分析策略。

3. 聚类分析策略

聚类分析策略是将聚类分析算法应用于爬虫更新网页的策略。其基本原理是对大量的网页进行聚类(即根据相似度进行分类)。一般来说,类似网页的更新率是差不多的。聚类后,这些海量网页会被划分为多个类,每个类中的网页具有相似的属性,即它们一般具有相似的更新频率。然后对聚类结果中每个类中的网页进行采样,计算采样网页的平均更新频率,从而确定每个集群的网页抓取频率,见图 5-2。

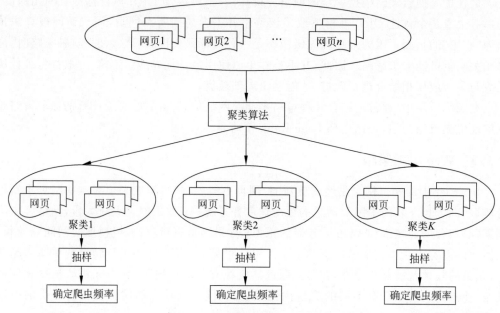

图 5-2 爬虫频率聚类分析策略

在图 5-2 中,利用一定的聚类算法将大量的网页划分为 K 个聚类(K 是由聚类算法确定的)。在图 5-2 的 K 个簇中,每个集群具有相似的更新频率。然后对每个聚类进行采样,提取一些网页,计算这些网页的平均更新频率。最后将每个集群的平均更新频率确定为该集群中所有网页的爬虫频率。

根据网页的更新策略,爬虫可以更高效地执行,执行逻辑更合理。

5.1.4　robots 协议

1. robots 协议简介

robots 是网站和爬虫之间的协议。它以简单直接的 txt 格式文本告诉相应爬虫的允许权限,即 robots.txt 是在搜索引擎中访问网站时首先要查看的文件。爬取某站点信息时,首先在根目录检查是否存在 robots.txt;如果存在,搜索机器人会根据文件内容确定访问范围;如果该文件不存在,所有爬虫将能够访问网站上所有不受密码保护的页面。

robots.txt 是存储在网站根目录中的 ASCII 编码文本文件。它通常会告诉网络搜索引擎的爬虫,网站中哪些内容是爬虫无法获取的,哪些内容是爬虫可以获取的。由于某些系统中的 URL 区分大小写,robots.txt 的文件名应该统一使用小写。robots.txt 应该放在网站的根目录上。

robots 协议不是规范，只是约定，因此不能保证网站的隐私性。注意，robots. txt 使用字符串比较来确定是否获取 URL，因此，目录末尾带有或不带有斜杠"/"的目录，指示的是两个不同的 URL，不能使用"disallow：＊. gif"等通配符。

2．robots 协议的使用技巧

（1）每当用户试图访问一个不存在的 URL 时，服务器就会记录一个 404 错误（文件找不到）。每当访问一个不存在 robots. txt 文件的网站时，服务器也会记录一个 404 错误，所以应该在网站上添加一个 robots. txt 文件。

（2）一般要让爬虫远离某些服务器上的目录——以保证服务器性能，如大多数网站服务器都有程序存储在 cgi-bin 目录中，所以在 robots. txt 文件中添加 disallow：/cgi-bin 是个不错的主意，这样可以避免索引所有程序文件，节省服务器资源，一般网站中不需要爬取的文件有：后台管理文件、程序脚本、编码文件、样式表文件、模板文件、导航图片和背景图片等。

（3）如果你的网站是一个动态页面，并且你已经为搜索爬虫创建了这些动态页面的静态副本以便更容易地进行爬取，那么你需要在 robots. txt 文件中进行设置，防止动态页面被爬虫索引，以确保这些页面被认为包含重复内容。

（4）robots. txt 文件也可以直接在站点地图文件中包含一个链接 http：//www. ＊＊＊. com/sitemap. xml。

目前支持这项搜索引擎公司包括谷歌、雅虎、Ask 和 MSN。这样做的好处是，网站管理员不需要将他的站点地图文件，提交给每个搜索引擎的网站管理员，搜索引擎会抓取 robots. txt 文件，读取其中的站点地图路径，然后抓取链接的网页。

（5）适当使用 robots. txt 文件也可以避免访问错误，比如搜索者不能直接进入购物车页面，因为购物车没有被收录的理由，所以可以在 robots. txt 文件中设置，防止搜索者直接进入购物车页面。

3．robots. txt 文件格式

robots. txt 文件包含一个或多个由空行分隔的记录（以 CR、CR/NL 或 NL 终止），每个记录的格式如下：

"＜field＞：＜option space＞＜value＞＜option space＞"．

可以使用♯在这个文件中进行注释，方法与 UNIX 中的约定相同。文件中的记录通常以一行或多行 User-agent 开头，后跟几行 Disallow 行。

（1）user-agent

user-agent 是用来描述搜索引擎机器人的名称，在 robots. txt 文件中，如果有多个 user-agent 记录，多个机器人就会受到协议的限制，对于这个文件，至少要有一个 user-agent 记录，如果本项的值设置为 ＊，协议对任何机器人都有效，在 robots. txt 文件中，只能有一个这样的记录"user-agent：＊"。

（2）disallow

disallow 用于描述不希望被访问的 URL。此 URL 可以是完整路径，也可以是部分路径。任何以 disallow 开头的 URL 都不会被机器人访问。例如，"disallow：/help"不允许搜索引擎访问/help. HTML 或/help/index. HTML，而"disallow：/help/"允许机器人访问/help. HTML，但不允许访问/help/index. HTML。任何 disallow 记录为空，表示允许访问网站的所有部分。"/robots. txt"文件中必须至少有一条 disallow 记录。如果"/robots. txt"是空文件，则该网站对所有搜索引擎机器人开放。

（3）allow

allow 用来描述可以访问的一组 URL，与 disallow 项类似，这个值可以是一个完整的路径，也可以是路径的前缀，以 allow 项的值开头的 URL 允许机器人访问，例如"allow：/hibaidu"允许机器人访问/hibaidu. htm、hibaiduca. com. html、/hibaidu/com. html，默认情况下允许一个网站的所有 URL，所以 allow 通常与 disallow 一起使用，允许访问某些网页，同时禁止访问其他所有 URL。

注意 disallow 和 allow 行的顺序是有意义的，并且机器人根据 allow 或 disallow 行的第一个成功匹配来确定是否访问 URL。

（4）使用"＊"和"＄"

robots 支持使用通配符"＊"和"＄"模糊匹配 URL，"＄"匹配行终止符；"＊"匹配 0个或更多任意字符。

微课视频

5.2　网络爬虫方法

为了解决网络搜索和 Internet 数据收集问题，学者们通过不断的研究和实践，总结出了多种网络爬虫方法。为了研究的方便，这些方法可以按照网络爬虫的功能、系统结构和实现技术进行划分。按照网络爬虫的功能可以分为批量爬虫、增量爬虫和垂直爬虫。根据网络爬虫系统的结构和实现技术，可分为通用网络爬虫、聚焦网络爬虫、深度网络爬虫、分布式网络爬虫等方法。

5.2.1　按功能分类的网络爬虫

1. 批量型爬虫

批量爬虫根据用户配置对网络数据进行爬行。用户通常需要配置的信息包括 URL或 URL 池、爬虫累计工作时间和爬虫累计获取的数据量等。也就是说，批量爬虫有比较明确的抓取范围和目标。当爬虫到达这个设定的目标时，抓取过程就会停止。该方法适用于 Internet 数据获取的任何场景，通常用于评估算法的可行性和审计目标 URL 数据的可用性。批量爬虫实际上是增量爬虫和垂直爬虫的基础。

2. 增量型爬虫

增量爬虫根据用户的配置对网络数据进行连续爬行。用户通常需要配置的信息包括

URL 或 URL 池、单个 URL 数据爬取频率和数据更新策略。因此,增量爬虫是持续爬行的,被爬行的网页要定期更新,增量爬虫需要及时反映这种变化。这种方法可以实时获取互联网数据,一般的商业搜索引擎基本都采用了这种爬虫技术。

3. 垂直型爬虫

垂直爬虫根据用户配置连续爬行指定的网络数据。用户通常需要配置的信息包括 URL 或 URL 池、敏感词、数据策略等信息。垂直爬虫的关键是如何识别网页内容是否属于指定的行业或主题。从节约系统资源的角度出发,往往要求爬虫在抓取阶段动态识别某个网站是否与主题相关,尽量不抓取无关页面,以达到节约资源的目的。该方法可以实时获取 Internet 中与指定内容相关的数据。垂直搜索网站或垂直行业网站通常会使用这种爬虫技术。

5.2.2　通用网络爬虫

这种爬虫又称全网爬虫。它从一个或几个预设的初始种子 URL 开始,获取初始网页上的 URL 列表。在抓取过程中,它不断地从 URL 队列中获取新的 URL,然后访问和下载页面。页面下载完成后,页面解析器分析网页之后,删除 HTML 标记,获取页面内容,并将摘要、URL 等信息保存到数据库中,提取当前页面上的新 URL 保存到 URL 队列中,直到满足系统停止条件。

通用网络爬虫的主要组成部分包括:初始 URL 集、URL 队列、页面爬行模块、页面分析模块,此外还有页面数据库等其他部分。在进行爬行时会采用一定的爬行策略,主要有深度优先的爬行策略和广度优先的爬行策略。

其工作过程见图 5-3,首先,通用网络爬虫获取初始 URL,初始 URL 地址可以由用户指定,也可由用户指定的一个或几个初始爬行网页确定;其次,根据初始 URL 对页面进行爬取,并获得新的 URL,同时将网页存储在原数据库中,并将爬取网页得到的 URL 地址存储在 URL 列表中;最后,把新的 URL 放入在 URL 队列中;重复上述爬取过程,直到满足条件,停止爬取。

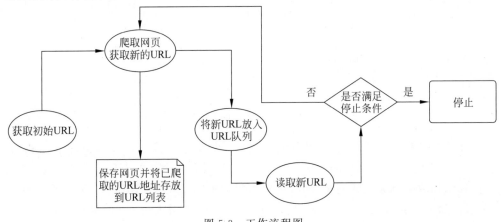

图 5-3　工作流程图

　　一般的网络爬虫主要是为搜索引擎和大型网站提供商收集数据。由于商业原因，一般网络爬虫的技术细节很少公布。通常这种大型的网络爬虫，爬行范围和数量都有一定规模，对爬行速度和存储空间有着一定的要求，而对爬行顺序要求较少。同时，由于需要刷新的页面太多，通常采用并行工作模式，但每个页面的刷新时间耗时较长。一般的网络爬虫主要有以下几个局限性：

　　（1）抓取范围较大时的抓取结果包含了大量不相关的网页。

　　（2）获得的数据较松散，没有连贯性，针对有一定结构的数据资料效果不佳。

　　（3）通用搜索引擎大多基于关键词，缺少灵活性，难以满足支持语义信息查询和智能搜索引擎的要求。

　　由此可见，保证网页的质量和数量的同时，兼顾保证网页的时效性，做到信息的实时更新，仅靠通用的网络爬虫实现有一定的难度。而针对搜索范围广泛的主题，通用网络爬虫仍然有难以替代的应用价值。

5.2.3　焦点网络爬虫

　　焦点网络爬虫还可以叫作主题网络爬虫。顾名思义，焦点网络爬虫是一种根据预定义的主题，对网页进行选择性抓取，而非全部爬取的爬虫技术。焦点网络爬虫不像一般的网络爬虫在整个互联网中定位目标资源，而是筛选与主题相关的页面，对其进行定位。这样可以过滤掉一些无用网页，一定程度上节省爬取时所需要的带宽和服务器资源。

　　由于聚焦式网络爬虫是有目的地抓取信息的，因此与一般的网络爬虫相比，它必须增加目标定义和过滤机制。其工作过程见图 5-4。

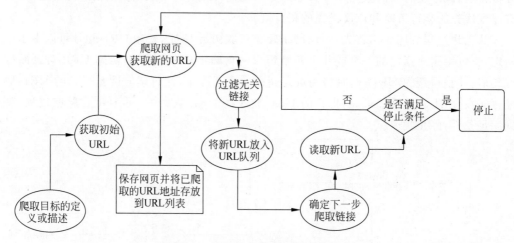

图 5-4　焦点式网络爬虫工作流程图

　　从图 5-4 中可以看出。第一，焦点网络爬虫要根据爬行需求定义爬虫的目标和相关描述；第二，得到一个初始 URL，根据该初始 URL 得到一个新的 URL；第三，从新 URL 中过滤掉与抓取目标无关的网页，同时需要将抓取的有效 URL 存储在 URL 列表中；第四，将过滤后的链接放入 URL 队列，根据搜索算法确定 URL 在 URL 队列中的优先级，确定下一步要抓取的 URL 地址；第五，读取刚才更新的新 URL，根据新 URL 地址抓取内容,重复之前的抓取过程,直到满足停止条件。

在焦点网络爬虫的过程中,因有进行筛选的过程,与通用爬虫相比,额外需要一个控制模块对整个爬虫过程进行管理和控制,主要包括控制爬虫初始化、确定爬取主题的筛选、协调各模块之间协同工作、控制爬虫过程等。从控制模块角度出发,可以分为以下几个模块:页面采集模块、页面分析模块、页面相关性计算模块、页面过滤模块、链接排序模块和内容评价模块。

1. 页面获取模块

页面采集模块主要是根据要访问的主题,将 URL 加入到队列中,之后由分析模块进行分析处理,提取符合主题的网页。该模块也是任何爬虫系统中较为重要的模块。

2. 页面分析模块

页面分析模块的功能是对页面获取模块中获得的网页进行分析和处理,主要用于辅助超链接排序模块和计算页面相关性,判断是否与主题相关。

3. 页面相关性计算模块

该模块是整个系统的核心模块,主要用于评估获取的网页与爬取主题的相关性,并提供相关的爬行策略,以改进爬虫的爬行过程,提高效率。其主要思想是在系统抓取之前,模块根据用户输入的关键词进行学习,训练出一个页面相关性评价模型。当遇到一个页面与主题相关度较高时,继续向下爬行,该页面会被发送到页面相关性模型器,计算其与主题的相关性程度。如果相关性大于或等于给定阈值,则该页存储在数据库中,否则将被删除,不继续进行爬取。

4. 页面过滤模块

该模块过滤掉与主题无关的 URL,并移除 URL 及其相关的子链接。通过模块过滤之后,系统无须遍历与主题无关的 URL,保证了爬行效率。

5. 链接排序模块

链接排序模块根据优先级,将经过过滤模块处理后的页面进行排序,把结果添加到要访问的 URL 队列中。

6. 内容评价模块

内容评估模块评估网页内容的重要性。根据重要性程度,确定页面优先级,有用的页面将被优先访问,免去访问无效页面,提高爬行效率。

5.2.4 Deep Web 爬虫

1994 年,迈克尔·伯格曼提出了 Deep Web(Deep Page)的概念。Deep Web 是指使用大众普通搜索引擎并不会被发现的信息内容。Deep Web 中常常隐藏着比普通网页更多的信息量，质量也略有不同。但由于技术限制，普通搜索引擎无法收集到这些高质量、权威的信息，这些信息通常隐藏在深度网页的大型动态数据库中，涉及数据整合、语义识别等很多深层领域。如此庞大的信息资源，如果没有合理、高效的获取途径，将是对数据资源的一种巨大浪费。因此，对 Deep Web 爬虫技术的研究具有重大的现实意义和理论价值。

常规的网络爬虫无法执行某些操作，缺乏一定的主动性和智能性。例如，需要输入用户名和密码的页面或者包含页码导航的页面，这会导致无法发现隐藏在普通网页中的信息。Deep Web 网络爬虫比之前提到的几种爬虫方法更复杂。在访问和解析 URL 之后，它需要继续分析页面是否包含深度页面条目的形式。如果包括在内，表格要模拟人的行为进行分析、填写和提交。最后，要从返回页面中提取所需内容，添加到搜索引擎中，参与索引，供用户查找。其工作过程见图 5-5。

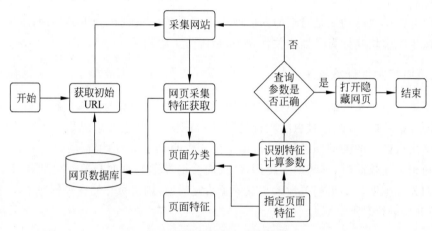

图 5-5   深层网络爬虫工作流程图

Deep Web 爬虫与常规网络爬虫的不同之处在于，Deep Web 爬虫并不是在下载页面后立即遍历所有的超链接，而是使用一定的算法对已经加载的 URL 进行分类，针对不同类别的 URL 采用不同的方法，计算查询参数，并将查询参数重新提交给服务器使用。如果提交的查询参数正确，将得到隐藏的页面和 URL。

5.2.5   分布式网络爬虫

分布式网络爬虫不仅仅是一个爬虫，而是由多个爬虫组成。每个爬虫都需要完成类似于单个爬虫的任务，从 Internet 下载网页，将网页保存在本地磁盘上，从中提取 URL 并沿着这些 URL 的方向继续爬行。分布式网络爬虫结构见图 5-6。

从图 5-6 可以看出，分布式网络爬虫是三层结构，最上层是互联网的网页；中间层是网络爬虫，或者说是单个爬虫；最底层是分布在不同地理位置的数据中心。每个数据中心有几个爬虫服务器，每个爬虫服务器上可能部署几个爬虫程序。

分布式网络爬虫的重点是不同爬虫之间如何通信。目前分布式网络爬虫根据通信方式的不同，主要分为主从型和对等型。对于主从模式，有一个专门的主服务器来维护要爬

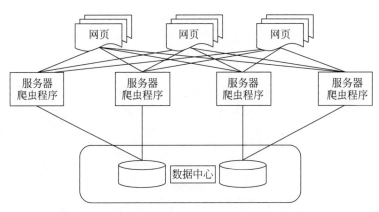

图 5-6　分布式网络爬虫体系结构

网的 URL 队列。它负责每次向不同的从服务器分发 URL,而从服务器则负责实际的网页下载。除了维护要抓取的 URL 队列和分发 URL,主服务器还负责调解每个 Slave 服务器的负载,每个 Slave 不需要相互通信。因此,该方法实现简单,易于管理。主从结构见图 5-7。

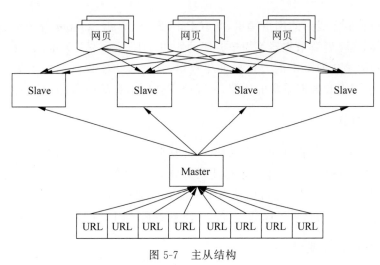

图 5-7　主从结构

对于对等方式来说,所有爬行服务器的分工没有区别。每个爬网服务器都可以从待爬取的 URL 队列中检索 URL。为了使服务器合理分工,通常采用哈希算法将要抓取的 URL 分配给不同的服务器,即计算 H mod m,其中 H 为 URL 主域名的哈希值,m 为服务器数,计算出的数为处理该 URL 的主机数。点对点结构见图 5-8。

在抓取一个网站信息时,可以设置为 $H=7$ 和 $m=3$,然后 $H \bmod m = 1$,这样编号为 1 的服务器抓取该链接。

分布式网络爬虫技术是一种大规模并发收集技术,能够在最短的时间内收集尽可能多的网页,是一种高效的爬虫技术。

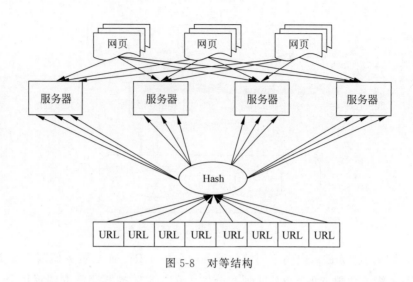

图 5-8　对等结构

5.3　网络爬虫工具

目前已经有很多成熟的网络爬虫，既有 ParseHub、Web Scraper 等浏览器拓展插件，还有八爪鱼收集器、后裔采集器等简单方便的爬虫工具。这些工具可以在极短的时间内轻松获取各种网站或网页中的大量标准化数据，帮助客户实现数据的采集、编辑和标准化，摆脱对人工搜索和数据采集的依赖，从而降低获取信息的成本，提高效率。

5.3.1　ParseHub

ParseHub 是一个免费且功能强大的 Web 抓取工具，可作为一个客户端工具，也可用作 Firefox 扩展。下载之后在本机电脑上可以操作想要爬取的数据，只需单击所需的数据即可轻松提取数据。该软件可以从多个页面获取数据，包括 AJAX、表单、下拉列表等进行交互操作。爬取的结果可以通过 JSON、Excel 和 API 访问数据。

1. 适合编程人员使用

可以在短时间内构建爬取项目，只需通过鼠标单击想要爬取的标签，就开始用 ParseHub 根据 XPath、CSS 和 Regex 等语言构建爬取规则。提供各种 API 接口，可以使用不同编程语言建立爬取规则，比如 Python、PHP、Ruby、node 和 Go 等语言。使用 ParseHub 客户端或 API 下载的 JSON 或 CSV 格式的数据，可以直接使用在网站搭建上。

可以在多种项目提供爬取功能，如：允许使用 XPath 和 CSS 选择器来获取所需的数据。使用常规表达式仅提取需要的数据。使用 ParseHub 的服务器收集数据，存储在云上的数据，无须经常维护，随时随地下载。使用 API 将任何 Web 数据连接到多种 Web 数据库和移动应用。使用 ParseHub 的调度功能，用户可以根据需要经常刷新数据，爬取新的数据。

2. 多种模板选择

ParseHub 提供一系列模板和命令组合。每个模板都由一组适用于特定网站布局的命令组成。对于网站上每种不同类型的页面布局,将创建一个独特的模板,命令 ParseHub 在该布局上采取特定操作。例如,如果要爬取一个电子商务网站的信息,可能有一个模板"main_template",该模板会爬取产品列表页面上的所有结果。

ParseHub 工具箱中有 15 个命令可用,每个命令指示 ParseHub 在项目中采取不同的操作,一些最常见的命令如:

select:此命令选择页面上的元素。如果单击一个元素,它会选择一个元素,如果单击另一个类似的元素,它会自动选择该类型的所有元素,并插入一个开始新条目命令(隐藏在列表图标下),以确保每个都有它自己的条目。

relative select:此命令嵌套在"选择"命令下,并将一个元素链接到另一个元素。选择项目后,可以使用"相对选择"命令单击该项目并将其链接到另一个项目。例如,将日期与标题、带有名称的电话号码或产品名称的价格关联在一起。

click:此命令允许项目中单击到已通过"选择"命令选择的元素。

extract:此命令允许使用"选择"命令从已选定的元素中提取数据。例如,如果选择链接,它会自动提取链接的名称和网址本身,如果只对名称感兴趣,则可以使用"提取"命令仅提取名称。

5.3.2　Web Scraper

Web Scraper 是 Chrome 浏览器上的一个扩展插件,具有易于使用鼠标单击的图形界面,适用于所有人免费易用的网络抓取工具,通过简单的单击界面仅需花费几分钟的时间就可以进行抓取程序设置从网站提取成千上万条记录的功能。Web Scraper 利用由选择器组成的模块化结构,该结构可指示抓取程序如何遍历目标站点以及要提取哪些数据。由于这种结构,Web Scraper 能够从一个支持动态页面的网站(例如 Amazon、Tripadvisor、eBay 等)以及规模较小的鲜为人知的网站中提取信息。

1. Web Scraper 提供的功能

1) 从多个页面抓取数据

不仅可以爬取当前页面的数据,还可以通过 URL 设置深层次 URL 的数据。

2) 多种数据提取类型(文本、图像、URL 等)

Web Scraper 主要支持三类数据类型:数据类型、链接类型和元素类型。数据类型包括基本的 Text、Image、Table、HTML、Grouped 这些常见的类型。链接类型包括 Link、Popup Link 和 Sitemap. xml links 三种类型。元素类型包括 Element、Element Attribute、Element scroll down、Element click 以上类型。以上这些类型为 Web Scraper 提供了多种抓取方式。

3) 从动态页面中抓取数据(JavaScript＋AJAX)

现如今的网站多建立在 JavaScript 框架上,这些框架虽然更易于使用,但很多爬虫无法访问。Web Scraper 可以执行完整的 JavaScript 命令,等待 AJAX 请求,分页处理程序并自行进行页面滚动,可解决这些问题。

4）浏览抓取的数据

Web Scraper 拥有独特的思维导图模式,可以直观地查看爬虫的层次结构。通过模块化选择器系统,可以使数据提取不同层次的数据,爬取结果可直接显示在浏览器开发者模式下。

5）将抓取的数据从网站导出到 Excel

直接从浏览器中抓取工具之后,抓取网站并以 CSV 格式导出数据。使用 Web Scraper Cloud 以 csv、xlsx 和 json 格式导出数据,通过 API,webhooks 访问数据或通过 Dropbox 导出数据。

6）仅取决于 Web 浏览器,无需额外软件

Web Scraper 直接在浏览器中运行,不需要在计算机上安装任何东西。不需要任何 Python、PHP 或 JavaScript 编码经验即可开始使用 Web Scraper 进行抓取。此外,Web Scraper 还提供了完全自动化 Web Scraper Cloud 中数据提取的功能。

2. Web Scraper 使用方法

在 Chrome 浏览器中,输入 chrome://extensions 安装 Web Scraper 插件,并在开发者状态下中打开 Web Scraper 选项卡(必须将窗口放置在屏幕底部才可以显示 Web Scraper)。单击 Create Sitemap 创建新的爬取规则,将数据提取选择器添加到 Sitemap 中,最后,启动 Web Scrape 并导出抓取的数据。

Chrome 浏览器除了 Web Scraper 插件之外,还有其他爬虫插件,如 Data Scraper、Listly 等。

5.3.3　后羿采集器

后羿采集器是杭州快忆科技有限公司旗下的一款采集软件,由前谷歌搜索技术团队基于人工智能技术研发的新一代网页采集软件。

该软件功能强大,操作简单,是为广大无编程基础的产品、运营、销售、金融、新闻、电商和数据分析从业者,以及政府机关和学术研究等用户量身打造的一款产品。

后羿采集器不仅能够进行数据的自动化采集,而且在采集过程中还可以对数据进行清洗。在数据源头即可实现多种内容的过滤。通过使用后羿采集器,用户能够快速、准确地获取海量网页数据,从而彻底解决了人工收集数据所面临的各种难题,降低了获取信息的成本,提高了工作效率,可以同时支持 Windows、macOS 和 Linux 全操作系统的采集器,具有以下特点。

1. 智能识别数据

智能模式:基于人工智能算法,只需输入网址就能智能识别列表数据、表格数据和分页按钮,不需要配置任何采集规则,一键采集。支持单个网址的采集和多个网址的批量采集,支持从本地 TXT 文档中批量导入网址,并且支持批量生成网址。

可自动识别列表、表格、链接、图片、价格等。

2. 可视化单击操作

流程图模式：只需根据软件提示在页面中进行单击操作，完全符合人为浏览网页的思维方式，简单几步即可生成复杂的采集规则，结合智能识别算法，任何网页的数据都能轻松采集。

可模拟操作：输入文本、单击、移动鼠标、下拉框、滚动页面、等待加载、循环操作和判断条件等。

3. 支持多种数据导出方式

采集结果可以导出到本地，支持 txt、Excel、csv 和 HTML 文件格式，也可以直接发布到数据库（MySQL、MongoDB、SQL Server、PostgreSQL）。

4. 提供企业级服务

提供丰富的采集功能，无论是采集稳定性或是采集效率，都能够满足个人、团队和企业级采集需求，支持定时采集，自动导出，下载文件，引擎加速，按组启动和导出，Webhook，RESTful API，智能识别 SKU 和大图等。

5. 全平台支持

同时支持 Windows、macOS 和 Linux 全操作系统的采集软件，各平台版本完全相同，无缝切换。

5.3.4　八爪鱼收集器

八爪鱼收集器可以简单快速地将网页数据转化为更易解读和理解的结构化数据，以 Excel 或数据库等形式存储，并提供云采集解决方案，实现精准、高效、大规模的数据采集。其智能模式可实现输入网站数据的全自动导出，节约了用户爬取完处理数据的时间，提高了爬取效率。

1. 功能介绍

简单地说，使用八爪鱼可以轻松地从任何网页中准确地收集你所需要的数据，并生成自定义的、常规的数据格式。八爪鱼数据采集系统可以用在以下场景：

（1）财务数据，如季报、年报、财务报告，包括自动收集最近一天的净值。

（2）对各大新闻门户网站实时监控，自动爬取最新信息并将结果进行上传。

（3）监控社交平台和应用程序，自动抓取企业产品的相关评论。

（4）收集最新最全的岗位招聘信息。

（5）监控主要房地产相关网站，收集最新新房、二手房市场行情。

（6）在各大汽车网站上收集新车、二手车的具体信息。

（7）发现和收集潜在客户信息。

（8）收集各种产品官网网站的产品目录和产品信息。

（9）在各大电商平台间同步商品信息，将结果集中发布在一个平台。

2. 数据采集器的优点

（1）操作简单。八爪鱼采集器使用可视化图形操作界面，不需要专业 IT 人员，凡是会用电脑上网的人都可以轻松掌握。

（2）可进行云采集。采集任务自动分配给云端多个服务器同时执行，提高了采集效率，可以在很短时间内获取数千条信息。

（3）灵活的采集流程。可对采集流程进行折叠、拖动，还可以进行登录、输入数据、单击链接、按钮等行为，也可以针对不同的情况采用不同的采集流程。

（4）内置 OCR 功能。八爪鱼采集器内置了可扩展的 OCR 接口，支持图片中文字的分析，用户可以很方便地提取图片上的文字。

（5）定时自动采集。采集任务自动操作，按规定时段自动采集，还支持最快一分钟一次实时采集。

（6）免费使用。

3. 收集原则

八爪鱼收集器是一个模拟人的思维访问 Web 文档的互联网数据收集器。通过设计工作流程，实现采集程序的自动化，从而快速采集和整合网页数据，完成用户数据采集的目的。

规则（也叫任务）是八爪鱼规则配置程序记录手工操作过程，显示在八爪鱼客户端中，可以进行导入和导出操作的程序脚本。当规则配置好后，八爪鱼可以根据配置好的规则自动采集数据，而不是手工采集。

八爪鱼收集器的核心原理：

（1）内置火狐内核，输入要采集的网址，在八爪鱼内置的火狐浏览器中打开。

（2）模拟人浏览网页，思考如何浏览，根据网页显示数据：单击、翻页、列表等。

（3）设计工作流程，打开网页-循环翻页-循环列表-单击元素-提取数据等。

（4）自动采集数据，选择启动本地采集/云采集，自动采集数据。

4. 客户端程序

在八爪鱼客户端中，采集和导出数据主要经过以下三个步骤：

（1）配置任务。

（2）选择采集方式，本地采集或云采集。

（3）采集完成并导出数据。

八爪鱼用三个程序来完成这三个步骤：主程序负责任务配置和管理。任务采集程序负责云采集控制和收集数据的管理（导出、清洗和发布），本地收集程序根据工作流程，通过正则表达式和 XPath 原则快速收集网页数据。数据导出程序负责数据导出，导出格式支持 Excel、csv、HTML、txt 和导出到数据库。最多支持一次导出百万级数据。

5. 数据采集方式

八爪鱼采集器提供本地采集和云端采集两种采集方式,满足不同的数据采集需求。

1) 本地采集

获取立即在本地计算机上进行,可用于测试任务配置是否正确并按预期运行。如果任务配置正确,采集任务可以在本地完成。

本地采集(单机采集),即使用自己的计算机进行采集。它可以抓取绝大多数网页数据,并在采集过程中对数据进行初步清洗。例如,利用八爪鱼提供的正则工具,用正则表达式对数据进行格式化,就可以在数据源处实现去除空格、过滤日期等各种操作。其次,八爪鱼还提供了分支判断功能,可以从逻辑上判断网页中的信息对不对,从而实现用户的筛选需求。

2) 云采集

如果任务配置正确,立即在八爪鱼云收集集群上启动收集,并且只运行一次。云采集用户移动后,可以在任务栏中看到采集的数据。

任务在八爪鱼云采集集群上定期运行。任务将根据定期设置的时间周期性运行多次。如果多次运行收集到的数据重复(所有数据字段完全一致,即重复),则自动过滤重复数据。

云采集使用八爪鱼自身的服务集群进行数据采集,不占用本地计算机资源,节约空间。用户自行设置好采集规则后,启动云采集,可关闭自己的电脑,实现无人值守,直接获得采集后的数据。具有以下三大优势:①功能:定期采集、实时监控、数据自动去重存储、增量采集、验证码自动识别、通过 API 接口实现多样化数据导出;②速度:多节点并发操作,多服务器并行处理,采集速度比本地采集(单机采集)大幅度提高;③反封存:具有多节点、多 IP,可避免网站 IP 屏蔽,最大限度收集数据。

5.4 Python 爬虫技术

常用的网络爬虫语言有很多,包括 Python、Java、PHP、C++语言等。其中,Python 语言拥有非常丰富的爬虫框架,强大的多线程处理能力,学习简单,代码简洁;Java 语言适合开发大型爬虫项目;PHP 的后端处理能力强,代码简洁,模块丰富,但并发性相对较弱;C++运行速度快,适合开发大型爬虫项目,但成本较高。本节将介绍 Python 语言的爬虫技术。

5.4.1 Python 爬行器基础知识

如果把 Internet 比作一个蜘蛛网,那么网络爬虫就是一个在 Wb 上爬行的蜘蛛。网络爬虫通过网页的链接地址,对网页进行搜索,爬取内部内容。因此,网络爬虫的基本操作就是对网页进行抓取。

抓取网页的过程与使用浏览器浏览网页的过程类似。例如,在浏览器的地址栏中输入 https://www.baidu.com 时,浏览器作为浏览"客户端"向服务器发出请求,将服务器上的文件"抓取"到本地,然后进行解释显示。网页的 HTML 是一种标记语言,用于对内容进行标记、解析和区分。浏览器的作用是解析得到的 HTML 代码,然后以网页的形式显示出来。

1. URL

网络爬虫从被称为种子(又称 URL 池或 URL 队列)的统一资源地址列表开始,然后从网站的一个页面(通常是首页)读取网页内容,找到网页中的其他链接地址,并通过这些链接地址找到下一个网页,不断重复上述循环,直到爬完该网站的所有网页。因此,确定 URL 是首要任务。

Internet 上的每个文件都有一个唯一的 URL,其中包含指示文件位置和浏览器应如何处理的信息。URL 由三部分组成,即协议(或服务模式)、存储资源的主机 IP 地址(有时包括端口号)以及主机资源的具体地址,如目录和文件名。因此,网络爬虫抓取数据时,必须有目标 URL 才能获取数据。

2. requests 库

Requests 是使用 Apache2 licensed 许可证的 HTTP 库,比 urllib2 模块更简洁。Requests 支持 HTTP 连接保持和连接池,支持使用 cookie 保持会话,支持文件上传,支持自动响应内容的编码,支持国际化的 URL 和 POST 数据自动编码。

Requests 库在 Python 内置模块的基础上进行了封装,从而在进行网络请求时,更加灵活,使得 Requests 可以轻而易举的完成浏览器的操作。

Requests 库全部信息可以在 https://requests. readthedocs. io/zh_CN/latest/index. html 网页上查看,常用的方法见表格 5-1。

表 5-1　requests 库七种方法

方　　法	说　　明
requests. request()	构造一个 requests 请求,是支撑以下各方法的基础
requests. get()	获取 HTML 网页的主要方法,对应 HTTP 的 GET
requests. head()	获取 HTML 网页头的信息方法,对应 HTTP 的 HEAD
requests. post()	向 HTML 网页提交 POST 请求方法,对应 HTTP 的 POST
requests. put()	向 HTML 网页提交 PUT 请求的方法,对应 HTTP 的 PUT
requests. patch()	向 HTML 网页提交局部修改请求,对应于 HTTP 的 PATCH
requests. delete()	向 HTML 页面提交删除请求,对应 HTTP 的 DELETE

在不传递参数的情况下,所有方法的接口样式如下:

```
requests.get("https://www.baidu.com/")        # GET 请求
requests.post("https://www.baidu.com/")       # POST 请求
requests.put("https://www.baidu.com/")        # PUT 请求
requests.delete("https://www.baidu.com/")     # DELETE 请求
requests.head("https://www.baidu.com/")       # HEAD 请求
requests.options("https://www.baidu.com/")    # OPTIONS 请求
```

网页请求中常见的两种方法为 get()和 post()：

get()，最常见的请求方式，一般用于获取或者查询资源信息，响应速度快，多数网站会选择使用这种方式来获取信息。

post()，以表单形式上传参数的请求方式，使用该方法时，除查询信息外，还可以修改信息。

网页请求的过程分为两个环节，request 和 response。

request(请求)：用户向服务器发送访问请求，是所有用户想看到网页时，所发生的第一步操作。

response(响应)：服务器在接收到用户的请求后，验证请求的有效性，信息无误后，向用户(客户端)发送响应(response)的内容。用户接收服务器响应的内容，网页上显示出请求的内容。

服务器响应(response)的内容，称为一个 response 对象，如果想具体检查每个服务器返回 response 对象的属性，需要用到 response 方法，常用的属性见表 5-2。

表 5-2　response 方法常用属性表

属　　性	说　　明
r. status_code	HTTP 请求的返回状态，常见如：200-连接成功，404-失败
r. text	HTTP 响应内容的字符串形式，即 URL 对应的页面内容
r. encoding	从 HTTP 头部中猜测的响应内容编码方式
r. apparent_encoding	从内容中分析出的响应内容编码方式(备选编码方式)
r. content	HTTP 响应内容的二进制形式

3. BeautifulSoup

BeautifulSoup 是一个 Python 的函数库，主要功能之一是从网页中抓取数据。该库提供了一些简单的函数来处理导航、搜索、修改分析树等。此外，BeautifulSoup 库还是一个工具箱，可用来解析文档，为用户提供要爬取的数据。因为它很简单，所以编写一个完整的应用程序不需要太多代码。BeautifulSoup 可自动将输入文档转换为 Unicode 编码，将输出文档转换为 UTF-8 编码，不需要用户过多考虑编码方式。BeautifulSoup 已经成为与 lxml 和 HTML6lib 一样好的 Python 解释器，为用户提供了使用不同解析策略或更多的灵活性。

BeautifulSoup3 目前已经开发完毕，推荐在当前项目中使用 BeautifulSoup4，但是已经迁移到 BeautifulSoup4，这就意味着在导入的时候需要导入 BeautifulSoup4。BeautifulSoup4 支持 Python 标准库中的 HTML 解析器，以及一些第三方解析器。如果不安装它，Python 将使用 Python 的默认解析器。lxml 解析器功能更强大、速度更快。

BeautifulSoup4 库通过安装解析器，将复杂 HTML 文档转换成一个树形结构，每个节点都是 Python 对象。常用的四种解析器见表 5-3。

表5-3 四种解析器

解析器	使用方法	条 件
bs4 的 HTML 解析器	BeautifulSoup(mk,'HTML. parser')	安装 BeautifulSoup4 库
lxml 的 HTML 解析器	BeautifulSoup(mk,'lxml')	pip install lxml
lxml 的 xml 解析器	BeautifulSoup(mk,'xml')	pip install lxml
HTML5lib 的解析器	BeautifulSoup(mk,'HTML5lib')	pip install HTML5lib

BeautifulSoup 中的五种基本元素见表5-4。

表5-4 五种基本元素

基本元素	说 明
Tag	标签,最基本的信息组织单元,<>开头和</>结尾
Name	标签的名字,<a>···</a>的名字是 a,格式: < tag >. name
Attribute	标签的属性,字典形式进行组织,格式: < tag >. attrs
NavigatableString	标签内非属性字符串,<>···</>中的字符串,格式: < tag >. string
Comment	标签内字符串注释部分

5.4.2 反爬虫与反爬虫技术

在互联网上抓取开放资源并不违法。作为互联网大数据采集的技术手段,网络爬虫本身是中立的。而抓取未经授权、未经授权的数据会影响服务器的正常运行,抓取的数据会被用于商业目的,并在未经授权的情况下公开展示。这些突破爬虫大数据收集法律和技术界限的"不友好"爬虫,应该被"抵制",也就是反爬虫。

反爬虫的主要工作包括两个方面,一是对不友好爬虫的识别,二是对爬虫行为的预防。爬虫识别的主要任务是区分不友好的爬行行为和正常浏览行为的区别。阻断爬虫是为了防止恶意爬行,同时可以在识别错误时为正常用户提供一个释放通道。

1. "不友好"爬虫的特征

1) 不遵守 robots 协议

友好的爬虫应该遵守 robots 协议。

2) 大规模并发访问

友好爬虫的爬行频率和策略合理。

3) 对服务器的持续或瞬时压力

友好的爬虫对服务器的压力较小。

2. 反爬虫技术

与爬虫技术相比,反爬虫其实更复杂。目前,不少互联网公司都花更多的精力研究"反爬虫"。爬虫不仅会占用大量网站流量,导致有真实需求的用户无法进入网站;还可能造成网站关键信息泄露等问题。爬虫存在于互联网的各个角落,所以爬虫有优点也有缺点。这里为大家介绍一下与爬虫一同诞生的反爬虫技术,以及如何防止别人爬取自己的网站。

1) 控制用户对报头请求

这是一种最常见的反爬行策略,很多网站会检测头部请求中的 User-Agent,有些网站会检测 Referer。因此,在爬虫代码中,需要将 User-Agent 伪装成浏览器发出的请求,混淆反爬虫策略。有时服务器也可能会检查引用器,因此也需要设置引用器(用于指示此时请求是从哪个页面链接的)。

2) 限制 IP。

当使用同一 IP 多次频繁访问服务器时,服务器会检测到该请求可能是爬虫操作。因此无法正常响应页面的信息。这种反爬虫技术可以利用 IP 代理池技术,互联网上有很多提供代理的网站。

3) 动态页面的反爬行。

1)和 2)大多出现在静态页面中,还有一些网站需要抓取的数据是通过 AJAX 请求或者 Java 生成的。首先,使用 Firebug 或 HttpFox 分析网络请求。如果通过浏览器的开发者模式能找到 AJAX 请求,并分析具体参数和响应的具体含义,就可以使用 requests 库或 urllib2 库模拟 AJAX 请求,分析响应的 JSON,得到所需的数据。有些网站可能会对参数进行加密或拼接后发送到服务器,以达到反爬虫的目的。这时我们可以尝试使用 JS 代码进行破解。也可以使用"PhantomJS",这是一个基于 WebKit 的"无头"浏览器,它将网站加载到内存中,并在页面上执行 JavaScript。因其不显示图形界面,所以运行起来比完整的浏览器更有效率。

4) 验证码验证

验证码(CAPTCHA)的全称是:"Completely Automated Public Turing test to tell Computers and Humans Apart",意思是"全自动区分计算机和人类的图灵测试"。它是一种区分用户是计算机还是人类的公共全自动程序,一般被用来防止恶意破解密码、刷票、论坛灌水等活动,有效防止黑客利用特定程序暴力破解手段不断登录注册用户。现在验证码在很多网站上被广泛使用。因为计算机一般无法直接回答 CAPTCHA 的问题,所以回答问题的用户可以被视为人类。

3. 反反爬虫技术

1) IP 和访问间隔的限制

爬虫时并没有使用用户自己的真实 IP,而是使用代理服务器或云主机来不断切换 IP,在请求中使用代理。

2) 报头内容验证

使用 Selenium 或其他嵌入式浏览器访问,构造合理的头信息,主要包括用户代理和主机信息。使用 Selenium 将调用浏览器。也可以根据规则自行组装头信息,在爬虫实现中尽可能完整地填写头的属性值。

3) 根据 cookie 验证

在请求头的信息上使用不同的线程记录。如使用 requests 库中的 requests. session 方法,为每个线程保存 cookie,将获取到的 cookies 附加到头部信息中上,或者根据站点需求正确使用 cookies 中的数据（例如，使用 cookies 中指定的密钥进行加密验证）。

4）验证码表单

目前 Web 站点经常使用的验证码可以分为四大类：计算验证码、滑块验证码、地图识别验证码和语音验证码。目前流行的验证码破解技术有两种：机器图像识别和人工编码。此外，还可以使用浏览器插件来绕过验证码。

5）JS 解析

对于异步加载的网页，可以使用 Selenium 或 PhantomJS 对页面进行 JS 解析，并执行页面内容获取所需的正确 JS 方法或请求。当然，一个真实的浏览器也可以作为收集工具的媒介，如可以封装一个自定义的 Firefox 浏览器，以插件的形式实现收集工具。

6）动态调整页面结构

对于这种反爬虫技术，最好的方法是先收集页面，然后根据收集到的页面进行分类，特别是爬虫程序中的异常捕获。如果一个页面的 HTML 是不规则的，那么它的显示会是一个问题。因此，对于结构动态调整的页面，可以使用 Selenium 加载浏览器，根据信息区域尝试采集。此外，可以尝试使用正则表达式排除结构中的随机因素。

7）蜜罐模式拦截

蜜罐的设置使得爬虫无法收集到真实的信息。在这种情况下，只有一种策略。爬虫分析一个超链接后，不要贸然进入该超链接。首先分析蜜罐的结构，判断这个蜜罐中隐藏的信息，包括表单字段、页面等等。分析异常后，在提交表单和收集页面时绕过蜜罐。

5.5　本章小结

采集互联网中大量数据最常见、最有效的方法是使用网络爬虫。本章介绍了网络爬行策略、网站和爬虫之间的协议（robots）、爬取数据的方法；然后介绍了 4 种简单的爬虫工具的使用；最后，较详细地介绍了 Python 爬虫技术常用的 requests 库及 BeautifulSoup 库的介绍和使用。

习题

1. 网络爬虫的网络爬行策略有哪些？
2. 爬虫的网页更新策略有哪些？
3. 简述 robots 协议的作用。
4. 简述通用爬行器的原理。
5. 简述了八爪鱼采集器的功能和优点。
6. 简述 Python 的 requests 库的主要函数。
7. 反爬虫的主要技术有哪些？

第 **6** 章

数据预处理基础

本章学习目标

- 熟练掌握数据类型的描述、相似性和相异性的度量方法；
- 理解大数据质量的内涵，掌握数据质量的评价标准；
- 了解数据预处理的基本技术，掌握每种技术实现的目标。

通过各种数据采集技术获得的数据往往存在缺失值、含有噪声以及数据不一致等问题，这些数据无法直接进行数据分析和数据挖掘。因此，在对大数据进行处理（主要指对大数据的分析、挖掘、可视化等操作）之前，要执行一系列的，为提高数据质量的操作，即数据预处理。数据预处理（Data Preprocessing）是指对采集的原始数据进行数据清洗、数据集成、数据归约和数据变换等一系列处理工作。

6.1 数据的描述

数据预处理前，需要准备好数据并了解数据的属性、属性的数据值、数据值的分布和可视化观察数据的方法等，这些工作都将有助于后续的数据预处理。

6.1.1 数据对象与属性类型

采集后的数据存储在数据集中，一般指结构化或半结构化的关系数据库。关系数据库可以简化成二维表。二维表的行称为数据对象（元组或记录），一个数据对象代表一个实体。例如，在有关大学信息的数据库中，对象可以是学生、教师或课程。二维表的每一列称为属性（字段），同一属性的数据具有相同的数据类型，表示数据对象的一个特征。一个数据对象由若干属性的数据描述。

1. 标称属性

标称属性指该类型的属性值是一些符号或事物的名称,每个值代表某种类别、编码或状态。这些值不必是有意义的序数。在计算机科学中,这些值也被看作是枚举的。

例如,在个人信息数据中包含这样的两个属性:国籍和皮肤颜色。国籍的可能取值有:中国、美国、日本等;皮肤颜色的可能值有:黄色、黑色、白色和棕色。这类属性都是标称属性。

尽管标称属性的值是一些无序的符号或"事物的名称",但是可以通过映射用数字表示这些符号或名称。例如,对于婚姻状况,我们可以指定代码 0 表示单身,1 表示已婚等。然而,标称属性的数学运算没有意义。因为标称属性值并不是有意义的序数,并且不是定量的。所以,用这种属性的均值或中位数来描述该属性的特征没有意义,然而,寻找这种属性最常出现的值是有意义的,这个值称为众数,是一种中心趋势的度量。

2. 二元属性

在标称属性中有一个特例,即该属性的取值只有两个(或称状态有两种),称为二元属性。由于二元属性只有两个类别或状态,可以映射为 0 或 1,其中 0 通常表示该属性不出现,而 1 表示出现。有时二元属性又称为布尔属性,两种状态分别对应为 false 和 true。

如果二元属性的两种状态具有同等价值,并且携带相同的权重,即哪种状态该用 0 或 1 编码并无特殊要求,则称此二元属性是对称的。例如,个人信息数据中的性别属性,其属性只有男或女两种状态,用 0 或 1 表示或女,没有特殊要求,只需要事先规定。

如果二元属性的两个状态结果不是同样重要,则称该二元属性是非对称的。例如,新冠肺炎(Covid-19)化验的阳性和阴性结果,通常用 1 表示最重要的结果编码(如 Covid-19 阳性),而另一个结果用 0 编码(如 Covid-19 阴性)。

3. 序数属性

序数属性的取值是可数的,一般用于记录无法客观度量的特征,只起到定性的作用。其不同的取值之间具有某种有意义的序或秩评定,但是相邻值之间的差是未知的、无法计算的。

例如,成绩属性可能具有 A、B、C、D 等序数属性,但是我们不能说"优"(A)比"良"(B)好多少,"良"(B)比"差"(D)好多少,它们之间的差是未知的。个人信息数据中的职称数据可能有教授、副教授、讲师等都属于序数属性。

可以用某一序数属性的众数和中位数(有序序列的中间值),表示该序数属性的中心趋势、但不能用均值、方差等数值型的量,表示该属性的取值大小以及变化幅度等特征。

上述的标称、二元和序数属性都是定性地描述了数据对象的某种特征,而没有给出属性数据具体的数值特征。

4. 数值属性

相比于上述的三种定性属性,数值属性是定量的,是可度量的量,一般用整数或实数值表示。数值属性可以是区间标度的或比率标度的。

1）区间标度属性

区间标度属性是指用相等的单位尺度，对数据集中所有对象进行度量，并记录其值。区间标度属性的值也是有序的，可以为正、零或负。因此，除了值的秩序评定之外，这种属性允许比较和定量评估值之间的差。

例如，温度属性是一种区间标度属性。温度值可以排序，还可以量化不同值之间的差。温度 30℃ 比 20℃ 高出 10℃。此外，还可以看出，区间标度属性可以计算均值、方差、中位数和众数。

2）比率标度属性

比率标度属性是具有固有零点的数值属性，度量和记录方法是，设置一个零点，所有对象与该零点比较，记录是该零点的倍数（或比值），作为属性值，比率标度属性一般都是正值，例如，长度、重量、时间等属性。比率标度属性也可以计算值之间的差、均值、方差、中位数和众数等。

5. 离散属性与连续属性

机器学习领域开发的分类算法，通常把属性分为离散的或连续的。离散属性的两个属性值之间有明确的间隔，属性的取值个数是有限个或无限可数个，可以映射成整型数值表示。例如，头发颜色属性有 7 种取值情况；二元属性取 0 和 1；年龄属性取 0 到 110 等。

如果属性不是离散的，则它是连续的。在经典意义下，连续值一般是实数，而数值可以是整数或实数；在实践中，由于计算机的存储位数有限，实数用有限位数的浮点变量表示，不能使用分数形式表示，所以有时会存在误差。

6.1.2　数据的统计描述

在数据预处理之前，对数据进行全面考察是至关重要的。数据的统计描述可以用来了解数据的性质，掌握数据的分布等。通常可以利用均值、中位数、众数和中列数来度量数据分布的中部或中心位置；利用数据的极差、分位数以及数据的方差和标准差来了解数据的分布情况。另外，还可以利用图形等可视化工具，来更加直观地审视数据的各种特征。

1. 中心趋势度量：均值、中位数和众数

所谓的中心趋势是指一个数据集中，某一属性的值大部分落点。中心趋势度量包括均值、中位数、众数和中列数。

1）均值（mean）

描述一个据数集中某个数值属性的"中心"，最常用、最有效的数值度量是（算术）均值（计算公式略）。

在实际应用中，对于有 N 个对象的数据集，其中属性 X 的每个取值 $x_i (i=1,2,\cdots,N)$，可以与一个权重 w_i 相关联。权重反映每个对象对应值的意义、重要性或出现的频率，带权重的均值称为加权算术均值或加权平均（公式略）。

均值是描述数据集中数值属性最有用的数据统计描述，但在某些情况下，它并非总是度量数据中心的最佳方法。例如，一个班的考试平均成绩，可能被少数极低的几个成绩拉低。为了抵消少数极端值的影响，可以使用截尾均值（丢弃高、低极端值后的均值）来描述这类数据的统计特性。

2）中位数（median）

对于倾斜（非对称）数据，由于大部分（甚至绝大部分）数据比均值大（或小），数据中心更好度量的不是均值，而是中位数。中位数是有序数据的中间值。它是可以把数据较高的一半与较低的一半分开的值，比中位数大的数值个数和比中位数小的数值个数相等。

用中位数不但可以描述数值数据的中心，还可以推广到序数数据。中位数的理论计算方法很简单：假设给定数据集中，某属性 X 的 N 个对象值按递增序排序。如果 N 是奇数，则中位数是该有序集的中间值；如果 N 是偶数，则中位数不唯一。如果是序数属性数据，它可以是最中间的两个值和它们之间的任意值；如果是数值属性的数据，根据约定，中位数取为最中间两个值的平均值。

在实际应用中，如果要观测的数量很大时，中位数的计算消耗资源很多，其中排序就是一个很费时的运算。然而，对于数值属性，可以利用插值的方法计算整个数据集的中位数的近似值。假定 N 个对象的数值属性 X 的数据，按 x_i 的值划分成区间，并且已知每个区间的频率（即区间中值的个数），令包含中位数频率的区间为中位数区间，可使用如下公式计算整个数据集的中位数的近似值：

$$\text{median} = L_1 + \left[\frac{\frac{N}{2} + (\sum \text{freq})_l}{\text{freq}_{\text{median}}}\right] \text{width} \tag{6-1}$$

其中，L_1 是中位数区间的下界；N 是整个数据集中值的个数；$(\sum \text{freq})_l$ 是低于中位数区间所有区间的频率和；$\text{freq}_{\text{median}}$ 是中位数区间的频率；width 是中位数区间的宽度。

3）中列数（midrange）

中列数是数据集中，某一数值属性的最大值和最小值的平均值。与中位数一样可以用来评估数值数据的中心趋势，其优点是计算比均值和中位数相对简单，缺点是容易受到噪声数据的影响，在数据质量较低时，很少使用。

4）众数（mode）

无论是数值属性还是序数属性，都可以使用众数来度量数据的中心趋势。众数是指在某一取值区间（可以是整个区间）内，该值出现的频率最高（其左、右邻近值出现的频率都比它低）。一般情况下，在整个取值区间内，只有一个众数，此数据集称为单峰数据集。特殊情况：在整个取值区间的多个子区间内都有众数，如有两个、三个等，则称该数据集为双峰、三峰数据集等，统称为多峰数据集。极特殊情况：当属性的取值在整个区间内是均匀变化的或每个数据值只出现一次，这时就没有众数。

在计算众数时，要统计各个数据值出现的概率，相对比较复杂。但是，当一个数据集的均值和中位数已知，对于适度倾斜（非对称）的单峰数值数据，众数可以通过式（6-2）近似计算。

$$mean - mode \approx 3 \times (mean - median) \tag{6-2}$$

其中,mode 是众数,mean 是均值,median 是中位数。

采用可视化技术分析数据的中心趋势时,在具有完全对称的数据分布且单峰数据集的频率曲线中,均值、中位数和众数都有相同的"中心"值,即落在同一个点上。在大部分实际应用中,数据都是不对称的,它们可能是正倾斜的,即数据分布先高后低(数据值小的分布较多,数据值大的分布较少),此时众数出现在中位数的左侧,而均值出现在中位数的右侧;对于负倾斜分布的数据集正好与正倾斜相反,众数大于中位数(右侧),而均值小于中位数(左侧)。

2. 数据散布度量:极差、分位数、方差和标准差

对于一个数据集,可以利用极差、分位数、方差和标准差等度量方法,考察评估数值类型数据散布或发散的程度和趋势。

1) 极差(range)

对于给定的一组数据,极差是该组数据的最大值与最小值之差。用极差作为数据的散布度量,方法最简单,计算量最小,但最易受噪声影响,所以具体应用不多。

2) 分位数(quantile)

分位数是从中位数的概念上发展过来的,中位数把数据区间划分为两个相等的子区间(数据值的个数相等),分位数是将整个属性的数据区间划分为若干个,取值个数基本相等,且相邻的子区间。2 分位数是 1 个数据点,它把数据分布划分成高低两半,2 分位数就是中位数。4 分位数是 3 个数据点,它们把整个数据集划分成 4 个相等,且连续的子集(或子区间),使得每一子区间都包含四分之一数据值,通常称为四分位数(quartile)。同理,百分位数(percentile),需要 99 个数据点,把整个数据区间划分成 100 个大小相等(每个子集都包含 1%的数据值)的,且连续的子集。四分位数和百分数是使用最广泛的分位数。

3) 方差(variance)与标准差(standard deviation)

方差与标准差是概率统计中最常使用的,作为统计一组数据分布程度的度量,也是大数据预处理、分析、挖掘处理中常用的度量。方差是一组数据中,各数据与其均值差的平方的和的平均数,反映的是原数据和期望值偏差的程度,单位没有意义。例如,一个有 N 个对象的数据集,$x_1, x_2, \cdots, x_N$ 是数值属性 X 的 N 个记录值,则数值属性 X 的方差是:

$$\sigma^2 = \frac{1}{N} \sum_{i=1}^{N} (x_i - \bar{x})^2 \tag{6-3}$$

其中,$\bar{x}$ 是 $x_1, x_2, \cdots, x_N$ 的均值。

标准差 σ 是方差 σ^2 的算术平方根,单位与原数据相同,更能反映一个数据集的散布程度。在某些应用中,标准差比方差更有意义。低标准差意味数据观测趋向于靠近均值,而高标准差表示数据散布在一个大的值域中,仅当不存在发散时,即所有的观测值都相同时,$\sigma = 0$;否则,$\sigma > 0$。值得注意的是,对于均值相同的两组数据,其标准差未必相同。

3. 数据的图形描述

数据的基本统计特征,可以采用更加直观的图形描述方法,包括分位数图、直方图和散点图等。其中，分位数图、直方图用于显示一元数据（只涉及一个属性）的分布特征，而散点图用于显示二元数据（即涉及两个属性）的统计分布特征。

1）分位数图（quantile plot）

分位数图是一种观察单变量数据分布的简单有效方法。表 6-1 给出了某部门的销售数据，将此数据集的单价属性，进行四分位数处理，则其分位数图见图 6-1。

表 6-1 某部门销售数据

单价/元	40	43	47	⋯	74	75	78	⋯	115	117	120
销售数量/个	275	300	250	⋯	360	515	540	⋯	320	270	350

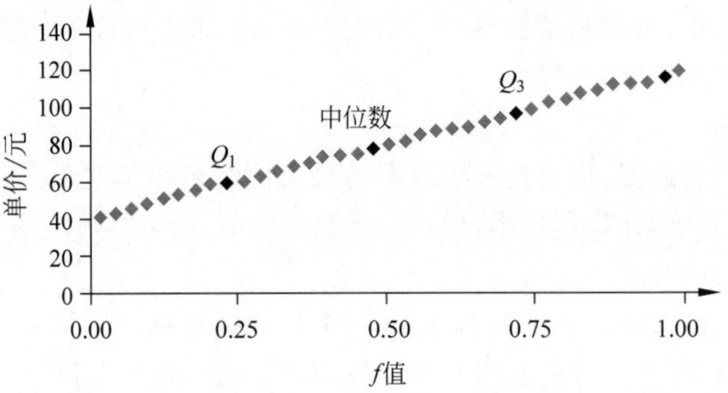

图 6-1 单价数据的四分位图

图 6-1 中，横轴表示数据（价格）累计出现的频率，由于是四分位图，需要标记 3 个分位数点，百分比 0.25 对应于四分位数 Q_1，百分比 0.50 对应于 Q_2（中位数），而百分比 0.75 对应于 Q_3。纵轴表示具体的数据值（单价）以相同的步长 $1/N$ 递增。

2）直方图（histogram）

直方图或频率直方图是广泛使用的数据图形统计描述。直方图是一种概括给定属性 X 的分布的图形方法。

如果数据集 X 是数值的，则将 X 的值域划分成不相交的连续子域。子域称作桶（bucket）或箱（bin），是 X 的数据分布的不相交子集。桶的范围称作宽度，通常桶是等宽的。例如，可将表 6-1 的单价属性划分成子域 $40\sim59$、$60\sim79$、$80\sim99$ 等。对于每个子域，画一个柱形条。其高度表示在该子域观测到的商品数，见图 6-2。

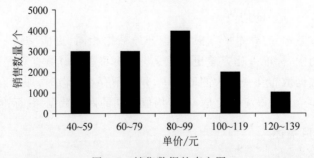

图 6-2 销售数据的直方图

直方图能非常直观地显示数据的分布特征,被广泛使用。但是对于单变量观测组,它可能不如其他的图形表示方法有效,如饼图、线图、面积图等。

3）散点图（scatter plot）

散点图是确定两个数值变量之间,是否存在联系的最有效的图形方法之一。为构造散点图,每个值对被视为一个代数坐标对,并作为一个点画在平面上。散点图是一种观察双变量数据的方法,用于观察点簇和孤立点,或考察相关联系的可能性。例如,将图6-1的数据集中的单价作为横坐标,销售数量作为纵坐标,则其散点图见图6-3。

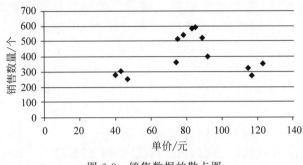

图 6-3　销售数据的散点图

综上所述,数据的中心趋势度量、散布度量和图形统计显示提供了数据总体情况和基本特征,是观察、分析数据的有效方法。这些方法有助于发现、识别数据集中潜在的噪声和孤立点,所以在数据清理洗中特别有用。

6.1.3　数据矩阵与相似（相异）矩阵

在聚类、孤立点分析和分类等数据挖掘应用中,首先要计算数据对象之间相似或不相似程度。例如,聚类中,首先要按数据对象的相似程度,将所有数据对象划分成若干集合（簇）,同一个簇中的对象互相相似,而与其他簇中的对象相异。可以用一个数值变量来表示两个对象的相似程度,即相似度。与相似度相对应的概念是相异度,当然,相异度是指两个对象差异程度的数值度量。

1. 数据矩阵

6.1.2 节中讨论了属性 X 的测值的中心趋势和散布,这实际上是数据的单个属性的刻画。现实世界的数据一般都是多维的。即数据集中 n 个数据对象,需要被 p 个属性刻画、描述。对于多维数据一般采用数据矩阵的形式表示,如:

$$\begin{bmatrix} x_{11} & \cdots & x_{1f} & \cdots & x_{1p} \\ \cdots & \cdots & \cdots & \cdots & \cdots \\ x_{i1} & \cdots & x_{if} & \cdots & x_{ip} \\ \cdots & \cdots & \cdots & \cdots & \cdots \\ x_{n1} & \cdots & x_{nf} & \cdots & x_{np} \end{bmatrix} \tag{6-4}$$

式（6-4）用关系表的形式或 $n \times p$（n 个对象,p 个属性）矩阵存放 n 个对象的数据,这称为数据矩阵或称对象-属性结构。每行对应于一个对象,每列对应于对象的某一个属性。

2. 相似（相异）性矩阵

相似性和相异性都称邻近性,它们是有关联的,或者说是互反的。因为,如果两个属性 X_i 和 X_j 完全不相似,则它们的相似性度量将返回 0,相似度越高,属性之间的相似性越大。相异性度量正好相反,如果属性相同,则它返值 0,相异度越高,两个属性差异越大。一般采用相似（相异）性矩阵来描述不同属性的相似性和相异性,根据数据矩阵（式 6-4）,n 个对象两两之间的相异性矩阵（或称对象-对象结构）为

$$\begin{bmatrix} 0 & d(1,2) & d(1,3) & \cdots & d(1,n) \\ d(2,1) & 0 & d(2,3) & \cdots & d(2,n) \\ d(3,1) & d(3,2) & 0 & \cdots & d(3,n) \\ \cdots & \cdots & \cdots & \cdots & \cdots \\ d(n,1) & d(n,2) & d(n,3) & \cdots & 0 \end{bmatrix} \qquad (6-5)$$

其中,$d(i,j)$ 是对象 i 和对象 j 之间的相异性或"差别"的度量。一般而言,$d(i,j)$ 是一个非负的数值,对象 i 和对象 j 彼此高度相似或"接近"时,$d(i,j)$ 接近于 0;而对象 i 和对象 j 越不同,$d(i,j)$ 值越大。注意,一个对象与自己的差别为 0,即 $d(i,i)=0$。此外,$d(i,j)=d(j,i)$,也就是说相异性矩阵是对称矩阵,所以,该矩阵可以化简为一个三角阵便于存储。另外,根据不同的属性特征,$d(i,j)$ 有不同的计算方法,在下节详细讨论。

一般的数据矩阵由行（代表对象）和列（代表属性）组成,数值可能不是一种类型。因此,数据矩阵经常被称为二模（two mode）矩阵。而相异性矩阵只包含一类实体（相异度）,因此被称为单模（one mode）矩阵。许多聚类和最近邻算法都在相异性矩阵上运行,因此,在实际应用这些算法之前,一般首先需要把数据矩阵转化为相异性矩阵。

6.2 相似性或相异性度量方法

6.2.1 标称属性相似性或相异性的度量

一般的标称属性具有两个或多个状态（取值）。假设一个数据集有两个标称属性 A 和 B,对象（记录）的个数是 M。

1. 相异性度量

标称属性 A 对象 i 和标称属性 B 对象 j 之间的相异性可以根据不匹配率来计算:

$$d(i,j)=\frac{p-m}{p} \qquad (6-6)$$

其中,m 是匹配的数目（即对象 i 和对象 j 取相同状态（属性值）的个数）;p 是对象（记录）的总数。

2. 相似性度量

根据式(6-6)，标称属性 A 对象 i 和标称属性 B 对象 j 之间的相似性计算公式如下：

$$\text{sim}(i,j) = 1 - d(i,j) = \frac{m}{p} \tag{6-7}$$

6.2.2　二元属性相似性或相异性的度量

所谓的二元属性，即每个属性的取值只有两种状态（0 或 1），其中 0 表示该属性不出现，1 表示出现。采用数值属性的方法来处理二元属性会产生错误。因此，要采用特定的方法来计算二元数据的相异性。如果所有的二元属性的两个取值都被看作具有相同的权重，则可以得到一个两行两列的列联表，见表 6-2。

表 6-2　二元属性的列联表

属性 A	属性 B		
	1	0	合计
1	q	r	$q+r$
0	s	t	$s+t$
合计	$q+s$	$r+t$	p

表 6-2 中，q 是数据集中，二元属性 A 和二元属性 B 都取 1 的对象数，r 是 A 取 1、B 取 0 的对象数，s 是 A 取 0、B 取 1 的对象数，而 t 是 A 和 B 都取 0 的对象数。对象的总数是 p，其中 $p = q+r+s+t$。

1. 相异性度量

根据式(6-6)，对于所有的二元属性都是具有相同的权重的二元属性（又称对称二元属性），对象 i 和对象 j 的相异性公式为

$$d(i,j) = \frac{r+s}{q+r+s+t} \tag{6-8}$$

非对称的二元属性，即两个状态不是同等重要的，一般相对重要的状态取 1，相对不重要的取 0，如病理化验的阳性（1）和阴性（0）结果。对于这样的两个属性，共有 4 种组合，其中，两个属性都取值 1 的情况（正匹配）比两个都取值 0 的情况（负匹配）更有意义，在计算时，负匹配数 t 可以被忽略。简化后的相异性计算公式为

$$d(i,j) = \frac{r+s}{q+r+s} \tag{6-9}$$

2. 相似性度量

由式(6-9)可以得出，非对称的二元属性数据的相似性计算公式为

$$\text{sim}(i,j) = \frac{q}{q+r+s} = 1 - d(i,j) \tag{6-10}$$

式(6-10)被称为杰卡德(Jaccard)系数,这是一种被广泛使用的相似性计算方法。

需要注意的是,此时的数据矩阵简化为表6-2,所以相似(相异)性矩阵叶退化为一个数($d(1,2)=d(2,1)$),因为,$d(1,1)=d(2,2)=0$。因此,两个二元属性的相似(相异)性,只由$d(1,2)$或$d(2,1)$决定,该值越接近1,相异性越高,反之,越接近0,相似性越高。

6.2.3 数值属性相似性或相异性的度量

一般通过计算"距离"来判断两个数值属性的相似性或相异性,常用的度量包括欧几里得距离、曼哈顿距离和闵可夫斯基距离等方法。

1. 欧几里得距离度量

最流行的距离度量是欧几里得距离。令数据集中,数值属性A的p个属性值x_{A1},x_{A2},$\cdots$,x_{Ap}和数值属性B的p个属性值x_{B1},x_{B2},$\cdots$,x_{Bp},则属性A和属性B之间的欧几里得距离为

$$d(A,B)=\sqrt{(x_{A1}-x_{B1})^2+(x_{A2}-x_{B2})^2+\cdots+(x_{Ap}-x_{Bp})^2} \tag{6-11}$$

2. 曼哈顿距离度量

属性A和属性B之间的曼哈顿距离为

$$d(A,B)=|x_{A1}-x_{B1}|+|x_{A2}-x_{B2}|+\cdots+|x_{Ap}-x_{Bp}| \tag{6-12}$$

3. 闵可夫斯基距离度量

属性A和属性B之间的闵可夫斯基距离为

$$d(A,B)=\sqrt[h]{(x_{A1}-x_{B1})^h+(x_{A2}-x_{B2})^h+\cdots+(x_{Ap}-x_{Ap})^h} \tag{6-13}$$

其中,h是实数,$h\geqslant1$。这种距离又称Lp范数,下标p就是式(6-13)中的h。当$p=1$和$p=2$时,即L1和L2,分别表示曼哈顿距离(又称为L1范数)和欧几里得距离(又称为L2范数)。

上面只对数据集中的两个数值属性A和属性B之间的距离度量方法给出了计算公式,此时的相似(相异)性矩阵也简化为一个数($d(A,B)$),该值越大,表示属性A和属性B越相异,反之,越接近于0,越相似。当然,也可以同时判断多个数值属性,生成相似(相异)性矩阵,具体公式和矩阵,请读者自己推导。

特别需要注意的是,在上述的三种距离度量法判断数值属性相似(相异)时,不同属性的计量单位(量纲)对判断结果会产生很大的偏差。例如,一个属性的单位是千克,而另一个属性的单位是吨(或克)时,即使两个属性非常相似,但"距离"却非常大。解决这一问题的方法是,在计算"距离"前,应使用规格化(在第8章详细介绍)技术对数值属性进行规格化处理,来统一量纲。而兰氏距离度量法克服了量纲的影响(有关兰氏距离的内容,请读者参阅相关资料)。

另外,现实的数据库中,对象通常是被混合类型的属性描述的,也就是说,数据对象可能包含标称属性、二元属性、数值属性等多种类型甚至所有类型属性。对于混合类型属性

的相似性和相异性度量方法，一种简单有效的方法是，首先使用规格化变换，将这组属性都转换到共同的区间[0.0, 1.0]上，然后组合在一个相异性矩阵中。有关混合类型属性的相似性和相异性度量的具体方法，请读者参阅相关资料。

6.2.4　文档相似性和相异性的度量

文档用数以千计的属性表示，每个属性对应文档中一个特定词（如关键词）或短语，而属性的取值就是该词或短语在文档中出现的频率。这样，每个文档的特征都被一个词频向量表示，见表6-3。

表 6-3　文档的词频向量

文档	team	coach	hockey	baseball	soccer	score	win	loss	season
1	5	0	3	0	2	0	2	0	0
2	3	0	2	0	1	0	1	0	1
3	0	7	0	2	1	0	3	0	0

从表6-3可以看出。词频向量通常很长，并且是稀疏的（即表中很多项的值为0）。这种稀疏的数据结构（也称稀疏矩阵）在实际应用中使用广泛。然而，对于这类稀疏的数值数据，传统的距离度量方法并不适用。在度量文档的相似性时，两篇文档的相似性更依赖于共同出现的词条及其频率，不依赖于共同不出现的词条（频率为0）。例如，两个词频向量可能有很多公共的0值，意味对应的文档许多词是不共有的，这并不表示两个文档相似。因此，需要一种关注两个文档共有的词及其频率的度量方法。也就是说，需要一种忽略"0"匹配的度量方法，而余弦相似性度量法就具有这一特性。

余弦相似性可以用来比较文档，或针对给定的查询词向量对文档排重。令 X 和 Y 是两个向量，余弦相似性度量公式为

$$\text{sim}(X, Y) = \frac{X \cdot Y}{\| X \| \| Y \|} \tag{6-14}$$

其中，$\| X \|$ 是向量 $X = (x_1, x_2, \cdots, x_p)$ 的欧几里得距离，从概念上讲，它就是向量的长度；$\text{sim}(X, Y)$ 计算的是向量 X 和 Y 的夹角余弦。余弦值为 0 意味两个向量呈 90° 夹角（正交），说明两个向量描述文档不匹配（不相似）。余弦值越接近于 1，夹角越小，两个向量描述文档越匹配（相似）。

根据表6-3，可以计算出文档1和文档2的余弦相似性。其中 $X \cdot Y = 5 \times 3 + 0 \times 0 + \cdots + 4 \times 1 = 25$，文档1的长度 $\| X \| = 6.48$，文档2的长度 $\| Y \| = 4$，因此，$\text{sim}(X, Y) = 0.96$，说明文档1和文档2高度相似。

总之，数据集由数据对象组成，数据对象用属性描述，属性可以是标称的、二元的或数值的。对象相似性和相异性度量广泛应用于聚类、孤立点分析、最近邻分类等数据挖掘应用中。

6.3　大数据质量

在采集过程中，由于数据源、数据结构以及采集工具的多样性，采集到的数据可能存

在多种"问题"，即大数据质量问题。

虽然大数据相关技术的发展非常迅猛，但毕竟是一个出现至今时间很短的新技术。因此，目前在学术界，还没有一个统一的对大数据质量及质量标准的定义。尽管各个国家和机构对大数据质量的定义都不同，但有一个共同的认知：大数据的质量不仅与其自身的特性有关，而且还与应用环境和业务流程密切相关。因此，评价大数据"合格"的标准也是一个包含多种因素的综合性指标。

6.3.1 常见的数据质量问题

根据数据源的多少以及问题所属层次（定义层和实例层），将数据质量问题分为 4 类，见图 6-4。

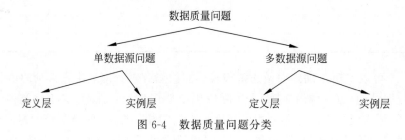

图 6-4 数据质量问题分类

1. 单数据源定义层

这类质量问题发生在，某单数据源在定义字段（属性）的约束条件时。例如，描述月份的属性只能是 1～12，描述年龄的属性不能是负值，作为主键不能违反唯一性（同一个主键 ID 出现了多次）原则等。

2. 单数据源实例层

这类质量问题发生在某一数据集内的某些实体（对象）的属性值上。例如，某些属性值的位数或精度不够，编码属性的编码规则不符，不应出现的空缺值，数据存在噪声、重复、过时等。

3. 多数据源定义 层

这类质量问题在数据集成时表现尤为突出，不同的数据源（集），对同一个属性的命名不同（例如，同样是描述姓名的属性，有的用 name，有的用 xingming），或同一种属性的定义不同（例如属性值的长度定义不一致、属性值的类型不一致）等。

4. 多数据源实例层

这类质量问题发生在实体对象的数据值上，不同的数据源（集）属性值的单位不一致（例如，有的按 GB 记录存储量，有的按 TB 记录存储量；有的按照年度统计，有的按照月份统计）、数据记录出现重复、拼写发生错误等。

除此之外,在数据预处理过程中产生的"二次数据",也会由于人员疏忽、算法的瑕疵等原因,产生噪声、重复或错误等情况,引发数据质量问题。

6.3.2 大数据质量标准

很多文献提出了一些大数据质量维度(要素)的概念,其中包含了传统数据质量的大部分要素,不过根据实际业务的需求重新定义了这些要素,并丰富了其内容。例如,准确性、完整性、一致性、时效性、可靠性等,这些要素基本确定了大数据质量维度,同时,每个要素被分为许多典型的元素并与之相联系,每个元素都有其相应的质量指标。目前公认的大数据质量标准,由五个数据质量维度(要素)组成:可得性、可用性、可靠性、关联性和外观质量。前四个质量维度是不可或缺的,是数据质量的固有特征;外观质量是附加的属性,目的是提高用户的满意度。数据质量要素的描述如下。

1. 可得性

可得性是指用户获得数据和相关信息的便利程度,是否能够方便快速、低成本地获取所需的数据及相关信息。

1) 可访问性

可访问性一般是指用户获得数据的便捷程度,包括访问数据的成本如何,流程复杂与否,所需的授权等因素,可访问性与数据的开放性有着密切的联系,数据源主对数据的开放程度越高,用户可获得的数据类型以及数据量就越多,即数据的可访问性就越高。

测量可访问性的指标有:是否为用户提供了访问数据的通用接口,数据是否很容易地被公开或者购买,具体流程是否复杂等。

2) 时效性

时效性指目前能够获得的数据,对即将进行分析、挖掘的任务是否有效,产生的结果是否有时效性。具体涉及对数据流通的测量及检查数据在计划使用时,是否可用。

测量时效性的指标有:用户是否能在规定的时间内准时接收到数据,数据源主是否实时更新数据。

2. 可靠性

可靠性也称为可信性,指的是我们所获得的数据是否可以被信任,也就是指某个数据源是否提供了被认为是真实、可信的数据。保障数据的可靠性有三个关键因素:可靠性良好的数据源、数据规范化和数据产生的时间。

测量的指标有:数据是否来自一个国家某行业或者某领域的专业组织;是否有专家定期地检查数据内容的正确性等。

3. 可用性

可用性的概念指的是数据是否有用、是否能满足用户的需求,又可细分为准确性、一致性和完整性。

1）准确性

可用性的第一个指标就是准确性，准确性是指用户获得到的数据与真实数据之间的误差在规定范围内，它是数据质量标准的核心内容和最基本要求。

测量准确性的指标有：数据源提供的数据是否满足规定的误差要求，是否能够反映真实事物的状态，获得的数据表是否会使用户对真实世界产生歧义。

2）一致性

一致性用于描述真实世界中，实体对象的各个属性之间存在着一定的逻辑关系，数据一致性是指获得的属性数据之间是否满足这些逻辑关系、各数据值之间是否存在冲突。

衡量一致性的指标有：获取的数据在概念、值域或格式上，是否能真实地反映实体对象的内在逻辑关系；与其他数据源的数据是否一致或具有可验证性等。

3）完整性

数据的完整性是指描述实体对象数据信息的完整程度，特别是一些关键属性值（如主键）是否存在缺失或遗漏，是否能够满足用户全部项目的需求。

测量完整性的指标有：属性数据的格式是否满足定义的约束条件、数据的结构与内容是否符合完整性的要求等。

4. 关联性

关联性是指获取的数据与用户的真正期望或需求之间的相关程度，主要表现为适合性，即所获取的数据在多大程度上适合当前工作的需求。

测量关联性的指标有：收集到的数据所描述的对象，是否与用户要求的主题相匹配，或是阐述其中的一个方面；用户检索的数据是否符合检索主题的需要等。

5. 外观质量

为提高用户的满意度，大数据应具有一定的外观质量。外观质量指的是数据的描述方法，能帮助用户完全理解数据，最主要的要求是可读性，即用于描述数据的术语、属性、单位、代码、缩写，是否符合用户阅读、分析的习惯等。

测量外观质量的指标有：数据的内容、格式等是否符合用户的阅读习惯，所含信息是否简洁、明确，便于理解；数据的描述、分类和编码等内容是否满足"潜规则"，是否容易理解，是否引起歧义。

6.4 本章小结

由于通过各种数据采集设备和技术获得的数据可能存在各种各样的质量问题，会对数据挖掘结果产生重大影响，所以需要在对数据进行挖掘以前，对原始数据进行清理、集成、变换和归约等一系列的预处理工作，以达到数据分析和挖掘算法所要求的最低规范或标准。在大数据预处理之前和之后，都要根据数据质量标准进行评估，以便发现各种数据质量问题。最后，根据不同的质量问题，采用不同的预处理方法。

习题

1. 数据对象的属性类型有哪些?

2. 用于数据中心趋势度量的参数有哪些?

3. 用于数据散布度量的参数有哪些?

4. 简述标称属性相似性和相异性的度量方法。

5. 对表 6-4 的二元属性的列联表,计算对称二元属性 A 和 B 的相似性和相异性。

表 6-4 二元属性的列联表

属性 A	属性 B	
	1	0
1	15	16
0	18	14

6. 数值属性相似性和相异性的度量方法有哪些? 计算公式如何?

7. 计算表 6-5 的两个数值属性 A 和 B 的曼哈顿距离。

表 6-5 两个属性的数据表

序号	属性 A	属性 B
1	95	80
2	120	115
3	140	130
4	70	75
5	50	60

8. 常见的数据质量问题有哪些?

9. 简述大数据质量的主要维度及评价标准。

10. 大数据预处理有哪些基本方法?

第 **7** 章

数据清洗与集成

本章学习目标
- 掌握数据清洗和数据集成的基础知识;
- 掌握数据清洗技术,熟练运用数据清洗各种方法;
- 掌握数据集成技术,熟练运用数据集成各种方法。

本章首先介绍数据清洗的任务、数据清洗的一般框架等基础知识,详细讲解数据清洗的常用方法。然后介绍数据集成的难点、关键和方式等数据集成的基础知识,详细讲解数据集成的常用方法。

微课视频

7.1 数据清洗基础

数据清洗是大数据预处理最基础、最关键技术和方法。数据清洗是指在通过各种方法获取的中间层数据集中,采用基础的统计、分析等方法发现其中不准确、不完整或不合理的数据,并对这些数据进行移除、填充、光滑、纠偏等处理,提高数据质量的过程。

7.1.1 数据清洗的任务

简单来讲数据清洗有两个基本目的:一是为了提高数据质量,二是使数据更适合数据挖掘和分析。针对不同的目的,可以采取相应的解决方式和方法。

数据挖掘和分析的最基本要求是结果的有效性以及准确性,而数据质量是对数据进行分析的基础和前提,因此,为了能保证大数据分析、挖掘结果的有效性和准确性,必须采用各种有效的方法和技术来提高数据质量。

我们将大数据采集前的数据(系统日志、企事业单位的信息管理系统、互联网中的数据等)称为源数据,经过采集但没有采取大数据存储方式存储的数据称为基本数据集,将基本数据集经过大数据预处理,存储在各种大数据存储系统中,这时的数据简称为数据仓库。数据进入数据仓库之前,必须确保数据的可用性。一部分的数据清洗步骤放在数据进入数据仓库之前进行,而另一部分的数据清洗工作可以在进入数据仓库之后进行,主要是因为数据仓库在处理数据方面存在优势,可以更加简单高效地进行数据的清洗工作。但是,一定要保证数据清洗工作在对数据进行统计和聚合之前完成,只有这样才能保证保留在数据仓库中的数据是经过清洗之后最终"干净"的数据。

数据清洗可以解决以下(包括但不局限)几个数据质量问题。

1. 解决数据的完整性

完整性主要是指避免数据记录和记录信息的缺失或不正确(两者都会导致统计结果不准确)进而影响到后续的数据分析、挖掘结果的有效性以及准确性。所以,完整性是保证数据质量的基础。

导致数据出现不完整的因素很多,一是有些相对重要的数据,没有被包含在内,原因可能是数据录入人员认为这些数据不重要;二是由于设备原因或误操作,导致数据记录丢失或被删除。解决数据完整性方法的基本思路是,通过具体的清洗算法,对缺失的数据值进行填充,对不正确的数据值进行光滑或纠偏处理。

2. 解决数据的一致性

数据的一致性是影响数据质量的主要因素,也是数据质量评估的重要指标。主要包括数据记录的规范性和数据逻辑的一致性两个方面。记录的规范性指数据编码与格式是否规范化;数据逻辑的一致性指数据是否满足一定的约束条件,以及属性数据之间是否满足一定的逻辑关系等。

要想解决数据一致性的问题,首先需要建立数据指标体系,其中关键是对各质量指标的度量方法和衡量标准。在统计研究中,只用少数个别指标去描述、说明数据的整体全貌,是不客观、不全面的。因此,指标体系应是包含若干相对独立又相互联系的、反映社会自然规律的统计指标所构成的有机整体。

3. 数据的准确性和时效性

数据的准确性也是影响数据质量的一个因素,数据的准确性包括:数值的位数是否符合精度的要求;字符编码数据是否含有不应出现的字符;数据中是否出现了异常值(如只能是正值的属性出现了负值)等。时效性是对实时数据分析、挖掘系统的最基本要求,虽然在实时分析过程中,对数据的精度要求不高,但如果实时数据的获取或更新时间太长,分析、挖掘的结果将失去价值,整个分析、挖掘工作就是没有意义的。因此,数据的时效性是分析与决策系统对数据的最基本要求,所以时效性也是数据质量的一个重要指标。

数据清洗的目标是提高数据质量,满足用户需求。因此,在制定数据清洗框架时,要以用户为中心,用户能够根据需求对清洗规则和算法进行实时动态地定义,可以创建相应的工作流模型,同时提供自动清洗和手动清洗。总之,数据清洗框架应具备杰出的可操作性、用户的自主性以及极大的灵活性。

大数据中常见的清洗方法主要是按照数据清洗规则，首先对数据记录进行清洗，主要是删除重复或无效记录（对象）。然后，再经过清洗算法对数据（属性值）做进一步清洗，降低"脏"数据的比例，提高数据质量，为将来的分析和挖掘提供了有力的数据基础。

7.1.2 数据清洗的前期准备

在进行数据清洗之前，我们有两件事情要做。

一是将数据导入处理工具，一般情况下会使用关系型数据库系统。如果数据量有限，可以采用集中存储的数据库系统，搭建 MySQL 环境即可；如果数据量大（TB 级以上），可以使用文本文件存储＋Python 操作的方式，即使用 Python 语言编写数据清洗的脚本（一般的数据预处理工具都支持 Python）。

二是要对需清洗的数据进行审查和评估。如果待清洗数据有元数据信息，首先要观察、分析数据集的字段解释、数据来源、代码表等一切描述数据的信息，做到对数据的全面了解和掌握。然后，抽取一部分数据（抽样），使用人工查看方式，对抽样的数据做分析、评估，即偏差检测，并作详细的记录，以此作为制定清洗策略和算法的依据。

偏差检测的目的是发现数据中存在的质量问题，制定有针对性的清洗策略和方针，可以更有效的开展数据清理工作。因此，就需要在此阶段明确缺失值与噪声为何存在、数据的质量如何、数据的字段是如何定义等信息。有如下几种数据检测的方法。

1. 数据源与字段调研

首先，可以了解与数据源相关的问题，以此确定数据的质量、字段的性质。比如可以通过回答这些问题来进行偏差检测：

（1）数据源是什么？有那几张表？表之间的关联关系是什么样的？

（2）数据源表的上下游关系是什么？

（3）数据源中有哪些字段？字段接口的格式是什么样子的？字段是什么类型？可接受值有哪些？

其次，可以通过数据描述统计中的指标，对数据进行初步探索，比如：

（1）观察字段集中趋势：均值、众数、中位数；

（2）观察字段离中趋势：方差、极值、分位数；

（3）图表显示：盒型图、散点图。

之后，可以考虑数据中是否存在依赖，即是否有属性之间存在线性关系或者相关关系。

2. 数据质量调研

质量好的数据最主要的三个属性：唯一性、连续性、一致性。从这三个层面可以检验数据的偏差性。

1）唯一性检验

唯一性检验要求检验数据是否存在重复，给定属性的每个值都要不同于该属性的其他值,就是看有没有重复数据。传统关系型数据库中,主键的作用之一就是避免重复并检验重复。设定了主键的表,不能存在重复数据。因此知道哪个属性是主键的表,可以直接通过 SQL 检测重复。比如,在不考虑效率等因素的"傻瓜模式"下,table 中 A 是主键,其余字段有 B,C。只要对比 select count(*) from table 的结果与 select count(*) from table group by A 的结果是否一致即可,如果不一致,很可能就是有重复。

2) 连续性检验

连续性检验即属性的最低值与最高值之间没有缺失值,有些值需要是唯一的。一般在检验连续性时会特别关注这几个点:NA 值的使用、Null 值的使用、空值的使用、特殊符号(如"?"","%")的使用、制定空值的使用(如"Unknown""空""未知")等。

3) 一致性检验

一致性的检验与字段格式的说明有关,这里主要是检查数据的写入格式是否符合统一的规范、是否会存在字段过载等行为。字段主要有字符型、数值型和日期型三种类型。对每个类型都需要查看字段接口说明,检查格式的统一。

7.1.3 数据清洗的一般性系统框架

一般的数据清洗流程由 5 个步骤(阶段)构成,见图 7-1。

1. 准备阶段

数据清洗的第一步是准备阶段。想对数据进行清洗,首先要制定清洗策略和方案,而清洗策略和方案的制定需要有足够的信息支持,因此,要对应用的需求、数据所处环境、系统的基本配置等,详细地分析研究,获得足够的相关信息。在此基础上,制定具有针对性的、合理有效的清洗策略和方案。在整个准备阶段,要十分重视文档的记录、整理和存档工作,因为在第 5 步验证阶段时,如果没有通过,可能要重新返回第 1 步准备阶段。需要避免"完全"从头开始,陷入"死"循环。

2. 检测阶段

准备阶段完成后,即进入检测阶段。检测就是需要判明数据具体存在哪些数据质量问题,检测的内容主要包括记录(对象)是否有重复、是否存在不完整记录、属性数值是否满足约束条件、是否存在异常数值等。检测之后,要对检测结果进行全面的分析、统计,形成检测报告,同样要注意相关信息、文档的整理归档工作。

3. 定位阶段

简单来说,检测阶段需要对数据质量问题进行定性和定量,定位阶段就是对数据质量问题定位。定位阶段通过对数据进行追踪分析,进而确定数据质量问题性质及位置,并根据检测阶段形成的报告对具体的质量问题进行评估,详细分析存在质量问题的数据,在修正前、后对业务产生的影响,分析、判断产生数据质量问题的根本原因,最终给出数据修正方案。定位阶段同样需要将相关信息、文档进行整理归档,因为如果此时制定不出可行的修正方案,可能需要返回到检测阶段,重新审阅、分析检测报告。

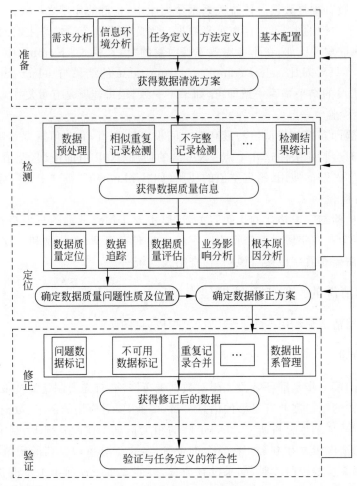

图 7-1　数据清洗系统框架

4. 修正阶段

在完成定位阶段，形成修正方案后，就可以对存在的质量问题进行修正，即进入修正阶段。具体修正方法包括问题数据标记、不可用数据删除、重复记录合并、缺失数据估计与填充等。在数据修正的全过程中，需要进行全程监控管理，保证每一步的修正工作都可恢复，并进行必要的数据备份。

5. 验证阶段

数据修正完成后，数据清洗工作尚未结束，一定要进入验证阶段。验证阶段的主要任务是，验证修正后的数据与任务定义的符合性，即检验阶段的部分工作。如果修正后的数据与任务的定义相符合，全部清洗工作才能结束；如果修正的结果与任务目标不符合，则要重新审视修正方案和修正过程，若还是不能解决问题，就要返回准备阶段，调整相应准备工作，开始新一轮的清洗流程。值得注意的是，在开始新的清洗流程时，一定要参考上一轮留下的相关文档资料,避免陷入"死"循环。

另外,图7-1中的数据清洗流程不是一成不变的,可根据用户的不同要求、不同的清洗任务、不同的应用环境等因素,进行适当调整,允许从不同的阶段开始,在不同的阶段停止,并且各个阶段可单独完成。因此,它是一个柔性的、可扩展的、交互性好的、松耦合的数据清洗框架。

微课视频

7.2　数据清洗技术

现实世界的数据常常是不完整、有噪声、不一致的。数据清洗过程包括遗漏数据处理,噪声数据处理以及不一致数据处理。本节介绍数据清洗的主要处理技术和方法。

7.2.1　缺失值处理

数据缺失是最常见的数据质量问题。造成数据缺失的原因很多,处理缺失值也有很多方法。一般的方法是,首先对每个字段计算其缺失值比例,判断该字段的重要性,然后按照缺失比例和字段重要性,可按图7-2所表示方法,制定缺失值处理策略。

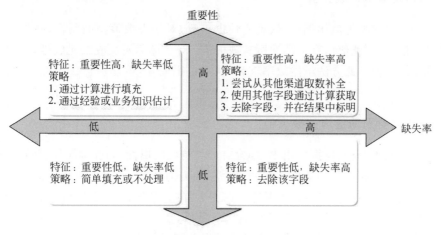

图 7-2　字段的缺失率和重要性的组合

针对字段的缺失率和重要性组合的四种情况,有不同的处理策略。假设在对关于顾客在商场活动的数据进行分析时,想得到有关商场销售的某些结论,如果发现有些顾客的收入属性值缺失,由于该属性值对分析结论不是很重要,可以忽略,如果是消费金额缺失,则必须填充。因此,针对不同的缺失率和重要性,可以采用以下方法进行缺失数据处理。

1. 忽略该条记录

若某一数据集中,有极个别的记录中有属性值缺失,而且该属性的重要性偏低(不参与数据的分析与挖掘),则可将这些记录排除(忽略),尤其是没有类别属性的数据值。当然,这种方法的使用情况很有限,在属性的缺失值比例相对较高或属性对数据的分析和挖掘相对较重要时,都不能采用这种方法,否则将对分析结果产生影响。

2. 手工填补缺失值

当某些属性的缺失值比例不是很高，而这些属性对数据的分析、挖掘又有一定的重要性，则这部分缺失值不能完全被忽略，可以采用手工填补的方法来处理这些缺失值。这种方法最大的缺点是比较耗时、效率较低，只能用于数据集小且缺失值比例不高时，对于大规模数据集或缺失值比例高的情况而言，显然这种方法是不可行的。

3. 利用默认值填补缺失值

当某些属性的缺失值比例不是很高，且属性的重要性也不是很高，此时可以采用比完全忽略方法保守点的方法，即对所有缺失的值，利用一个事先确定好的值（如 OK 或 NULL）来填补。但当一个属性的缺失比例较高时，若采用这种方法，就很可能影响挖掘的进程，甚至产生错误的分析结果。因此这种方法虽然简单、填补速度快，但并不推荐使用。一般在使用该方法前，需要执行一次部分验证阶段的工作，即仔细分析填补后可能对最终挖掘结果产生的影响，做到心中有数，不能盲目使用。

4. 利用均值填补缺失值

当某些属性的缺失值比例一般、重要性也一般，对缺失数值型的属性，首先计算该属性值的平均值，并用此值填补该属性所有缺失值；对于标称属性或二元属性，可以利用其众数来填充缺失值。此方法虽然效率较高，缺点也很明显，可能会造成统计、分析结果出现误差。

5. 利用同类别均值填补缺失值

一般的大数据分析、挖掘应用中，都含有分类特性的属性（如标称属性、序数属性等）。如果有与分类属性相关联的数值属性的值存在缺失的情况，最适用的缺失值填充方法是利用同类别的均值填充。该方法的基本思想是：首先，对具有分类特性的属性进行分类；然后，计算每一分类对应的数值属性的均值；最后，用每一类的均值去填充缺失的属性值。这种方法虽然较复杂，但造成分析结果的误差相对较小。

6. 利用最可能的值填补缺失值

缺失值的填充处理实质是一个对缺失值的分析、预测过程，具有一定的智能性。上面的几种方法智能性较低，我们可以根据同属性（或相关属性）的已知数据，利用线性回归分析、对数线性模型或决策树分类等方法，对缺失值记录的值进行预测、推断，用该缺失值的最大可能取值进行填充，这就是利用最可能的值填补缺失值的基本思想。

总之，在上述的 6 种方法中，方法 1 最简单、迅速，但风险较高。方法 2 比较费时、效率较差，适用性不高。方法 3～6 可能会产生数据偏差，从而导致填充值不正确，从而影响挖掘结果。方法 6 是最常用的策略，同其他方法相比，它使用已有数据的大部分信息来预测缺失值，产生的偏差可能较小，但填充的复杂性也高。

然而，在许多数据集中，缺失值的存在是不可避免的，有可能是由于数据录入人员的疏忽,或由于采集设备、传输系统的故障和干扰、噪声等因素造成的;但很有可能是数据库(仓库)的设计人员,在最初设计时,由于考虑得不周全,特别是对允许空值属性的约束条件说明不够全面;也有另外一种可能是,当初的设计人员有意预留的空值属性,一是后续会通过某些方法提供这些数值,二是留作系统的升级。因此,首先要阅读、分析元数据信息,没有必要遇到空值,就认为数据不可用,或设想去填充全部空值。

7.2.2　光滑噪声数据处理

在大数据预处理过程中,特别是对数值型属性数据,由于硬件设备、软件算法、人为因素等原因造成的测量(或记录)值与真实值之间存在偏差。对噪声数据的光滑处理一般有以下几种方法。

1. 分箱法

分箱(Bin)法去噪主要是依据噪声值与真实值之间的偏差不大的观点,即通过利用应被平滑数据点的周围(近邻)点,对一组排序数据进行平滑处理。分箱方法的主要步骤是:首先,对待平滑的数据进行排序;然后,将排序后的数据被分配到若干桶(称为 Bins)中,对 Bin 的划分方法一般有两种,一种是等频(高)方法,即每个 Bin 中的元素的个数相等,另一种是等宽方法,即每个 Bin 的取值间距(左右边界之差)相同,见图 7-3;最后,利用每个分箱的均值替代箱内的每个数据值,或用边界值替代除边界外的值。

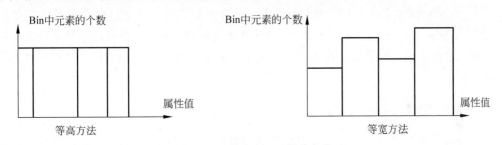

图 7-3　两种典型 Bin 划分方法

图 7-4 描述了 Bin 方法的过程。首先,对原始数据(4、8、15、21、21、24、25、28、34)进行排序;然后,将其划分为 3 个等高度的 Bin,即每个 Bin 包含3 个数值,最后,既可以利用每个 Bin 的均值进行平滑处理,也可以利用每个 Bin 的边界进行平滑处理。

利用均值进行平滑处理时,第一个 Bin 中 4、8、15 的均值是 9,所以将 4、8、15 全部替换成 9,其他两个 Bin 做同样处理。另外,也可利用每个 Bin 的边界值进行平滑处理。当然,有两个边界值(最大值或最小值),可以用每个 Bin 的边界值(最大值或最小值)去替换该 Bin 中的所有非边界值,如第一

- 排序后价格: 4,8,15,21,21,24,25,28,34
- 划分为等高度Bin:
  —Bin1: 4,8,15
  —Bin2: 21,21,24
  —Bin3: 25,28,34
- 根据Bin均值进行平滑:
  —Bin1: 9,9,9
  —Bin2: 22,22,22
  —Bin3: 29,29,29
- 根据Bin边界进行平滑:
  —Bin1: 4,4,15
  —Bin2: 21,21,24
  —Bin3: 25,25,34

图 7-4　利用 Bin 方法平滑去噪

个 Bin，用 4 替换了 5。

一般来说，每个 Bin 的宽度越宽，其平滑效果越明显，但可能造成的偏差也越大。

2. 聚类分析方法

当噪声很大时，即测量（记录）值与真实值偏差较大，使用分箱法平滑数据的效果不理想，有时会对分析、挖掘结果造成很大影响。采用聚类分析方法会发现偏差很大的噪声（孤立）点，"聚类"简单来说就是通过某种算法，将具有一定的相同特征的数据，划分为一个分类。聚类分析方法首先将相似或相邻近的数据聚合在一起形成了各个聚类集合，然后很容易识别出那些不在这些聚类集合之内的数据点，即噪声（孤立）点，也就是异常数据。见图 7-5。常用的聚类方法有：直接聚类法、最短距离聚类法、最远距离聚类法等，聚类分析方法的具体内容在大数据挖掘相关教材中会有详细介绍，读者可以自行查阅相关资料。

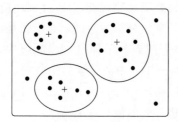

图 7-5　基于聚类分析方法的异常
数据监测

3. 人机结合的检查方法

人工检查方法在进行异常数据检测时，准确性较高，但效率低、可行性差。通过人机结合的检查方法，可以帮助发现异常数据。例如，首先由"机器"利用某些算法对疑似的异常数据进行检测、提取、归类后，输出到疑似异常数据缓存；然后由人工对这些疑似的噪声做进一步的检查，并确认真正的噪声数据；最终再用某种平滑方法进行处理。这种人机结合检查方法比手工方法的检查效率要高许多，且对分析、挖掘结果的影响也小。

4. 回归方法

虽然人机结合检查方法比手工方法的效率高，但数据量很大时，检测的效率也是很难接受的，应尽量使用自动、智能的噪声平滑方法。可以利用回归（拟合）函数，对数据值进行"预测"，如果记录的数值与预测的数值偏差较大，可以认为出现了噪声，再对噪声值进行平滑处理。所以，利用回归（拟合）函数进行数据光滑，不但有较高的效率，而且对挖掘结果的影响也小，是一种常用的有效方法。另外，还有许多数据平滑方法，如第 8 章会介绍的数据归约方法。

7.2.3　检测偏差与纠正偏差

从某种意义上讲，数据清理过程就是对数据进行检测偏差与纠正偏差的繁重过程。然而导致数据出现偏差的原因有很多，因此，首先要检测偏差及产生的原因，然后才能准确纠正偏差。产生数据偏差的原因包括设计不完善的多选项字段的表单输入、人为的数据输入错误以及已经失效的数据；偏差也可能源于数据表示不一致或数据编码不一致；硬件设备故障或者系统错误也可能产生数据偏差；数据集成时，不同数据库使用不同的名词也可能产生数据偏差。

1．检测偏差

想要纠正偏差，必须首先要能检测出偏差，所以，检测偏差是数据清洗的第一步。通常在数据清洗前，应先检测以下几种偏差。

1）发现噪声（孤立点）

可以根据已知的数据性质的知识（如数据类型和定义域等）发现噪声、孤立点和需要考察的不寻常的值。例如，可以通过考察、分析元数据，分析每个属性的定义域和数据类型、每个属性可接受的值、值的长度范围；判断是否所有的值都落在期望的值域内，属性之间是否存在已知的依赖；找出均值、中位数和众数，把握数据趋势和识别异常，比如远离给定属性均值，超过两个标准差的值可能标记为潜在的孤立点；另外，也可以使用前面介绍的聚类分析、回归（拟合）等方法发现噪声。

2）数据的不一致

数据的另一种偏差是数据编码不一致问题，或者数据表示的不一致问题（如日期字段表示方法不一致"2018/04/10"和"10/04/2018"）。而字段过载是另一类数据偏差，这类偏差通常程序开发者在已经定义的属性中；尚未使用的位加入了新的属性定义。

3）数据的唯一性

数据集中某些属性数据（特别是主键）应当遵循唯一性规则，即给定属性的每个值，都必须不同于该属性的其他值。另外还有连续性规则和空值规则，连续性规则是指属性的最高值和最低值之间没有缺失值；空值规则是指需要规定空白、问号、特殊符号或其他表示空值的字符串，以及记录空值的条件。

目前有很多商业工具可以实现数据偏差的检测。如，数据清洗工具利用已知的领域知识检查并纠正数据中的错误；数据审计工具通过数据分析发现数据的关联规则，检测违反这些规则的偏差数据；还有些数据不一致可以通过其他外部材料人工加以更正，如数据输入时的错误可以比对纸上的记录加以更正。

2．纠正偏差

一旦发现数据偏差，通常需要使用数据清洗或一些变换方法来纠正，例如利用数据迁移工具实现字符串的替换等一些简单、普通的纠正偏差功能；然而对一些特殊偏差，可能需要为纠正偏差编写定制的程序。值得注意是，在纠正偏差过程中，可能会产生新的偏差，需要再一次进行检测、纠正偏差。因此，偏差检测和纠正偏差这两步是迭代执行的，这个过程烦琐、费时且容易出错。

为了提高数据清洗效率，新的数据清洗方法应该加强交互性。用户可在类似于电子表格的界面上，通过编辑和调试每个变换，逐步构造数据变换序列。系统可以通过图形界面直观展示这些变换序列，每一次数据变化结果也可以实时显示。用户可以方便快捷地进行数据变换，从而提升数据清洗效率和效果。另外，还可以定义 SQL 的数据变化，使得用户可以有效地实现数据清洗的算法。

微课视频

7.3 数据集成基础

数据集成(data integration)是通过综合各数据源，将拥有不同结构、不同属性的数据整合归纳在一起的数据整合过程。由于不同的数据源定义属性时命名规则不同，存入的数据格式、取值方式、单位都会有不同。即便两个值代表的业务意义相同，也不代表存在数据库中的值就是相同的。因此，数据在存入大数据存储结构之前必须进行集成处理，去掉冗余数据，保证数据具有较高的质量。简言之，数据集成是将不同来源的数据整合在一个"数据库"中的过程。

7.3.1 数据集成的难点

数据集成的本质是整合各种数据源，因此多个数据源中字段的语义差异、结构差异、字段间的关联关系以及数据的冗余重复，都会是数据集成面临的问题。

1. 字段意义问题

在整合数据源的过程中，很可能出现这些情况：

（1）两个数据源中都有一个字段名字叫"Payment"，但其实一个数据源中记录的是年薪，另一个数据源中是月薪；也可能一个数据源是税前的薪水，另一个数据源是税后的薪水。

（2）两个数据源都有字段记录税前的薪水，但是一个数据源中字段名称为"Payment"，另一个数据源中字段名称为"Salary"。

上面这两种情况是在数据集成中常发生的，造成这个问题的原因在于现实生活中，语义的多样性以及公司数据命名不够规范。为了更好地解决这种问题，首先，我们需要认真分析原数据集的元数据信息，进行业务调研，确认每个字段的实际意义、命名规则、数据格式等信息，不要只被字段名称的语义含义所误导。同时，我们也要认真、全面地建立集成后数据集的元数据信息，用来记录字段命名规则的表格，使字段、表名、数据库名均能自动生成并统一。此外，一旦发生新的规则，还要能对规则表实时更新，这样一旦出现由于数据集成造成数据偏差，也可以很容易地进行检测和纠偏。

2. 字段结构问题

在整合多个数据源，进行数据集成时，几乎必然会面临数据结构问题。数据结构问题有以下几种情况：

（1）字段名称不同。比如同样是存储员工薪水，一个数据源字段名称是"Salary"，另一个数据源字段名是"Payment"。

（2）字段数据类型不同。比如同样是存储员工薪水的 Payment 字段，一个数据源存为 INTEGER 型，另一个数据源存为 CHAR 型。

（3）字段数据格式不同。比如同样是存储员工薪水的 Payment 数值型字段，一个数据源使用逗号分隔，另一个数据源的用科学记数法。

（4）字段单位不同。比如同样是存储员工薪水的 Payment 数值型字段，一个数据源的单位是人民币，另一个数据源是美元。

（5）字段取值范围不同。比如同样是存储员工薪水的 Payment 数值型字段，一个数据源中允许空值和 NULL 值，另一个数据源不允许。

上面这些问题都会对数据集成的效率、数据的完整性、一致性造成影响。如果想解决上面的问题，就需要在数据集成的过程中尽量明确数据字段结构。

3. 字段冗余问题

字段的冗余一般源自字段之间存在强相关性或者几个字段可以相互推导得到。通过检测字段的相关性，可以侦察到数据冗余。具体来说，方法有如下几个：

（1）对分类型数据，采用卡方检验的方法，计算两个或多个字段之间的相关性。

（2）数值型数据，采用相关系数、协方差和距离等方法，计算两个或多个字段之间的相似性和相异性。

4. 数据重复问题

检查数据记录的重复一般需要通过表的主键来判定。因为主键能够确定唯一记录，其有可能是一个字段，也有可能是几个字段的组合。在设计数据表时，一般都会设定主键，但也有在一些较特殊的情况中，数据表没有设计主键。这种情况下，最好能够对表进行优化，过滤重复数据。

一般来说，在数据结构中尽量调研每个表的主键。没有主键，就通过调研定义主键，或者对表进行拆分或整合。重复数据入库，不仅会给日后表关联造成极大的影响，还会影响数据分析与挖掘的效果，应尽量避免。

5. 数据冲突问题

数据冲突就是指两个（或两个以上）数据源关于同一含义的数据各自的记录取值不一样，以至于在数据集成时无法取舍。造成这一情况的原因有人工失误、货币计量的方法不同、汇率不同、税收水平不同、评分体系不同等。

对待这种问题，就需要对实际的业务知识有一定的理解。同时，对数据进行调研，尽量明确造成冲突的原因。如果数据的冲突实在无法避免，就要考虑冲突数据是否都要保留、是否要进行取舍以及如何取舍等问题了。

7.3.2 数据集成的方式

根据数据集成时实时性的特征，数据集成可以分为两种：实时性的和非实时的。虽然非实时数据集成实现相对容易，但其主要缺点也很明显，所以实用性不高，特别是对基于大数据的应用，本节不做详细讨论。实时的数据集成一般采用数据库层的直接集成或者通过面向服务架构（SOA）来实现，具体的实时数据集成模式分为以下四种。

1. 基于中间件层的数据集成

在大数据存储结构中，底层是各种异构的数据源，上层是分布式数据仓库。在底层和上层之间，不存储实际的数据，只保存有元数据信息，这个中间层称为虚拟的数据服务层。在该层通过定义需要集成数据的映射关系，实现数据集成具有以下优势。

1）灵活性高

由于数据的集成处理都在中间件服务器上进行，实现了顶层应用和底层数据的松耦合，中间层数据集成相对会比较灵活。

2）并发访问、效率高

在大数据系统的运行过程中，当一个请求要访问多个底层数据源时，可以采用并发访问方式进行，数据的存取效率高。

3）使应用系统的开发更加方便

该集成方式，由于借助中间件的灵活性，应用系统通过其提供多种外部接口访问数据，从而使应用系统的开发变得方便、简洁。

4）实时性强

由于该集成方式集成的不是底层数据，而是通过定义映射关系实现的，所有对数据的存取都直接针对底层数据源，从而保证了数据的时效性。

这种处理在中间件层进行的数据集成存在两个缺点：一是会带来一定的数据传输压力；二是当数据量非常大时，其实现效率会出现问题。

2. 基于数据源层的数据集成

第二种集成方式是把数据的加工处理放在数据源层（底层），生成统一结构的数据源，然后，高层的应用通过中间层提供的标准接口进行访问数据。数据库厂商或者 ETL 厂商一般推荐使用这种方式，该方式的数据集成有以下优势。

1）效率高

由于该集成方式一般都采用专用数据集成工具（如 ETL 等工具），特别适合大数据量的整合、集成，所以效率会非常高。

2）充分发挥数据库的功能

使用数据库最主要的原因是数据库具有强大的数据处理能力，由于该方式的数据整合、集成在数据源层（底层），可以充分利用数据库的强大数据处理能力。

3）实时性强

由于采用了具有数据捕捉和监测功能的 ELT 等工具，可以实时发现数据的变化并进行增量数据的处理，保证了数据的实时性。

与其他集成方式相比，该方式也存在以下两个问题：一是由于该方式以数据库的处理能力为基础，所以需要关系型数据库系统，从而限制了底层的数据源；二是由于需要调用两次 Web 服务，当数据量小时，不太适用。

3．基于数据网格的数据集成

采用数据网格的方式与第一种方式相似，该方式将数据层的数据整合在中间层，形成数据网格，中间件负责数据的加工、整合，然后以标准的方式发布出去。不同的是该方式采用数据网格技术在中间层增加了一层对象缓存层，减少了数据源访问和网络传输的时间，访问速度会明显提升。该模式的优势：

（1）系统扩展性好。由于在中间层采用了数据网格技术，数据的整合加工和访问接入都发生在中间件层，使整个系统具有较高的扩展性。

（2）处理能力明显提高。由于数据存取访问任务的增加和机器的处理能力不足，可能会造成系统的性能下降，可以采用集群技术，可以提高系统性能。

（3）前、后台数据松耦合。数据网格只负责与各种后台数据源的交互，用户通过 Web 服务访问前台数据，真正实现了前、后台数据的松耦合。

与其他集成方式相比，该方式也存在以下两个问题：一是仍然需要中间件层加工、整理数据，如果中间件处理能力有限，系统的效率会受到局限；二是由于应用系统通过数据网格提供的接口访问数据，所以应用系统修改、升级时，接口需要相应修改。

4．基于 ODS 或 DW 的数据集成

基于 ODS 或 DW 的数据集成是第 2 种和第 3 种方式的结合，该方式首先将分散在数据层的数据先整合到 ODS(operational data storage)或者数据仓库中进行整合加工，然后再将加工整理后的数据以标准接口发布到中间件层。

通过对以上四个集成方式的综合分析，可以发现数据的整合、集成处理越靠近底层，效率越高，但对系统本身和应用的扩充等的灵活性变差；反之，数据的整合、集成处理越靠近上层，效率变低，但灵活性变高。所以各种数据集成方式无所谓好坏，有各自的应用范围。用户在选择时，要根据自己的业务需求选择集成方式。

7.4　数据集成技术

在对大数据分析、挖掘之前，必须要将来自多个数据源的数据进行"合并"，即数据集成。用户通过选择有效的数据集成技术和方法，可以降低结果数据集中的冗余数据，增加数据的一致性，进而提升数据挖掘结果的准确性和挖掘速度。基本的数据集成技术有：模式识别和对象匹配、冗余数据处理、元组重复和数据值冲突的检测与处理等。

7.4.1　模式识别和对象匹配

根据数据集成的定义，不是所有的异构数据源都可以集成。因此，第一个要解决的问题是，两个或多个异构数据源是否可以集成，也就是说，这些异构的数据源中，一定存在一些关键的共同特征才能进行数据集成。能够集成的数据源一定是结构化的，或者至少是半结构化的，而结构化的一般都是关系数据结构。关系型数据库简化为二维表，二维表的列称字段或属性，字段及其特征（如名字、类型、宽度等）的集合称为模式，二维表的一行称

为元组、记录或对象。

通过上述的分析可以得出，两个或多个异构的关系数据库能够集成的前提是，模式（列）有相似处，或者对象（行）有相同特征，这就是模式识别与对象匹配。模式中每个属性（字段）都有元数据信息，包括名字、含义、类型、取值范围、空值处理规则等等。通过认真分析、研究这些元数据，对不同的模式进行识别，找出其共同点和不同点，避免在集成时造成错误。另外，同样运用元数据信息，对属性中的数值进行清洗和变换，使不同数据源中的对象具有某些共同特征，即对象匹配。

7.4.2 冗余处理

微课视频

数据冗余是数据集成要解决的另一个重要问题，具体的数据冗余分为两类。一类是属性（字段）的冗余，即一个属性可以由另一个或另一组属性"导出"，则这个属性可能是冗余的。另外，由于属性（字段或维）的命名规则不一致，也可能导致属性冗余。另一类冗余是对象（记录）的冗余，指的是在数据集中存在重复的对象（记录）。

我们可以通过属性的相关性分析检测属性冗余，标称属性数据，使用 $\mathcal{X}^2$（卡方）检测；数值属性数据，使用相关系数和协方差来评估属性冗余是否存在。

1. 标称数据的 $\mathcal{X}^2$ 相关性检验

两个标称属性 A 和 B 之间的相关性可以用卡方检验发现。假设 A 有 n 个不同的值 $a_1, a_2, a_3, \cdots, a_n$，$B$ 有 m 个不同的值 $b_1, b_2, b_3, \cdots, b_m$。使用卡方检验方法进行属性冗余检测的一般流程是，首先，建立描述数据元组间关系的相依表，相依表由 A 的 n 个不同取值构成列，B 的 m 个不同取值构成行，其中令 (A_i, B_j) 表示属性 A 取值 a_i、属性 B 取值 b_j 的联合事件，即 $(A = a_i, B = b_j)$。(A_i, B_j) 的具体数值（观测频度）表示，属性 A 取值 a_i 同时属性 B 取值 b_j 的对象（记录）个数。然后，依据相依表，计算卡方值。最后，将卡方值与通过查阅卡方检验临界值表得到临界值进行比较，判断属性 A 和 B 之间的相关性。$\mathcal{X}^2$ 值（又称 Pearson X^2 统计量）可以用下式计算：

$$\mathcal{X}^2 = \sum_{i=1}^{n} \sum_{j=1}^{m} \frac{(o_{ij} - e_{ij})^2}{e_{ij}} \tag{7-1}$$

其中，o_{ij} 是联合事件 (A_i, B_j) 的观测频度（即对象或记录个数），而 e_{ij} 是 (A_i, B_j) 的期望频度，可以用式(7-2)来计算：

$$e_{ij} = \frac{\text{count}(A = a_i) \times \text{count}(B = b_j)}{s} \tag{7-2}$$

其中，s 是数据元组（对象或记录）的总个数，$\text{count}(A = a_i)$ 是 A 上具有值 a_i 的元组个数，即相依表第 i 列的和，而 $\text{count}(B = b_j)$ 是 B 上具有值 b_j 的元组个数，即相依表第 j 行的和。(7-1)式中的和要在所有 $n \times m$ 个单元上计算。注意 $\mathcal{X}^2$ 值贡献最大的单元是，观测频度与期望频度差异大，且期望频度较小的单元。

$\mathcal{X}^2$ 的统计检验的一般步骤：首先假设属性 A 和 B 是相互独立的，统计生成属性的相依表；然后利用式(7-2)和式(7-1)计算 $\mathcal{X}^2$ 值，依据自由度 $=(n-1)\times(m-1)$ 和显著性水平 (a)，查阅卡方检验临界值表，确定临界值；最后判断，若卡方值 > 临界值，则属性 A 和

B 相关,否则,则称 A 和 B 是统计弱相关或不相关。

例7-1 利用 $\mathcal{X}^2$ 的标称属性相关分析,进行冗余属性处理。通过调查 500 名学生对音乐(分为流行音乐和非流行音乐)爱好的调查,得到表 7-1 的调查结果相依表,其中括号中的数是期望频率。试判断性别和音乐爱好者两个属性的相关性。

表 7-1 学生音乐爱好材料调查相依表

	男	女	合计
流行音乐	100(36)	80(144)	180
非流行音乐	20(84)	400(336)	420
合计	120	480	600

解:首先假设性别与阅读爱好相互独立,使用(7-2)计算,可以验证每个单元的期望频率。例如,单元(男,流行音乐)的期望频率是:

$$e_{11} = \frac{\text{count}(男) \times \text{count}(流行音乐)}{s} = \frac{120 \times 180}{600} = 36$$

注意,在任意行和列,期望频率的和必须等于该行和列的总观测频率。同理可以计算出 $e_{12} = 84, e_{21} = 144, e_{22} = 336$。最终得到卡方值,其中 (A_1, B_1) 贡献最大为 113.78。

$$\mathcal{X}^2 = \frac{(100-36)^2}{36} + \frac{(20-84)^2}{84} + \frac{(80-144)^2}{144} + \frac{(400-336)^2}{336} = 203.19$$

对于表 7-1(2 × 2 的表),其自由度为(2-1)×(2-1) = 1,在置信水平为 0.001 的条件下,查阅卡方检验临界值表,临界值(拒绝假设的值)为 10.828。由于我们计算的值大于该值,因此我们拒绝性别和音乐爱好独立的假设,并断言对于给定的人群,这两个属性是(强)相关的。

2. 数值数据的相关系数

对于数值型属性数据,由于其取值空间相对标称属性比较大,且取值的个数多(可能有无数个取值),无法进行分类,如果继续制作相依表,可能相依表中绝大部分都是 1,所以不能再使用卡方检验的方法进行相关性检测。此时可以通过计算数值属性 A 和 B 的相关系数,估计两个属性的相关度,相关系数由式(7-3)计算。

$$\gamma_{A,B} = \frac{\sum_{i=1}^{n} (a_i - \overline{A})(b_i - \overline{B})}{n\sigma_A \sigma_B} = \frac{\sum_{i=1}^{n} (a_i b_i) - n\overline{A}\overline{B}}{n\sigma_A \sigma_B} \tag{7-3}$$

其中,n 是元组的总个数,a_i 和 b_i 分别是元组 i 在数值属性 A 和 B 上的取值,$\overline{A}$ 和 $\overline{B}$ 分别是数值属性 A 和 B 的均值(或数学期望),分母是 n 与数值属性 A 和 B 的标准差的乘积。注意,通过式(7-3)计算的相关系数 $\gamma_{A,B}$ 的取值区间是[-1,1]。如果相关系数大于 0,则说明数值属性 A 和 B 正相关,即数值属性 A 值随 B 值的增加而增加。该值越接近于 1,表示相关性就越强(即每个属性蕴涵另一个的可能性越大)。反之,若相关系数小于 0,则说明数值属性 A 和 B 反相关,即数值属性 A 值随 B 值的增加而减小。该值越接近于-1,也表示相关性就越强。而当相关系数的绝对值趋于 0 时,则表明数值属性 A 和 B 是独立的，即它们之间不存在相关性。因此，可以通过相关系数判断两个数值属性的相关性，若存在较强的相关性（不论正相关或反相关），可以将其中的一个属性作为冗余属性被删除。

值得注意的是，通过相关系数可以证明两个数值属性具有相关性（包括正相关和反相关），但不能说明两个数值属性有因果关系，即一个属性的改变是由另一个属性的改变而导致的。存在这种现象的原因是，所选择的两个属性都与第三个属性相关，而第三属性才是导致这两个属性相关（一起变化）的原因。

3. 数值属性数据的协方差

方差一般用来反映一维向量各分量取值的变化规律，而协方差（从字面理解）涉及两个一维向量，自然也能反映两个数值属性之间的相关关系，用来评估两个数值属性是否存在一起变化的关系。

假设，考虑两个数值属性 A、B 和 n 次测量值的集合 $\{(a_1,b_1),(a_2,b_2),\cdots,(a_n,b_n)\}$。$A$ 和 B 的均值又分别称为 A 和 B 的期望，即

$$E(A)=\overline{A}=\frac{1}{n}\sum_{i=1}^{n}a_i \tag{7-4}$$

$$E(B)=\overline{B}=\frac{1}{n}\sum_{i=1}^{n}b_i \tag{7-5}$$

A 和 B 的协方差定义为

$$\mathrm{cov}(A,B)=E((A-\overline{A})(B-\overline{B}))=\frac{1}{n-1}\sum_{i=1}^{n}(a_i-\overline{A})(b_i-\overline{B}) \tag{7-6}$$

注意式(7-6)，平均时用的除数是 $n-1$ 而不是 n，这样会使协方差偏大，更好地逼近总体的标准差，即统计学的"无偏估计"。

通过对相关系数和协方差的表达式进行比较，可以得到式(7-7)，即相关系数等于协方差除以标准差的积。

$$\gamma_{A,B}=\frac{\mathrm{cov}(A,B)}{\sigma_A\sigma_B} \tag{7-7}$$

还可以证明：

$$\mathrm{cov}(A,B)=E(A\cdot B)-\overline{A}\,\overline{B} \tag{7-8}$$

对于两个具有相关性（趋向于一起改变，一起变大和变小，或反之）的两个数值属性 A 和 B，在同一对象（记录）上，如果 A 的值大于 A 的期望，则该对象属性 B 的值很可能大于 B 的期望。此时属性 A 和 B 的协方差为正。反之，则为负。

例 7-2 数据属性的协方差分析。表 7-2 给出了 5 个时间点观测的 A 和 B 两支股票价格，现分析两只股票的相关性。

表 7-2 股票价格表

时间	A	B
t_1	2	4
t_2	3	6

续表

时间	A	B
t_3	4	10
t_4	5	15
t_5	6	20

根据式(7-4)～式(7-6),计算得到如下值:

$$E(A) = \frac{2+3+4+5+6}{5} = 4$$

$$E(B) = \frac{4+6+10+15+20}{5} = 11$$

$$\mathrm{cov}(A,B) = \frac{2 \times 4 + 3 \times 6 + 4 \times 10 + 5 \times 15 + 6 \times 20}{5} - 4 \times 11 = 8.2$$

由于 $\mathrm{cov}(A,B) = 8.2 > 0$,因此可以说 A 和 B 两支股票相关,可同时上涨或下跌。

如果 A 和 B 是独立的(即它们不具有关联性),则属性 A 和属性 B 乘积的数学期望(或均值)等于各自数学期望的乘积,即 $E(AB) = E(A)E(B)$。因此,可以得出协方差 0,即 $\mathrm{cov}(A,B) = E(A \cdot B) - \overline{A}\overline{B} = E(A) \cdot E(B) - \overline{A}\overline{B} = 0$。但是,其简单的逆并不成立,如存在两个随机变量(属性),该对属性可能具有协方差为 0 结论,但它们只可能在某种附加(如数据遵守多元正态分布)的假设下,是相互独立的,否则不存在独立性。因此,只能说明协方差 0 含独立性,并不能唯一判别独立性。

以上讨论的都是属性间的冗余检测以及去除冗余的方法。此外,还应当在元组级检测重复,即元组重复问题。在一组实体数据中,存在两个或多个相同的元组,就会产生数据的不一致性(对象或记录重复)。造成这种数据不一致性的主要原因是在数据库各种不同的副本之间不正确的数据输入;或者是更新了数据库的某些地方,但未更新所有的数据。

7.4.3 数据值冲突的检测与处理

数据集成是将拥有不同结构、不同属性的数据库进行整合、归纳的过程。由于不同的数据源定义属性时的命名规则不同,存入的数据格式、取值方式、单位等都会有所不同,这些因素都会引起数据值冲突问题。因此,数据集成过程必须予以重视。

数据集成的各种数据源,一般存储在数据库中,而数据库由存储的数据和数据库的模式所定义。因此,数据值冲突可以分为两个层次:一是模式层次的冲突,二是数据层次的冲突。对于这两种冲突可以采取不同的检测和处理方法。

1. 模式层次上的冲突

由于不同的数据库设计者,在定义数据库的模式时,采用了不同的定义方法和原则,造成数据在模式层次上冲突,从而产生数据的不一致性,主要有以下几种。

(1)命名冲突。不同的数据库模式设计者对数据库模式的实体类、关系或者属性等元素,在命名时采用了不同的规则,致使同一元素拥有不同的名称。

（2）实体标识冲突。在不同的数据库当中，对于实体（对象或记录）的唯一标识（主键或主码）采用了不同的属性或属性组合，因此造成实体标识冲突。

（3）模式分化冲突。在不同的数据库当中，同一个概念（实体类）被用不同的属性或属性组合来表示，有时不同的表示甚至相互矛盾，由此造成的冲突称为模式分化冲突。

（4）聚合冲突。当一个数据库中的一组实体类，被另一个数据库用不同的若干个类的聚合来标识时，造成一个数据库某一类是另一个数据库的一个子类。

2. 数据层次上的数据冲突

数据层次上的数据冲突主要有：

（1）数据类型冲突。当两个属性具有不同的数据类型时，就会发生数据类型冲突。例如数据集包含的"性别"属性，一个数据集定义的一位整型，而另一数据集可以定义为一位字符型，出现数据类型冲突，这种数据类型冲突一般都可以通过一对一的映射来解决。

（2）数据格式冲突。当两个数据集具有相同数据类型且宽度（位数）也相同，但每一位数值的含义不同，即具有不同的数据格式的时候，将发生数据格式冲突。最典型的例子是"日期"这一属性，不同国家或地区人们的习惯不同，可以表示"DD/MM/YYYY""YYYY/MM/DD""YYYY-MM-DD"等各种形式。这三种形式之间的映射也是一对一的。

（3）数据单位冲突。不同数据集中的两个属性含义和类型都相同，但由于采用不同的测量方法或者计量单位，造成具体的数值不同，产生数据单位冲突。例如"时间单位"可以是"分"，也可以是"秒"等。这些单位之间都有确定的换算公式，所以这类冲突是很容易处理的。

（4）数据精度冲突。不同数据集中的两个属性具有相同的含义和类型，但当采用不同的数据精度时，也会发生数据精度冲突。一般的这类冲突也都可以通过一对一的映射来解决。

（5）缺省值冲突。在不同数据库中，对有相同性质的某个属性默认值（缺省值）有不同的定义。当都采用默认值时，会发生默认值冲突。处理的方法一般采用数据清洗或替变。

（6）属性完整性约束冲突。在两个要集成的数据集中，两个对应（匹配）的属性若有的相同完整性约束条件，不发生冲突；如果被两个不同的限制条件约束时，就会发生属性的完整型约束冲突。有些冲突可以解决，比如在某一个数据库中"年龄"的约束是"＞＝16"，而在另外一个数据库中的约束是"＞＝8"容易解决。而有些冲突是不易解决，比如两个属性的编码规则以及编码位数等都不同，此时只能判定两个属性不匹配。

7.5　本章小结

数据清洗与数据集成是大数据预处理的重要组成部分。数据清洗主要解决数据的完整性、一致性、准确性和时效性等问题，可以通过缺失值填充、数据光滑处理、检测纠偏等技术实现。数据集成指的是将各种底层数据源进行合并、整合的过程，其面临的主要问题有：字段含义、字段结构、字段冗余、记录重复、数据冲突等。数据集成有 4 种方式，主要技术包括：模式识别和对象匹配、数据的冗余处理、数据冲突的检测预处理等。

习题

1. 数据清洗可以解决哪些数据质量问题？

2. 在进行数据清洗之前，有哪些准备要做？ 为什么？

3. 数据清洗有哪几个步骤？

4. 数据清洗中，有关缺失值的处理技术有哪些？

5. 光滑噪声数据处理技术有哪些？

6. 对于如下的数值序列：2,3,5,6,9,11,15,20,25,26,30,32。试采用等宽（3 等分）分箱技术和边界替换方法，写出分箱结果和替换后的数值。

7. 数据集成能够解决哪些问题？

8. 说明表 7-3 的客户信息中，存在哪些数据冗余？

表 7-3 客户信息表

客户编号	姓名	Female	性别	月薪/元	年收入/元
2031001	张三	0	男	5000	60000
2030123	李四	1	女	4500	54000
2031002	王五	1	女	3000	36000
2030012	赵刚	0	男	4000	48000
2030012	赵刚	0	男	4000	48000

9. 计算表 7-4 中，属性 A 和 B 的协方差及相关系数，并判断其相关性。

表 7-4 属性 A 和 B 的对照表

时间	A	B
t_1	4	3
t_2	5	6
t_3	8	10
t_4	10	15
t_5	15	20

第 **8** 章

数据归约与变换

本章学习目标
- 熟练掌握数据归约技术及数据归约的基本方法；
- 熟练掌握数据变换内容、意义及常用的数据变换技术。

本章先向读者介绍数据归约的基础知识，包括：数据归约的概念、策略、特点等，详细讲述 6 种数据归约技术及方法。然后介绍数据变换的基础，详细讲述数据变换的 3 种技术及多种变换方法。

8.1 数据归约基础

根据对大数据应用系统的基础技术要求，首先我们需要从一个数据仓库中提取到相应的数据，而这种海量的数据集很有可能非常庞大，对于海量的数据信息进行分析以及数据挖掘的费用非常高，而且工作耗时相对较长，使得该技术的应用不易实现。

对于小型或者中型的数据集，一般来说，传统的数据预处理技术就足够了。然而，对于真正规模较大的数据集，在开始充分运用数据挖掘的技术之前，更有可能选择采取中间、额外步骤——数据归约。数据归约主要是指在尽量保持数据原貌的基础上，最大限度地减少其数据量（而且完成这一任务的必要前提就是了解挖掘任务，且熟悉其数据本身的内容）。

利用数据归约技术能够得到一个原始数据集的归约表示，虽然其规模很小，但还是能够较大程度地保持其中一些原始资料的完整。因此，在经过数据归约处理后的数据集上，进行大数据的分析、挖掘将会更加节约时间，并且可能得到更加精准的分析结果。

8.1.1 数据归约策略

一般情况下,在大数据分析、挖掘前,需进行基本的数据归约工作。数据归约操作包括三个基本步骤:一是删除部分属性(列)——维归约;二是删除部分元组(行)——数量归约;三是压缩数据集中数据的存储量——数据压缩。但是,首先应该明白在这些运算过程中会获得与失去的信息,需要对下面所有参数都进行全面的对比分析。

(1) 计算时间。数据归约策略首要考虑的是计算时间问题,首先要估计数据归约所需花费的时间,然后再减去在数据挖掘时可节约的时间,如果结果为负数,则数据归约是有效的。

(2) 预测/描述精度。估计由于数据归约,对数据挖掘或分析精度的影响,是否保持了原始数据的完整性和其他数据质量因素。

(3) 数据挖掘模型的描述。对原始数据集的归约表示是否更适合于数据挖掘或分析模型,得到更简单的模型描述,从而更好地理解这样的模型。

数据归约处理的结果应符合以下要求:

(1) 数据量少,使数据挖掘算法学习速度更快;

(2) 更高的数据分析和挖掘的处理精度,以便从大量的数据中分析总结得出模型;

(3) 数据挖掘处理结果简单,便于使用;

(4) 较少的特征,以便在下一轮数据采集中,去掉多余的或不需要的特征,减少工作量。

8.1.2 数据归约算法的特点

数据归约算法解决的主要问题是在不降低结果质量的前提下,判断是否丢弃了一些已准备和已预处理的数据。在实践中,大数据的属性特征数量可以达到数百个,如果只能用上百个样本进行分析,就需要进行适当的"降维"——维归约,挖掘出可靠的模型或使其实用。另一方面,若数据集中包含太多的属性(高维度),将导致的数据过载,会使一些大数据分析、挖掘的算法(模型)崩溃不可用。因此,在大数据分析、挖掘前,必须进行数据归约操作(包括"降维""降量")。一般的数据归约算法应具备以下特点:

(1) 可测试性。利用归约后的数据集,可以准确地确定近似结果的质量。

(2) 可识别性。在数据挖掘程序应用之前,进行数据归约算法运行过程中,很容易确定近似结果的质量。

(3) 统一性。计算结果的质量是时间和输入数据质量的非递减函数,因为算法往往是迭代的。

(4) 一致性。计算结果的质量与计算时间和输入数据的质量有关。

(5) 收益递减。归约方案在计算初期可有较大改进,但随时间递减。

(6) 可中断性。算法可以随时被停下来,并给出所需的答案。

(7) 优先权。算法可以被暂停,并以最小的开销重新开始。

8.1.3　数据归约的一般方法

通用数据归约方法主要有维度归约、数量归约和数据压缩，见图 8-1。

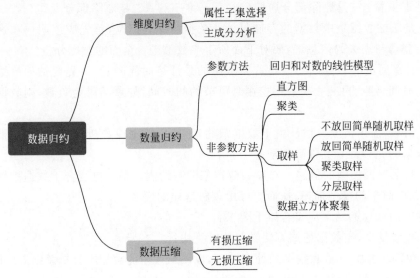

图 8-1　数据归约方法分类

1. 维度归约（dimensionality reduction）

维度归约（降维）指的是通过主成分分析、属性子集选择等方法，减少数据集中的随机变量或属性的个数，把"较大"的原始数据变换或投影到"较小"的空间。最简单的维归约方法是直接选取属性或者属性子集。另外，可以通过检测各属性（随机变量）之间的相关性，根据属性间的相关性，直接删除无关属性、弱相关属性或者冗余属性，实现降低数据集的属性数（维度）。

2. 数量归约（numerosity reduction）

数量归约是指通过某些方法，获得对于原始数据精简化或者压缩的表示，包括参数方法和非参数方法。参数法主要包括：回归、对数线性模型等，参数法使用模型来估计数据集中的数据，所以，一般只需要存储模型的参数而不必要保存全部实际数据（也可能存储个别的离群值）；非参数方法一般包括直方图法、聚类分析法和数据立方体聚集法等。

3. 数据压缩（data compression）

数据压缩是指利用数据编码或数据转换等方法，获得对于原始数据精简化或者压缩的表示。如果我们能从压缩后的数据中进行重构得出一个原始的数据而不会丢失信息，这个数据压缩称为无损压缩；若仅仅只能通过近似地重建一个原始的数据，则称为有损压缩。

微课视频

8.2 数据归约技术

8.2.1 小波变换

1. 小波变换原理

DWT(小波变换)技术已成功地应用在数据归约领域,一个数据集中的所有属性被认为向量模型 X,将其转化成不同的数值小波向量 X^*。这两个向量之间具有同等长度。将该技术应用到数据归约时,每一数据元组可以视为一个包含 n 个数据的向量,即函数 $X = (x_1, x_2, \cdots, x_n)$,描述各数据元组上面的 n 个属性值。

虽然小波变换后的向量维数保持不变,但小波变换后只是存储了少数部分最强的小波系数,可以继续保留近似和压缩后的信号。如果在模型中保留了大于用户自己设定的阈值的小波系数,不满足时被设为 0,就可以有效地利用该数据的稀疏性进行计算。小波变换技术有效地消除了噪声。给定一组系数,利用 DWT 的逆变换方法来构造原始数据近似。

DWT 与 DFT(离散傅里叶变换)之间似乎有着紧密的关系。DFT 是一种主要专门用于处理涉及接收到音频正弦、余音等噪声信号的音频处理技术。一般而言,DWT 也被广泛认为是一种有损压缩技术。对于给定的原始数据向量,如果任何 DWT 和如果 DFT 都一样会同时保留相同数目的近似系数,DWT 将为其数据提供了对一个原始数据更精确的近似。虽然两种变换的结果相似,但是 DWT 比 DFT 需要的空间少了很多。与其他 DFT 空间相比,小波浪形空间的一些局部细节特征性相当良好,可以有效帮助我们保留空间局部的一些细节。

2. 小波变换算法

DWT 采用"金字塔"算法,即将每一个迭代过程中的数据进行减半,因此,该算法的迭代速度快。流程如下:

(1) 假设数据向量的维度为 n,确定向量长度 L(要求 L 是 2 的整数幂,且是大于或等于 n 的最小整数),若 $L > n$,在原数据向量后添加 $L-n$ 个 0,输入该长度为 L 的数据向量。

(2) 每一次的小波变换都要应用两个函数,其中之一是数据平滑函数,如求和或加权平均函数等;另一个是数据细节特征提取函数,如加权差分函数。

(3) 两个函数作用于 X 中的数据点对,即作用于所有的测量对 (x_{2i}, x_{2i+1}),生成出两个长度为 $L/2$ 的数据子集。

(4) 重复执行第(3)步,直到最终得到的数据子集长度为 2。

(5) 把从上述替换数据集当中所选取的值,作为数据变换时的小波系数。

8.2.2　主成分分析

1. 主成分分析的基本思想

主成分分析（principal components analysis，PCA）也称主分量分析，其主要目的是通过利用主成分降维思想，将多个指标转换成少数几个具有综合价值的指标（也就是主成分）。每个主要的组成部件都可以能够直接地反映出一个原始变量中的绝大部分信息，各成分所包括的信息之间彼此不可以相互重复。

该方法不仅引入了许多变量，而且把复杂的影响因素归结成几个重要的主成分，简化了模型复杂问题，获得更加科学有效的数据信息。

2. 主成分分析原理

假设一个给定数据向量 $\boldsymbol{X}=(x_1,x_2,\cdots,x_n)$，该向量可能是线性相关的。PCA 变换就是通过线性变换，把这一组相关向量转化成另一组不相关的向量 $\boldsymbol{Y}=(y_1,y_2,\cdots,y_k)$（其中 $k\leqslant n$），向量 $\boldsymbol{Y}$ 中的属性互不相关。所得到的互不相关属性，称为主成分（主分量）。因此，通过 PCA 变换可以将原始数据投影到一个小得多的数据空间，实现维度归约。

PCA 的基本原理就是通过计算 k 个标准的正交向量，称为一个个主分量，所有的输入数据可以表示成若干主分量的线性组合；然后将所有的主成分都按强度下降顺序进行排列，去掉较弱成分，使属性数据实现归约。因为使用强主成分能够对原始数据进行重构或近似重构，因此，PCA 往往能发现数据的隐藏特征，并给出不寻常的数据解释。

3. 主成分分析的基本操作流程

（1）去平均值，即每一个特征值减去该向量的平均值。

（2）计算协方差矩阵，协方差的计算方法如式（7-6），协方差矩阵的计算方法如下：

$$C_{n \times n}=(c_{i,j},c_{i,j}=\mathrm{cov}(\mathrm{Dim}_i,\mathrm{Dim}_j)) \tag{8-1}$$

其中，$C_{n \times n}$ 表示一个 $n \times n$ 的矩阵；$c_{i,j}$ 表示矩阵的每一个元素；$i,j=1,2,\cdots,n$；Dim_i 和 Dim_j 分别表示的是数据集中的第 i 个和第 j 个属性；而 $\mathrm{cov}(\mathrm{Dim}_i,\mathrm{Dim}_j)$ 表示第 i 个和第 j 个属性的协方差。因此，协方差矩阵是一个对称的矩阵，而且对角线是各个维度（属性）的方差。

（3）计算协方差矩阵的特征值 $\lambda_1,\lambda_2,\cdots,\lambda_n$ 与特征向量 $a_1,a_2,\cdots,a_n$。

（4）对特征值从大到小排序。

（5）然后，选择保留最大的前 k 个特征向量，选择的依据是前 k 个向量的特征值的累积特征贡献率大于 85%（或更高）。累积特征贡献率（$G(k)$）的计算公式如下：

$$G(k)=\frac{\sum_{i=1}^{k}\lambda_i}{\sum_{i=1}^{n}\lambda_i} \tag{8-2}$$

（6）用选取的特征向量构造新属性，第 m 个新属性 F_m 的构建方法如下：

$$F_m = a_{m1}X_1 + a_{m2}X_2 + \cdots + a_{mn}X_n \tag{8-3}$$

其中，$a_{m1}, a_{m2}, \cdots, a_{mn}$ 是第 m 个特征向量对应的各个分量，而 $X_1, X_2, \cdots, X_n$ 是原数据集（或原向量）的第 1 到第 n 个属性（或分量）。

4. 主成分分析的简单示例

假设二维数据为 olddata：

	1	2
1	10.2352	11.3220
2	10.1223	11.8110
3	9.1902	8.9049
4	9.3064	9.8474
5	8.3301	8.3404
6	10.1528	10.1235
7	10.4085	10.8220
8	9.0036	10.0392
9	9.5349	10.0970
10	9.4982	10.8254

（1）取平均值。计算每一维特征的平均值，并去除平均值，计算出均值为：

	1	2
1	9.5782	10.2133

去除均值后的矩阵为 dataAdjust 为：

	1	2
1	0.6570	1.1087
2	0.5441	1.5977
3	−0.3880	−13083
4	−0.2719	−0.3659
5	−1.2481	−1.8729
6	0.5746	−0.0898
7	0.8303	0.6087
8	−0.5746	0.1741
9	−0.0434	0.1163
10	−0.0800	0.6122

（2）计算 dataAdjust 的协方差矩阵 dataCov 为：

	1	2
1	0.4298	0.5614
2	0.5614	1.1036

（3）计算 dataCov 的特征值与特征向量，其中，特征值为：

	1	2
1	0.1120	1.4214

特征向量为：

	1	2
1	−0.8702	0.4926
2	0.4926	0.8702

（4）对特征值进行排序，由于本例只有两个特征值（属性），结果很显然。

（5）选择最大的那个特征值对应的特征向量为：

2
0.4926
0.8702

（6）转换到新的空间：

	1
1	1.2885
2	1.6584
3	−13297
4	−0.4523
5	−2.2447
6	0.2049
7	0.9388
8	−0.4346
9	−0.1226
10	0.4933

PCA 方法对有序的还是无序的数据集都能进行归约处理，并且对稀疏和倾斜数据的归约处理也是有效的。另外，可以以主成分为基础，结合多元回归及聚类分析方法，对多于二维的多维数据集进行归约处理。有关 PCA 更详细内容，请参考 SPSS（Statistical Product and Service Solutions，统计产品与服务解决方案）软件的相关资料。

8.2.3 属性子集选择

现实世界中的大型数据集通常都包含数百个属性，其中大多数的属性都可能与数据挖掘任务的完成无关，或者说是冗余的。比如分析客户年收入水平，对客户进行分类时，客户的姓名、电话、联系方式等数据大多无关紧要。尽管领域专家可以使用经验来选择相关属性，但工作量巨大且耗时较长，在数据含义不是很清楚的情况下缺点更为明显。缺失有关属性或遗漏留下无关的属性都可能导致大多数数据开发算法无所适应，甚至产生偏差。由于弱相关、不相关和冗余的属性数据都增大数据量，不但会占用大量的存储空间，而且会大大降低对数据的分析、挖掘速度。

1. 属性子集选择原则

属性（特征）选取是指通过删除若干个无关或冗余的属性来大大减少维数和数据量，其目标是在一个"大"（维数或属性过多）的数据集中，定位一个最"小"的属性集，使得"关心"的数据的概率分布，尽量接近于原数据集的原始分布。简单来说，就是从所有特征属性中选取一个维数最少的子集，使构建模型的运行速度更快、计算精度更高，且数据分析和挖掘结果更容易理解。

属性子集选取的一般流程通常包括建立子集集合、构造评估函数、构造停止准则、验证结果的有效性等几个步骤。

2. 属性选择的启发式方法

对于属性子集选择来说,寻找一个最优的属性子集显然是至关重要的。但是,对于有 n 个属性的数据集,有 2^n 个可能的子集。因此,采用直接穷举法搜索每个子集的方法显然是不现实的。所以,一般的属性子集选择方法,需要考虑采用一种用于压缩和自动搜索属性空间的启发式选取算法,可以进行基于局部最佳化的函数选取,得到一个基于全局最优化的选取解,或者进行近似最优化的选取解。

对属性子集选择的评估,可通过统计显著性的检验方法来进行确定。统计显著性的检验前提是:假设各属性是互相独立的。另外,也可以通过使用属性评估的方法来对所选属性进行评估度量,例如分类决策树中所使用的信息增益度量方法。属性子集选取的基本启发式计算方法主要有:逐步向前选择、逐步向后删除、逐步向前选择和向后删除的组合和决策树归纳方法等,见图 8-2。

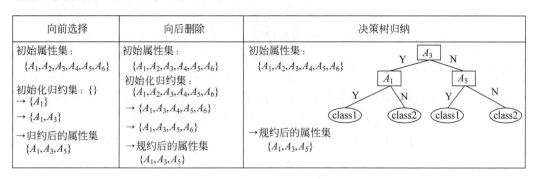

图 8-2　属性子集选择的基本启发式方法

（1）逐步向前选择:以一个空的属性集作为归约集的开始,确定原来的属性集中的一个最佳属性,将其添加到归约集中。在后续的每次迭代中,将所有剩余的原来属性集中的最佳属性再次添加到这个集中,直至满足需求。

（2）逐步向后删除:从整个属性集开始,逐个删除尚在属性集中最差的属性,直至满足需求。

（3）逐步向前选择和向后删除的组合:将逐步向前选择和逐步向后删除方法结合在一起,每一步选择一个最好的属性,并在剩余属性中删除一个最差的属性,直至满足需求。

（4）决策树归纳:决策树算法,如 ID3、C4.5 和 CART 等,构造了一个类似于数据流程图的数据结构,其中每个内部(非树叶)预测节点都分别代表了对一个最优分支节点属性的一次测试,每个预测节点分别对应一个分支测试后的结果;每个外部(树叶)预测节点都分别代表一个最优预测数据类,在每一个预测节点上,算法会自动选择最优分支属性,并将这些最优数据类细分为不同的预测类。

当采用决策树的归纳法作为对属性子集进行选择的工具时,决策树通常是由一个给定的数据组合而成。没有出现在树中的属性认为是不相关的,出现在树中的属性认为是

（强）相关的，构成归约后的属性子集。

上述方法的终止和结束条件各不相同，可以通过使用度量阈值决定什么时候要停止进行属性选取的过程。

3. 属性构造

在某些应用场景下，可以根据具体需求，由已知的某些属性构造一些新的属性。属性构建方法能够大大增强数据分析和挖掘的准确度及加深对高维数据结构的认识程度。通过分析组合属性和构成属性，可以找出数据属性之间相互联系以及不完全或缺失的信息，这对于知识的分析和发现来说也很有用。

例如，在进行防窃漏电诊断建模时，已有的两个基本属性分别是供入电量、供出电量。理论上，理论上供入电量＝供出电量，但是，在电源传递过程中，由于电源有一定的损耗，使得供入电量＞供出电量。如果在这条线路上存在一个或多个用户有窃漏电行为，就会使得供入电量远大于供出电量。为了准确地判断出输电过程中是否存在有大型用户偷电或者漏电，需要构造一个新指标——线损率（供入电量减去供出电量的差比上供入电量），这一过程即构建属性。一般情况下，线损率一般控制在 $3\%\sim15\%$，如果远远地超出了这个区间，就可以确定这条线路上的一些大用户很有可能出现窃电、漏电等不良行为。

8.2.4　回归和对数线性模型

一元（或多元）线性回归和对数线性模型都属于参数化数据归约方法，即使用一个参数模型来评估实际的属性数据。该方法只需要存储模型参数，而不是实际数据。因此，参数化数据归约方法可以大大减少数据量，但只对数值型的数据进行归约时有效。

1. 线性回归和多元回归

在一元（或简单）线性回归中，数据集中的两个属性数据被模型拟合成一条直线。例如，将一数值属性 Y（因变量）表示为另一数值属性 X（自变量）的线性函数：$Y=wX+b$，其中，w 和 b 称为回归系数，表示的是一条直线的斜率及在 y 轴的截距。Y 和 X 都是数值型的数据库属性，且回归系数 w 和 b 可用最小二乘法求解。此后只需要保存 w 和 b，对于任意的 X，都可以通过计算得到 Y，而不用保存所有 Y 的值。多元回归法就是线性回归的一种扩展，它允许因变量 Y 使用两个或多个自变量的线性函数进行建模，此刻 $Y=a_1X_1+a_2X_2+\cdots+a_nX_n+b$。

2. 对数线性模型

对数线性模型（log-linear model）可以用于近似离散的多维概率分布数据。给定一个 n 维元组的一个集合，每个元组都是可以被认为是 n 维空间的一个节点。对于一个离散的基于较小维数组合的属性集，可以考虑采用对数线性模型来估计多维空间中各点的概率，这种方法使得高维数据空间能够由较低的维数据空间组合而构造。因此，对数线性模型还可以广泛应用于降维（因为低维空间中的聚集点往往比原始的数据点所占用的空间要少）和数据平滑（因为低维空间中的聚集估计受采样时间变化影响较小）。对数线性模

型表示为 $\ln Y = b_1 \ln X_1 + b_2 \ln X_2 + \cdots + b_n \ln X_n + \mu$。

稀疏(概率分布不均匀)的数据分析与挖掘,可采用线性回归和对数线性模型进行数据归约。线性回归有助于处理倾斜式(概率分布既不均匀,又不正态分布)数据。对于高维的数据,采用对数线性模型进行归约,归约效果表现得比较好,甚至可以延伸到十维左右。

8.2.5 直方图

直方图是一种较广泛流行的近似表示数据的归约方法,它利用分箱技术来近似和简化数据分布。如属性 A 的直方图(histogram)表示,就是将 A 的数据分布划分为互不相交的若干个子集或桶。如果每个子集或桶仅仅被用来表示单一属性值/频率对,则该桶称为单值桶;否则,称为多值桶。

直方图大致可以细分为两类,分别是等宽直方图和等频(等深)直方图。等宽直方图,即每个子集或桶所包含数据宽度(或区间)都大致相等;而等频(或等深)直方图,即每个子集或桶包含了大致相同个数且相邻的数据源样本。在现实中,无论是稀疏或密集,以及无论是高度倾斜或均匀变化的数据,直方图数据归约方法都通常是有效的。

例 8-1 下面的数据是某商店销售商品的单价表(已排序):1,1,5,5,5,5,5,8,8,10,10,10,10,12,14,14,14,15,15,15,15,15,15,18,18,18,18,18,18,18,18,20,20,20,20,20,20,20,21,21,21,21,25,25,25,25,25,28,28,30,30,30。要求画出这组数据的等宽直方图。

首先对这组数据进行单值桶的数据统计,每个桶只代表一个值,共有 13 个值(原数据有 32 个值),统计每个桶内的数据频度。最后画出图 8-3。

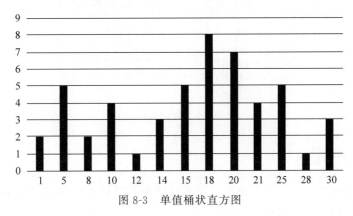

图 8-3 单值桶状直方图

为了进一步地压缩这些数据,通常每个桶用来表示一个给定属性的连续值。在例 8-1 中,每个桶的宽度可以定义为 10,分别为 1~10、11~20、21~30,分为 3 个桶。

同样,可以使用等频(等深)直方图来压缩数据。

单属性直方图可以扩展到多属性,多维直方图不仅可以进行数据归约,还能够准确显示各个数据属性之间的各种相互依赖函数关系,见图 8-4。

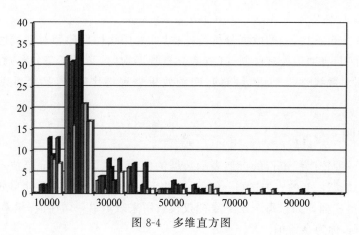

图 8-4　多维直方图

8.2.6　数据立方体聚集

1. 简单的数据聚合

在对现实世界数据进行采集时，采集到的往往并不是用户感兴趣的数据，因此需要对数据进行聚集。例如，企业的销售数据，采集到的可能是每个季度的销售额，而用户感兴趣的是年销售数据，这就需要对数据进行汇总，得到年销售数据。图 8-5 为数据聚集过程。数据聚集可以减小数据量，但是又不会丢失数据分析所需的信息。

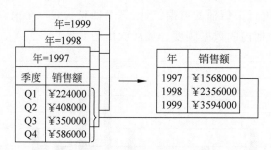

图 8-5　聚合过程

2. 数据立方体概念

数据立方体主要是对于一个数据进行多维度的建模和表达，由各个维度、各个维度的成员和各个成员的测量值所构造，见图 8-6。

（1）维度：观测数据的角度。

（2）维度成员：维度值。

（3）测量值：实际值。

数据立方体模型是一种基于用户多维度的数据模型，它通常可以同时允许一个使用者从多个维度进行建模和同时观测多个物理数据。现实世界中的关系数据库是数据的二维表示，是由行和列组成的表。数据立方体虽然是二维表的多维扩展，但是数据立方体并

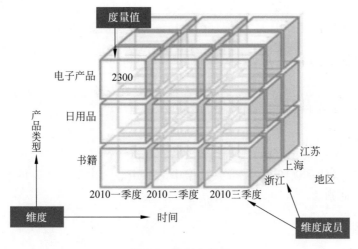

图 8-6 数据立方体

非仅仅局限于三维。大部分的联机分析和处理(OLAP)系统可以直接构建一个具有多维度的数据立方体。例如,Microsoft 的 SQL Server 工具可以允许多达 64 个维度数据立方体提供了对预先计算好的汇总数据快速存储访问,适合于企业互联机数据分析和其他大规模商业数据分析挖掘。

3. 数据立方体聚集

用于在最低抽样层上所创造的立方体叫作基立方体(base cuboid)。基立方体应与自己感兴趣的个体相适应,最高级别的抽象立方体被统称为顶点立方体(apex cuboid),例如汇总值。数据立方体聚合是将 N 维数据立方体聚合成 N−1 维数据立方体,见图 8-7。

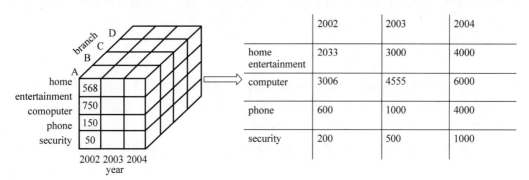

图 8-7 数据立方体聚集示例

8.3 数据变换基础

数据变换常被应用于对数据进行预处理,通过对大数据进行相应的变换操作,将各数据的概率转化为正态分布,可以消除数据之间的维度问题,使得数据显示出来更富有规律,这样模拟建模结果就会更加准确。数据变换主要的目标就是对数据进行标准化的处理,将数据转换为"合适"的形式,以满足挖掘任务和算法的需求。

8.3.1 数据变换内容

数据变换方法就是对数据进行变换或者合并,形成一种适合于数据分析、挖掘处理的描述形式。数据变换主要由以下几个方面组成。

1. 光滑处理

光滑处理的目标是去除,存在于大数据中的噪声。其中最为主要的技术手段是 bin 法、聚类法以及回归法。

2. 数据聚集

数据聚集变换是大数据预处理的一种方法,主要包括:数据的汇总、聚集、降维等操作。例如,每天的数据经过汇总操作可以获得每月或每年的总额。数据聚集变换常用于构造数据立方体或对大数据进行多粒度分析等。

3. 属性构造

属性构造也称特征构造,根据已有属性集构造新的属性,以帮助提高数据分析、数据挖掘等处理过程的速度和精度。

4. 数据规格化

数据规格化处理是将取值范围较大、变化规律差的数值型属性数据,按照一定的变换规则,投射到特定的小范围之内。例如,工资收入这个属性的数值从几千到几万,甚至几十万,可以映射到 0.0 到 1.0 范围内。

5. 数据离散化

对于连续数据的离散化就是指把连续的数值型属性转换成分类的离散属性,即对连续的属性数据进行分类离散。连续数值属性的数据离散化,就是首先在所有取值范围内分别设置若干个离散的划分数据点,将所有取值区间分别规划成若干个离散的数据区间,最后可以使用不同的数值符号或者使用相应的整数值来分别表示该数据落在各自的子数据区间内。

6. 数据泛化

数据泛化主要是一种指利用概念进行分层的方法,用更抽象(或者说是更高级)的概念来代替底层或者数据层的大量数据对象。例如,街道的属性可以泛化为一个包括城市、国家等更高级的,用数值型数据表示的概念,又如年龄这一数值属性,可以映射到更高层次的概念,如年轻、中年和老年等离散性属性。

8.3.2 数据变换的意义

1. 消除数值属性偏差过大问题

归一化(规范化)就是将取值范围大,且没有规律的属性数据投射到一个特定的范围内,如[0.0,1.0]。这种数据变换可以消除属性数据在数值上大小不一(偏差太大)、数据挖掘模型复杂等问题,并且可以提高数据挖掘的效率以及挖掘结果的精度。它常被广泛应用在神经网络,基于距离计算的最近相邻分类以及聚集式挖掘等大数据的预处理中。对于神经网络来说,使用归一化的数据不但可以帮助保证其学习成果的准确性,而且还可以帮助提高其学习效率。另外,在基于距离计算为基础大数据挖掘时,由于不同属性值的偏差太大,会导致挖掘结果不公平的情况,而归一化变换会很好地解决这些问题。

2. 提升模型的收敛速度

比如属性 x_1 的值一般是 $0\sim2000$,而属性 x_2 的值一般是 $1\sim5$,如果假设只有这两个属性特征,那么我们在设计和优化的过程中,会使我们得到一个狭窄的椭圆,导致当我们在梯度上有所下降时,在这个梯度上垂直于轮廓线的方向上就会出现一条锯齿状的路线,这样就会使迭代速度变慢。相比之下,如果把 x_1 和 x_2 都归一化到[0.0,1.0]的区间,迭代速度就快了。

3. 提升模型的精度

归一化的另一个优点是它可以大大改善预测或挖掘的精度。当我们涉及一些与距离相关的计算算法时,例如,算法需要用欧氏距离进行计算,在上述例子中 x_2 的取值区间范围相对较小,在进行涉及距离的计算过程中对于结果的影响远小于 x_1,因此这个区间会直接造成计算精度的降低。因此,归一化是必要的,它可以使每一个特征在结果上的贡献是一样的。

4. 防止模型梯度爆炸

梯度式爆炸是一种泛指由于神经网络在训练的过程中,所产生的积累误差不断变大,导致模型的权值变化显著,这会直接导致这个模型的不稳定,没有办法充分运用所需要的训练资料来进行学习。将深度学习系统中的数据进行归一化之后,就能够有效地防止数据模型发生梯度式爆炸。

5. 改变数值数据的分布状态

许多的数据分析和挖掘模型都主要是基于数据的正态分布,而采集得到的数据往往并非完全具备这一特性,因此我们就需要针对其中的原始数据进行一些简易的函数转化和变换。简单的函数转化就是指对原来的数据做数学转化。常见的函数变换方式主要有平方、平方根、对数、差分运算等,即通过常用简易的函数转化变换把非正态分布的数据属性转化为正态分布的数据属性。

8.4 数据变换技术

8.4.1 规范化变换

对大数据进行规范化(也称为归一化)处理是大数据开发和挖掘的基本工作。对不同事物的评估指标常常会有不同的量纲,数值之间可能差异很大,不对这些差异很大的数据进行预处理可能影响到数据分析结果的准确性。为了消除属性指标之间不同量纲和取值范围差异过大对数据挖掘的影响,需进行标准化的处理,按照一定的比例对数据进行缩放,使其落到特定的区域,便于以后的综合分析和处理。

1. 最小-最大规范化

最小-最大规范化,又被称为数据标准化,是对于一个原始数据的一种线性变换,使所有的原始数据都被映射在$[0,1]$之间。假设A是某一数值属性,具有n个观测值x_1,$x_2,\cdots,x_n$,我们令$\min_A$和$\max_A$分别为属性A所取数值中的最小值和最大值。最小-最大规范化计算方法如下:

$$x_i' = \frac{x_i - \min_A}{\max_A - \min_A}(\text{new}_{\max} - \text{new}_{\min}) + \text{new}_{\min} \tag{8-4}$$

其中,$\text{new}_{\min}$和$\text{new}_{\max}$分别是新区间的最小和最大值。最小-最大规范化保留了原来数据中存在的关系,是消除量纲和数据取值范围影响的最简单方法。

该方法的缺点是:如果大部分数据过于集中,且个别数据过大,这将使得规范化后的数据大部分会非常接近0,且差别不大。另外,如果以后有超出当前属性取值范围的数值,就可能会导致造成一个系统的错误,就需要再次确定$\min$和$\max$。

2. 小数定标归一化

小数定标规范化主要是指通过移动属性值的小数位数进行规范化的方法,将所有的属性值都映射到$[-1,1]$之间,规范化过程中,移动的小数位数取决于属性值中最大的绝对值。属性A的某一数值x_i规范为x_i'的计算公式为

$$x_i' = \frac{x_i}{10^j} \tag{8-5}$$

其中,j是指使得$\max(|x_i'| < 1)$的最小整数。

例 8-2 假设某一属性A的取值范围为$-678\sim456$,试用小数定标规范化方法规范-678和456。

解:属性A的最大绝对值为678,因此,使用小数定标规范化方法时,$j=3$,即每个值除以1000,所以,-678和456被规划为-0.678和0.456。

3. 零-均值规范化

零-均值规范化又被称为z分数规范化,它是一种基于对属性A的平均值和标准差的规范化方法,规范化后的属性数据的平均值等于0,标准差等于1。它被认为是目前应

用最广泛的一种数据标准化技术。若属性 A 的某个取值 x_i，则零-均值规范化的计算公式表示如下：

$$x'_i = \frac{x_i - \overline{A}}{\sigma_A} \tag{8-6}$$

其中，$\overline{A}$ 和 σ_A 分别为属性 A 的原始均值和标准差，该规范化方法适用于属性 A 的最小值和最大值未知或个别孤立点（数值过大或过小）左右了最小-最大规范化计算方法，即克服了最小-最大规范化的缺点。

例 8-3 假设，某一数据集中的"年收入"属性的均值和标准差分别为 50000 元和 15000 元，使用零-均值规范化方法。计算年收入为 65300 元，转换后的数值。

解：已知：$\overline{A}$ 和 σ_A 分别为 50000 元和 15000 元，x_i 为 65300 元，则 x'_i 为

$$x'_i = \frac{x_i - \overline{A}}{\sigma_A} = \frac{65300 - 50000}{15000} = 1.02$$

例题中的标准差可以用均值绝对偏差替换，A 的均值绝对偏差 S_A 的定义为

$$S_A = \frac{1}{n}(|x_1 - \overline{A}| + |x_2 - \overline{A}| + \cdots + |x_n - \overline{A}|) \tag{8-7}$$

这样，零-均值规范化公式为

$$x'_i = \frac{x_i - \overline{A}}{S_A} \tag{8-8}$$

当在规范化含有孤立点的数据时，使用均值绝对偏差 S_A 比标准差的零-均值规范化方法相比，具有更好的稳定性；并且，由于在计算均值绝对偏差时，不需要求方差的平方根，则可以更大地降低孤立点对规范化的影响。

8.4.2 离散化变换

微课视频

连续属性数据的离散化过程就是：首先，在整个属性数据的取值范围内设定若干个离散的划分点；然后，依据这些划分点，将整个取值范围划分为相邻的离散化的区间；最后，再用不同的离散符号或者整数数值表示落在每个相应子区间中的连续数据值。

离散化变换方法主要包含两个子任务：一个是如何确定具体的分类数，二是通过何种方法将连续的属性值映射到设定的分类值上。目前比较常用的离散化方法有：基于信息熵的离散化、分箱法离散化、直方图分析法离散化、聚类分析法离散化、分类决策法离散化和相关性度量法离散化等。

1. 基于熵的离散化方法

基于属性数据熵值的离散化方法，使用的是有监督的、自顶向下的分裂技术。该方法首先通过计算属性 A 的熵，选择 A 的具有最小熵的值作为分裂点，利用了类分布信息，所以是有监督的。同时，该方法离散化过程中，从整个属性数据取值空间开始，递归地划分子区间，进行逐步分层离散化，最终形成属性 A 的概念分层，所以是自顶向下的。

假设数据集 D 由属性集（至少包含一个属性 A）和至少一个类标号属性所定义的数据元组组成，每个元组的类信息由类标号属性提供。

为了更好地解释以熵为基础的离散化方法的基本思想,首先要介绍一下分类的原则和熵值的计算方法。

(1) 分类(分裂)的原则,假定需依据属性 A 和某分裂点(split point),将数据集 D 中的元组划分两类。理想情况下,总希望该划分将是导致元组的准确分类。例如,对于所有数据元组,希望类 C_1 的所有元组落入一类,而类 C_2 的所有元组落入另一类。然而,在现实中这不大可能,实际的分类结果可能存在如下情况,第一类包含许多 C_1 的元组,但也包含少量 C_2 的元组;同理,第二类包含许多 C_2 的元组,但也包含少量 C_1 的元组。在基于熵值的离散化方法中,为了得到准确的分类,定义了基于属性 A 的熵值对 D 的元组分类的期望信息需求(InfoA(D)),计算公式如下:

$$\text{InfoA}(D) = \frac{|D_1|}{|D|} E(D_1) + \frac{|D_2|}{|D|} E(D_2) \qquad (8\text{-}9)$$

其中,D_1 和 D_2 是属性集 D 中满足条件 $A \leqslant$ split point 和 $A >$ split point 的元组的两个集合,而 $|D|$、$|D_1|$、$|D_2|$ 是 D、D_1 和 D_2 中元组的个数,$E(D_1)$ 和 $E(D_2)$ 是集合 D_1 和 D_2 的熵值。这样,在选择属性 A 的分裂点时,原则是选择产生最小期望信息需求(即 $\min(\text{InfoA}(D))$)的属性值。

(2) 熵值的计算方法,假设在集合 D 中有 m 个元组(类),每一元组的概率为 p_i,即第 i 个类中元组数除以 D 中元组总数,计算公式如下:

$$E(D) = -\sum_{i=1}^{m} p_i \log_2(p_i) \qquad (8\text{-}10)$$

对数据集 D 中属性 A 的,基于熵的离散化方法的步骤如下:

(1) 依据基于熵的离散化分类的原则,对所有属性 A 的元组,确定一个分裂点(记作 split point$_1$)。即该分裂点将 D 中的元组划分成满足条件 $A \leqslant$ split point$_1$ 和 $A >$ split point$_1$ 的两个分类子集,这样就创建了二元离散化。

(2) 对前面生成的分类子集,递归地重复进行进一步分裂,直到满足某个预定终止条件,如当所有候选分裂点上的最小信息需求小于小阈值 ε,或者当区间的个数大于阈值(max interval)时终止。

基于熵值的离散化方法可以大大减少数据集中元组的数据量,因此,也是一种数量归约方法。与其他数据变换方法不同,基于熵的离散化在"分裂"过程中,使用了类信息,这更有利于将区间边界(分裂点)定义在更准确位置上,更有助于进一步提高分类的准确性,进而提高数据挖掘的精度。

例 8-4 有表 8-1 的气温记录信息,试用基于熵的离散化方法,求第一次离散化的分裂点及分层的结果。

表 8-1 气温记录表

气温值/℃	-3	6	18	22	26
记录数	6	9	36	28	21

解：计算 splitpoint 分别为-3℃、6℃、18℃、22℃时的期望信息需求。

split point$=-3\text{℃}$，InfoA$(D)=1.747\text{bit/s}$

split point$=6\text{℃}$，InfoA$(D)=1.464\text{bit/s}$

split point$=18\text{℃}$，InfoA$(D)=1.074\text{bit/s}$

split point$=22\text{℃}$，InfoA$(D)=1.332\text{bit/s}$

所以取分裂点 18℃，分层的结果为 $D_1=\{-3,6,18\}$，$D_2=\{22,26\}$。

2. 分箱法离散化

分箱离散化是一种非监督的、自顶向下的分裂技术。该方法的前提是由系统或用户事先指定分箱的个数，算法的流程如下：首先，用户通过使用等宽或等频分箱法对属性 A 的全部数据划分成若干个箱，然后，用每个箱的均值或中位数替换箱中的原始数值；最后，将属性值进行离散化，与数据光滑方法相似。

（1）等宽法，按照分箱的个数，将属性的整个区间划分成具有相同宽度的子区间，每个子区间对应一个分箱，宽度（属性值的取值范围）相等。

缺点：对离群点非常敏感，由于离群点的存在，导致不能均匀地把属性值分布到各个区间，使得有些区间包含数据很多，另外一些区间的数据很少，这样会损坏建立的决策模型。

（2）等频法，每个子区间（分箱）包含相同数量的属性数据，分箱内的数据个数由总的数据量决定。

缺点：虽然避免了使用等宽法的问题，但是，由于每个子区间中含有固定个数的数据，可能会将相同数据值的数据分配到不同的子区间中。

3. 聚类分析法离散化

聚类分析是一种目前比较流行的离散化方法，由于该方法在聚类分析过程中考虑了属性 A 的概率分布和数据点的邻近性等因素，将数值属性 A 的值划分成若干簇或组，因此，聚类分析法可以生成较高质量的离散化结果。该方法不但可以遵循自顶向下的划分策略，通过逐步划分来产生 A 的概念分层，即对每一个初始簇或分区进一步分解成若干子簇，逐渐形成较低的概念层；还可以采用自底向上的合并策略，通过反复地对邻近簇进行合并，逐渐形成较高的概念层。

一般的聚类分析离散化方法包括两个步骤：

（1）将连续属性的值用聚类算法（如 K-Means）进行聚类。

（2）通过对聚类法所得到的每一个聚类都进行相同处理，合并每一个聚类的连续属性取值并做相同的标记。

聚类分析中的离散化计算方法也是一种要求使用者在区间内指定聚类的个数，从而确定聚类区间的个数的方法。

4. 3-4-5 规则离散化

3-4-5 规则离散化是一种非监督的、自底向上的离散化方法，通过把一些相对独立的数值区间合并成一个相对统一的自然区间来实现离散化。通常，该算法的规则是递归，逐级地将一个给定的数据区域按照最重要的值区域分别划成 3、4 或 5 个相对等宽的区间。

该规则的区间划分方法如下：

（1）假如属性 A 值在某一个区间上含有 3、6、7 或 9 个不同的值（最重要的数值），将该区间划分成 3 个子区间（如果有 3、6 和 9 个不同值，划分成 3 个等宽的子区间；如果有于 7 不同值，则按 2-3-2 分组，划分成 3 个子区间）。

（2）假如属性 A 值在某一个区间上含有 2、4 或 8 个不同的值（最重要的数值），将该区间划分成 4 个子区间。

（3）假如属性 A 值在某一个区间上含有 5 或 10 个不同的值（最重要的数值），将该区间划分成 5 个子区间。

此规则可以作为一种递归应用于各个间隔，为给定数值的属性所构造的概念化层次结构。由于一个数据集里有很多时候可能会发现一些较大的正值或者是较小的负值，如果简单地对这样的数据集进行最小-最大值分割很有可能造成失真。例如，在某一个含有资产的数据集里，少数个别人的资产很有可能会远远超过其他人几个数量级。如果按照最高的资产价值进行划分，很有可能会造成高度倒塌的分层。所以，采用顶层分段方法进行划分，即首先对给定数据的绝大部分的数据区间（如，从第 3 个百分位数到第 97 个百分位数）进行划分。然后，对越出顶层分段的特别高的数据区间或特别低的数据区间，进一步用类似的划分方法再划分成单独的子区间。

8.4.3　标称数据的概念层次变换

概念分层指的是对属性值的分层或多维划分。数值型属性的概念分层就是连续属性的离散化变换，8.4.2 节已进行了介绍，本节重点介绍标称属性的概念分层变换。

标称的数据（或者称为分类的数据）指的是数据具有离散的特征，属性的值必须具有有限的、可数（但也可能很多）的不同数值，这些数值之间可以是乱序的。例如包括职业类别，以及商品种类等数据信息。对于应用者和领域的专家来说，手动界定概念的层次结构无疑是一项复杂而又耗时的任务。幸运的是，许多层次结构被隐藏在了数据库的模型中，它们可以根据模型所定义的级别进行自动化的定义。

下面介绍四种生成标称数据概念层次划分方法。

1. 由用户或专家在模式级显式地说明属性的偏序

通常，标称属性或维的概念分层涉及一组属性。用户或专家可以在模式级通过说明属性的偏序或全序，很容易地定义概念分层。例如，假设关系数据库包含如下一组属性：street、city、province_or_state 和 country。类似地，数据仓库的维 location 可能包含相同的属性。可以在模式级说明这些属性的一个全序，如 street＜city＜province_or_state＜country，来定义分层结构。

用户或专家通过解释属性的偏序或总顺序，就可以很容易地在模式级定义概念的层次结构。

2. 通过显式数据分组说明分层结构的一部分

我们可以用显式的数据分组解释概念层次结构的一部分，其本质上也就是手动自己定义的概念。在大型的数据库中,想要通过显式的取值枚举方法来确定整个概念的层次结构都是不切合现实的。但是,对于一小部分的中间层次数据,明确解释如何进行分组还是很简单的。

例如,在模式级说明了 province 和 country 形成一个分层后,用户可以人工地添加某些中间层。如显式地定义"{Albert,Saskatchewan,Manitoba}prairies_Canada""{British Columbia,prairies_Canada}"和"Western_Canada"。

3. 说明属性集但不说明它们的偏序

用户可以说明一个属性集形式概念分层,但并不显式说明它们的偏序。然后,系统可以试图自动地产生属性的序,构造有意义的概念分层。

由于一个比较高级别的概念往往需要包含几个被称为从属的或者更低级别的概念,在一个比较高级别的概念(如 country)所需要定义的属性,通常比一个比较低级别的概念(如 street)需要定义的属性包含更少的差异。根据这种观察,概念化分层方法可以按照给定属性集中,各个属性不同取值的数量进行自动地生成。取值差别最多的属性放置在层次结构底部,然后,以此类推,属性的不同取值的个数越少,其在概念层次结构中的等级就越高。在很多情况下,这个启发式规则是非常有用的。在对由此规则产生的分层结果进行检查后,如果需要,可以让用户或者技术人员进行局部分层的交换或者调整。

例 8-5 根据各种属性不同取值的数量,生成相应的概念分层。假设一个用户为该商城的位置属性而选择了其中的一组属性,即街道、城市、省和国家,然而并未说明这几种属性之间的层次顺序及相互关系。位置概念层次结构树通过下列步骤自动建立。

例 8-5　某一数据集有下列属性及不同的取值数量:国家(15 个)、省(65 个)、城市(3567 个)和街道(674339 个),要求划分该数据集的概念分层结构。

解:

(1) 按各自属性的不同取值个数从小到大进行排序,从而计算得到了如下的顺序,其中包含括号内容为各自相应属性的不同取值个数,国家(15)、省(65)、城市(3567)和街道(674339)。

(2) 根据所排顺序自顶而下构造层次树,即第一个属性在最高层,最后一个属性在最低层。所获得的概念层次树见图 8-8。

(3) 用户对自动生成的概念层次树进行检查,必要时进行修改以使其能够反映所期望的属性间相互关系。本例中没有必要进行修改。

需要特别注意的一点是,上述这些基于启发式的基础知识引导并非总是正确的。例如,在一个具有不同时间属性描述的大型数据库中,时间属性的描述一般可以分别涉及 20 个不同年份、12 个不同的月份和 1 个星期的数值,那么根据上面自动程序优化生成的时间概念层次树,就可以直接分别得到年<月份<星期。结果把星期放在层次树的最顶层,这显然是不现实的。

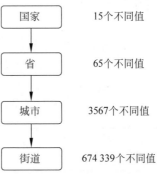

图 8-8　自动生成的地点属性概念层次树

4. 只说明部分属性集

在定义层次结构时，用户有时可能会粗心大意，或者对层次结构中应该包含哪些内容的概念比较模糊，因此，用户在分层的描述中可能只包含了一小部分相关的属性。例如，用户在说明与 location 相关的层次结构的所有属性时，而只说明了如 street 和 city 等属性信息。为了更好地处理这种基于部分描述的层次结构，重要的方法就是在这些数据库模型中嵌入一定量的数据语义，以便将其与语义上紧密相关的各个属性都捆绑在一起。这样，可以引进一个与属性描述相关的"组"，形成一个完整的层次结构。然而，如果没有需要，用户完全可以选择忽略这个特性。

例如，某一数据挖掘系统没有 location 的层次结构，而只定义说明了与位置相关的 number、street、city、province 和 country 这五个基本属性，没有捆绑在一起。由于这五个属性在其语义上与地址的概念紧密地相关，如果系统的用户在自己定义位置的层次结构时只说明了属性 city，系统就会自动拖入以上五个与语义有关的属性，形成层次结构，而且用户可以自由选择移除层次结构中的任何一种属性，如 number 和 street，从而让 city 作为该分层结构的最低概念层。

总之，模式和各种属性取值的计数信息，都是可以作为生成标称数据概念化层次结构的依据。经过概念分层变换的数据，能够发现更高层次的知识模型。它可以允许对多个抽象的层进行数据挖掘，这也是许多大数据挖掘系统的共同目标。

8.5　本章小结

数据归约与变换是大数据预处理的重要组成部分。数据归约与变换不但可以节省大数据分析、挖掘的时间，还可提高挖掘结果的精度。数据归约技术主要有维归约、数量归约以及数据压缩；数据归约方法主要有小波变换、主成分分析、属性子集选择等。数据变换技术有规范化变换、离散化变换和概念层次变换；数据变换方法可以分为有监督的、非监督的以及自顶向下和自底向上方法。

习题

1. 一个数据归约算法应该具备哪些特性？
2. 数据归约的一般方法有哪些？
3. 采用主成分分析法对表 8-2 的两个属性进行归约。

表 8-2　具有两个属性的数据表

类别	1	2	3	4	5
属性 A	6	8	7	11	10
属性 B	5	7	6	9	8

4. 年收入（单位：万元）有以下一组属性数据，3、3、6、6、7、8、8、9、10、10、12、15、15、

15、15、18、18、20、20、20、20、24、24、24。将这组属性数据分成大小为 4 的等频框,给出每个箱中的数据,并绘制相应的直方图。

5. 数据变换包含哪些内容?

6. 在数据挖掘之前,为什么通常需要进行数据变换?

7. 一般的数据变换方法有哪些?

8. 对于以下属性数据,3、8、15、80、200,回答以下问题:

(1) 利用最小-最大归一化方法,将 15、80 转化为 [0.0,1.0] 区间。

(2) 计算上一组数据的标准差,使用零均值归一化方法规范化 80。

(3) 采用分数标定归一化方法规划 8、15。

9. 表 8-3 表示一个数值属性的数值和相应数值的频率,试用基于熵值的离散方法对这组属性(一个分割点)进行离散化处理。

表 8-3　属性值及其频率信息表

类别	1	2	3	4	5
属性值	6	8	9	11	13
频率	5	10	20	5	10

第 **9** 章

大数据采集实验

本章学习目标

- 掌握 EventLog Analyzer 日志分析软件；
- 掌握 Log Parser 和 Log Parser Lizard 软件；
- 掌握八爪鱼软件；
- 掌握 Python requests 库和 BeautifulSoup 库，编写简易爬虫。

通过多种软件的使用和练习，熟悉大数据采集的不同方法，了解日志、网络信息等大数据的采集、处理方式。

9.1 实验 1 基于 EventLog Analyzer 的日志分析

1. 实验目的

了解、掌握 EventLog Analyzer 日志分析软件。使用该软件搭建环境，并分析获取到的日志。

2. 实验环境

1）硬件需求

32 位处理器，安装和运行 EvengLog Analyzer 的最小系统要求如下：

1 GHz,32-bit (x86)奔腾双核处理器或其他相同性能处理器
2 GB 内存
5 GB 磁盘空间

64 位处理器,安装和运行 EvengLog Analyzer 的最小系统要求如下:

2.80 GHz,64 – bit(x64)志强(Xeon © LV)处理器或其他相同性能处理器
2 GB 内存
5 GB 磁盘空间

EventLog Analyzer 要求使用 1024×768 或以上的屏幕分辨率。

2) 软件需求

Windows 7,Internet Explorer 11,最新 Firefox,最新 Chrome

EventLog Analyzer 可以对任意 1 设备进行日志的收集、索引、分析、归档、搜索和生产报表。

3. 实验内容

(1) 安装、启动 EventLog Analyzer。

(2) 添加 Windows 设备。

(3) 查看日志。

(4) 搜索日志。

4. 实验过程

1) 安装、启动 EventLog Analyzer

从下载页下载 exe 文件:https://www. manageengine. cn/products/eventlog/download. HTML。

启动安装程序后,有如下两个选项:"一键安装"和"高级安装"。

选择"一键安装"选项来快速安装,这意味着同意产品的许可协议。产品将安装到目录 C:\ManageEngine\EventLog。使用 8400 作为 Web 服务器的端口,并安装为服务。

选择"高级安装"来定制产品安装,根据安装向导指导逐步完成安装。

安装完毕后可以直接双击桌面图标启动 EventLog Analyzer。软件将自动打开浏览器进入登录页面,使用默认的用户名/密码(admin/admin)登录 EventLog Analyzer。单击"登录"按钮,见图 9-1,登录之后可以看到本机的相关信息。

2) 添加 Windows 设备

本案例中,登录界面默认看到本机 DESKTOP-OF4SU0H,可以通过 Device 设备名和 show ip 两种方式查看设备,见图 9-2。

可以将设备划分到一个特定的设备组。默认设备组包括 Windows 组、UNIX 组和 Default 组(包括所有设备)。可以通过 Setting 的 Domains and Workgroups 或者 Configuration 两种方法来管理和更新当前组别。查看到当前分组名称为 WORKGROUP,见图 9-3。

添加设备时,确保机器在同一网络分组中。当前有两台设备,分别为 DESKTOP-OF4SU0H 和 PC-12487422 同属于工作组 WORKGROUP,见图 9-4。

图 9-1　登录 EventLog Analyzer

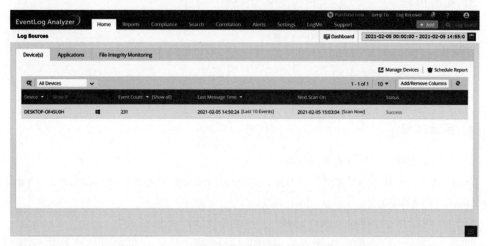

图 9-2　本机设备

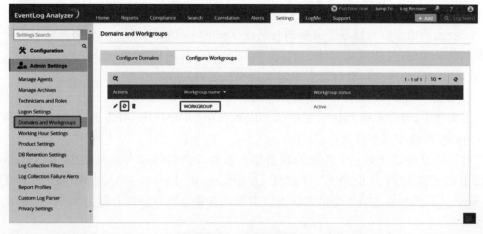

图 9-3　查看组别

单击 Add 按钮添加需要被监控的设备,从工作组下拉菜单 Select Category 中选择工作组。单击相应的复选框选择设备,可以通过设备名字、IP 地址等多种方式查看,单击 Add 按钮添加监控设备,见图 9-5。也可以单击 Configure Manually 手动配置链接、手动添加设备。

计算机名、域和工作组设置	
计算机名:	DESKTOP-OF4SU0H
计算机全名:	DESKTOP-OF4SU0H
计算机描述:	
工作组:	WORKGROUP

图 9-4 工作组中两台设备

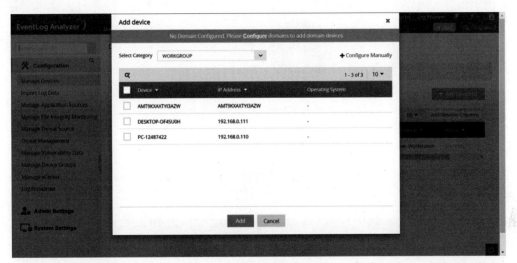

图 9-5 分组中全部设备

选择添加设备 PC-12487422,之后能看到监控列表设备增加,见图 9-6。

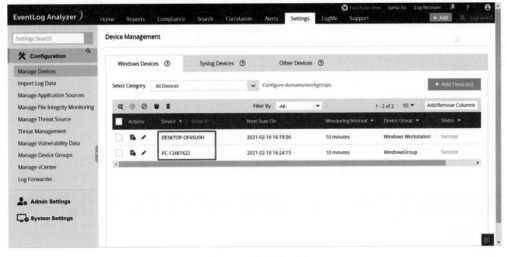

图 9-6 更新设备列表

重新回到主页面,可以发现监控网络中的设备增加到了两台,但有一台不可用,因此虽然 All Devices 中有两台设备,也仍然只能显示一台设备的信息,见图 9-7。

查看所有设备,发现新添加设备状态为 Access Denied,显示错误编码为

图 9-7　两台设备

00x80070005，为输入新添加设备的用户名和密码，通过 Manage Devices 对设备进行管理，见图 9-8。

图 9-8　管理设备

通过 Update 功能，对设备进行管理，见图 9-9。

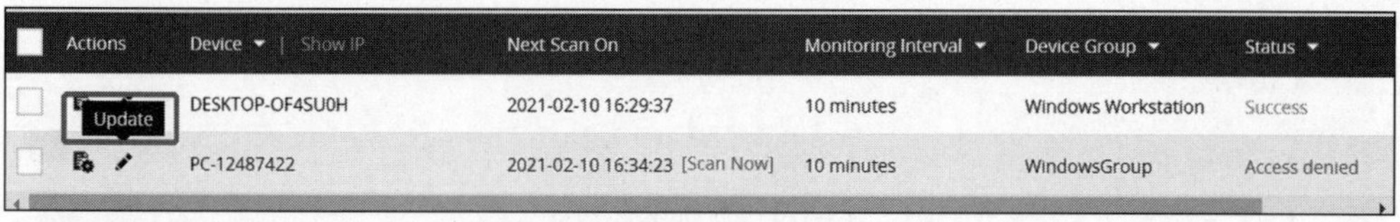

	Actions	Device ▾	Show IP	Next Scan On	Monitoring Interval ▾	Device Group ▾	Status ▾
☐	🖼 Update	DESKTOP-OF4SU0H		2021-02-10 16:29:37	10 minutes	Windows Workstation	Success
☐	🖼 ✏	PC-12487422		2021-02-10 16:34:23 [Scan Now]	10 minutes	WindowsGroup	Access denied

图 9-9　更新设备

对无法连接的设备 PC-12487422 输入用户名密码、本机防火墙设置等相关操作之后，重新对设备进行扫描，更新后系统可以搜索到两台设备的全部信息，并定时更新，见

图 9-10。

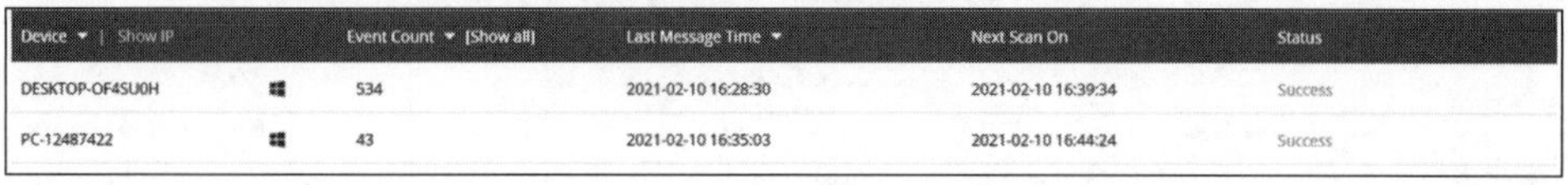

图 9-10　更新两台设备

3）查看日志

当前系统中已登录两台设备，分别为 DESKTOP-OF4SU0H 和 PC-12487422，见图 9-11。

图 9-11　已登录设备

可以在 Reports 报表选项中，查到当前设备的事件，可以根据左侧 Windows Events 中选择想要查看的事件类型、想要查看的某一设备，见图 9-12。也可以不同设备类型，以图表等不同形式来查看事件，见图 9-13。单击某一设备，可以单独查看该设备的所有日志并导出。

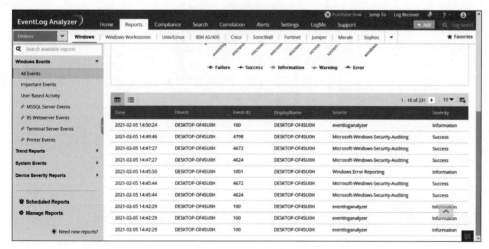

图 9-12　查看事件

图 9-13　通过图表的形式查看

4）搜索日志

EventLog Analyzer 可以查看设备中的日志，并根据自身需要从 Source、Type、Event ID、Message 等多种搜索条件进行检索。

查看某台设备的 Details 即可查看所有日志，如当前为 PC-12487422 的所有机器日志，见图 9-14。想对其中 Event ID 为 4082 的事件进行检索，在对应的搜索栏中输入"4082"即可，搜索结果见图 9-15。

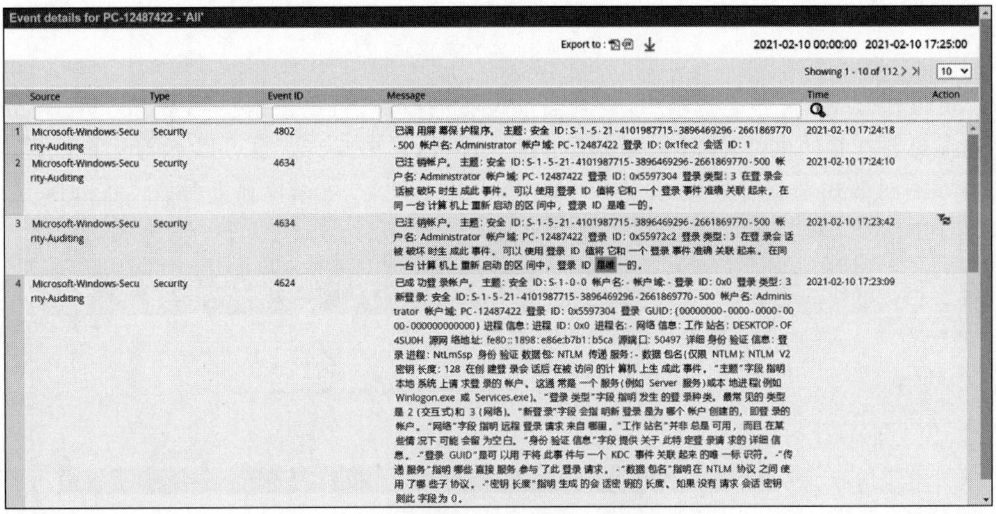

图 9-14　设备 PC-12487422 所有事件

针对设备 DESKTOP-OF4SU0H 所有日志，对事件类型为 System 的进行搜索，结果见图 9-16。

EventLog Analyzer 还支持对日志的其他操作，可自行尝试。

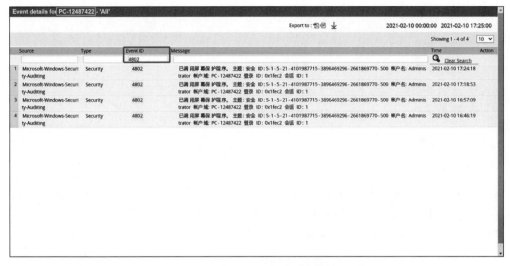

图 9-15 针对 Event ID 搜索结果

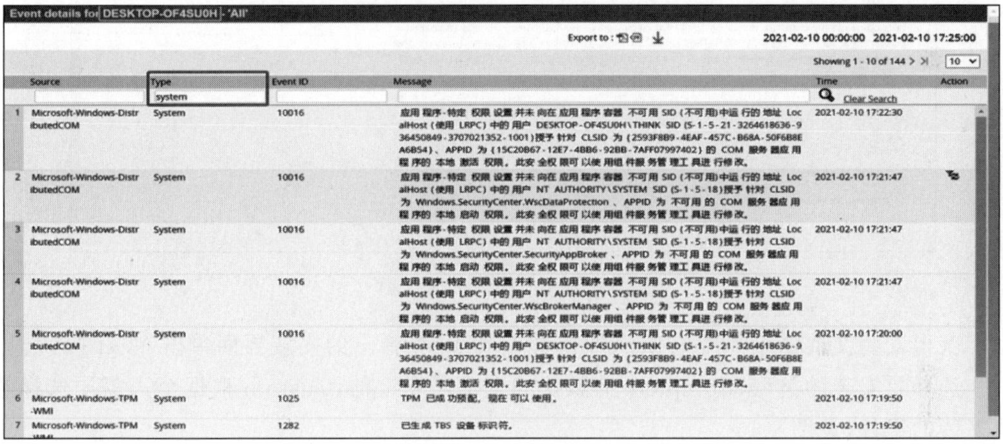

图 9-16 搜索结果

9.2 实验 2 基于 Log Parser 的日志处理

1. 实验目的

了解、掌握 Log Parser 和 Log Parser Lizard 软件,对日志文件进行处理和检索。

2. 实验环境

操作系统:Windows XP 专业版,Windows 2000,Windows 服务器 2003 及以上。
软件:Log Parser 2.2,Log Parser Lizard。

3. 实验内容

（1）安装和启动 Log Parser 2.2。

（2）熟悉掌握 Log Parser 2.2 基本命令。

（3）安装和启动 Log Parser Lizard。

（4）熟悉掌握 Log Parser Lizard 基本命令。

4. 实验过程

1）安装和启动 Log Parser 2.2

Log Parser 是微软的一款免费软件，通过微软的官网下载，下载地址为 https://www.microsoft.com/en-us/download/details.aspx?id=24659 见图 9-17。

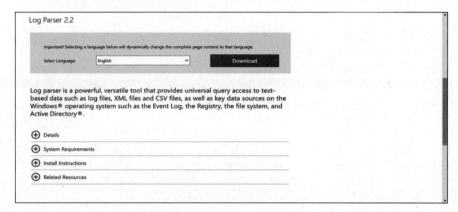

图 9-17　下载 Log Parser

获得安装文件 LogParser.msi，双击文件安装，在弹出的安装界面单击 Next 按钮。

选择要安装的类型，Complete 为默认的全部需要组件，Custom 根据个人需要选择想要安装的组件，见图 9-18。

图 9-18　选择安装组件

做好相关设置,选择 Install 进行安装。Log Parser 2.2 软件很小,很快安装完成。

可以双击桌面图标打开软件,也可以单击 Windows 菜单找到该软件,双击运行 Log Parser 2.2,能够看到软件运行界面,类似于命令行窗口。

2)熟悉掌握 Log Parser 2.2 基本命令

在软件运行窗口,能看到给出的语句举例,以及各种命令行,最基本功能可以通过输入源(多种格式的日志源),经过 SQL 语句(有 SQL 引擎处理)处理后,可以输出想要的格式。最基本的格式:LogParser-i:输入文件的格式-o:输出格式"SQL 语句"。

首先是输入源-i,是某一种固定的格式,比如 EVT(事件),Registry(注册表)等,对于每一种输入源,它所涵盖的字段值是固定的,可以使用 logparser-h-i:EVT 查出每个字段的含义(这里以 EVT 为例),见图 9-19,输入命令行,可以获得 EVT 所代表的字段含义。

```
C:\Program Files (x86)\Log Parser 2.2>Logparser.exe -h -i:EVT

Input format: EVT (Windows Event Log)
Parses the Windows Event Log

FROM syntax:

<EventLog> [, <EventLog> ...]
<EventLog> = [\\<machinename>\]<Name> | <.evt filename>
<Name> can be a standard EventLog (e.g. 'System', 'Application', 'Security')
or a custom EventLog
```

图 9-19 EVT 字段含义

输出可以是多种格式,比如文本(CSV 等)或者写入数据库,形成图表,根据自己的需求,形成自定的文件(使用 TPL)等,比较自由。

通过 Windows 事件查看器获取一段本机日志,将文件保存在 D 盘,文件名为 evtx.evtx。

我们输入一个最简单的例子,把这个 EVT 日志转化成一个 CSV 格式的表格:

```
LogParser.exe -i: EVT -o: CSV "SELECT * FROM D: evtx.evtx">D: evtx.SCV
```

该语句完成了最简单的转换,把 D 盘中 evtx.evtx 这个日志转换成 CSV 格式并保存到 D 盘。

要注意的是-i:EVT,-i 代表的是输入,EVT 代表的是日志格式。-o:SCV,-o 代表的是输出,CSV 是输出文件的格式。SELECT * FROM 是分析日志的 SQL 命令语句,可以用不同的 SQL 语句来分析日志。注意:Log Parser 是区分大小写的,因此 SQL 语句一定要用大写。

运行之后,D 盘增加了文件 evtx.scv,通过软件查看 evtx.evtx 日志文件,以列表形式输出:

```
Log Parser.exe -i: EVT -o: DATAGRID "SELECT * FROM D: evtx.evtx"
```

运行之后,日志文件作为列表形式显示,默认一次显示 10 条,可以通过 next 10 rows 显示更多的 10 行,或者 all rows 显示所有日志中的事件,见图 9-20。

显示全部日志事件之后,退出窗口,可以看到已查看事件数量 3925,检查日志运行时间,见图 9-21。与 Windows 事件查看器中数量 3925 相符,见图 9-22。

Log Parser 在查看日志文件的基础上,还具有搜索等功能。如想搜索安全日志中

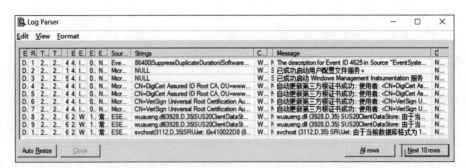

图 9-20　显示 evtx.evtx 日志

```
Statistics:
-----------
Elements processed: 3925
Elements output:    3925
Execution time:     275.75 seconds (00:04:35.75)
```

图 9-21　Log Parser 查看事件

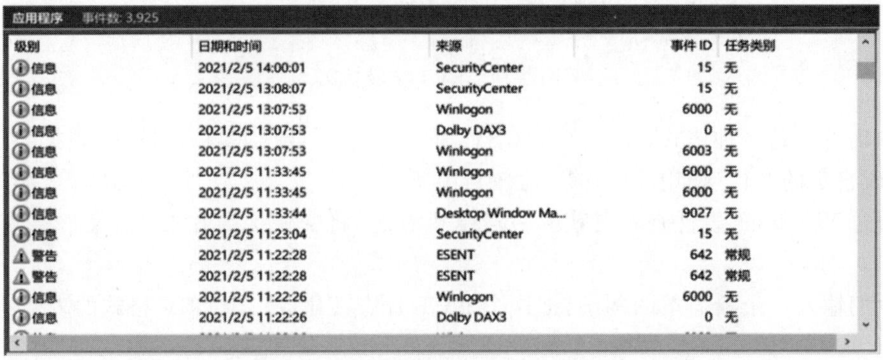

图 9-22　Windows 事件查看器中日志

4624 事件，通过事件查看器下载安全日志，保存为 Security.evtx。

通过 Log Parser 命令行查看该文件：

```
LogParser.exe - i: EVT - o: DATAGRID"SELECT * FROM D:\Security.evtx"
```

若只想查找其中事件为 4624 的事件，可以通过如下命令查找其中第 5 项用户，第 8 项登录类型，第 17 项程序路径，以及我们关心的第 18 项源 IP 地址。

```
LogParser.exe - i: EVT - o: DATAGRID "SELECT TimeGenerated as LoginTime, EXTRACT_TOKEN
(Strings,5,'|') as username, EXTRACT_TOKEN(Strings, 8, '|') as LogonType, EXTRACT_TOKEN
(Strings, 17, '|') AS ProcessName, EXTRACT_TOKEN(Strings, 18, '|') AS SourceIP FROM D:\
Security.evtx where EventID = 4624"
```

运行命令行，可得到结果，见图 9-23。

3) 安装和启动 Log Parser Lizard

对于 GUI 环境的 Log Parser Lizard，其特点是比较易于使用，甚至不需要记忆烦琐的命令，只需要做好设置，写好基本的 SQL 语句，就可以直观地得到结果。

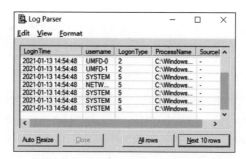

图 9-23 查找事件 4624 运行结果

下载 Log Parser Lizard 安装包 LogParserLizardSetup. msi,安装过程与 Log Parser 类似。安装成功后,双击图标运行软件。

4)熟悉掌握 Log Parser Lizard 基本命令

在 Log Parser Lizard 命令行页面,只需要 SQL 语句即可,不需要按照 Log Parser 语法,输入规定格式的命令。新建文件,输入与 Log Parser 相同的命令行语句,输出安全日志 security. evtx 前 100 条日志,见图 9-24。

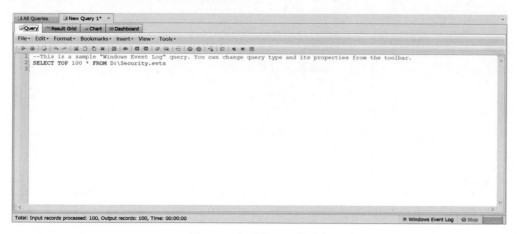

图 9-24 查看前 100 条日志

在命令行窗口,可以同其他编程软件一样,进行运行、调试、复制、粘贴等操作,输入命令行之后,单击"运行"按钮,即可看到运行结果,见图 9-25。

输入相同的 SQL 语句,查看事件为 4624 的安全事件,举例代码如下。

```
SELECT TimeGenerated as LoginTime,EXTRACT_TOKEN(Strings,5,'|') as username,EXTRACT_TOKEN
(Strings, 8, '|') as LogonType,EXTRACT_TOKEN(Strings, 17, '|') AS ProcessName FROM D:\
security. evtx where EventID = 4624
```

运行结果见图 9-26,以数据集 Result Grid 的形式输出,SQL 语句中给出的条件 Login Time、username、Logon Type、Process Name 为类别,作为列表输出 Event ID 为 4624 的事件。

Log Parser Lizard 不仅可以查看 EVT 事件,还可以查看多种类型数据,查看数据类型为 iis 的 Log 文件,文件名为 ex090829,存放在 D 盘中,统计该日志中不同页面的类型,

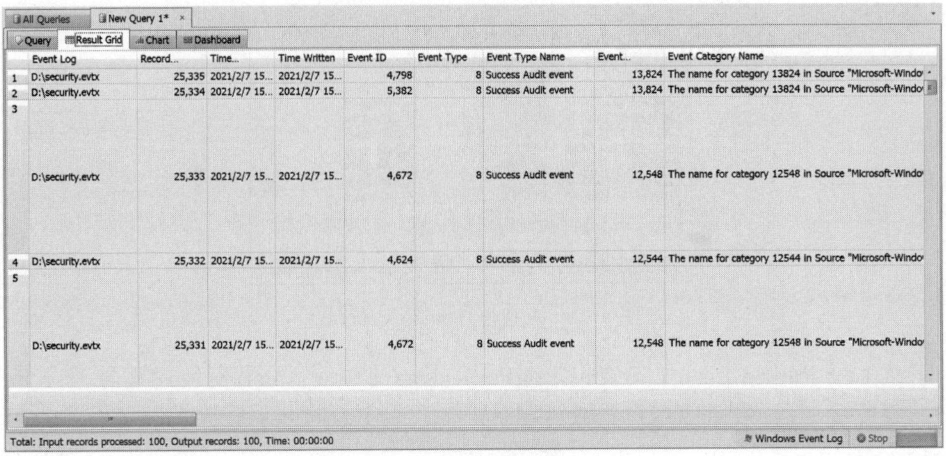

图 9-25　运行结果

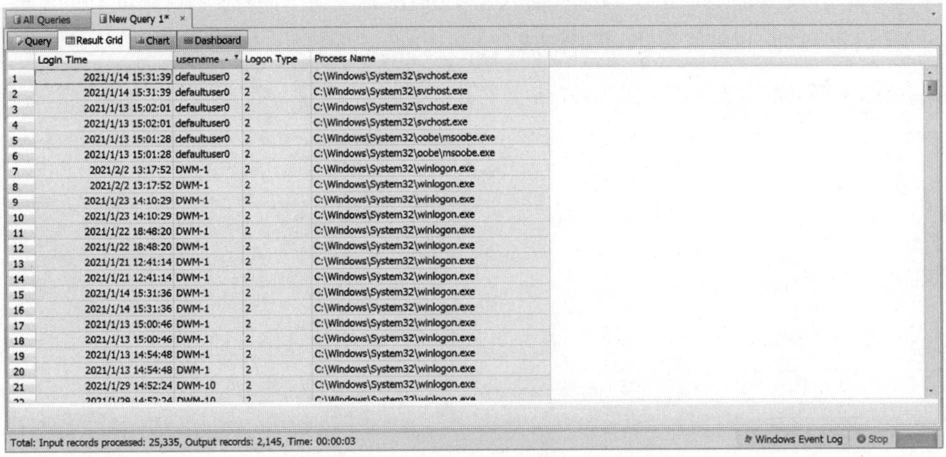

图 9-26　运行结果

举例代码如下。

```
SELECT extract_extension(cs-uri-stem) AS PageType, COUNT( * )
FROM D:\example\ImportIISLog\log\ex090829.log
GROUP BY PageType
```

运行结果见图 9-27。

Log Parser Lizard 对于数据结果，除了以数据集 Result Grid 的形式输出之外，还可以图表等形式输出。

如输出系统日志中最近的 1000 件事件，可以在运行窗口上通过选项卡的切换，以不同的形式查看结果，Query 界面查看 SQL 语句：

```
SELECT TOP 1000 * FROM System, Application
order by TimeGenerated desc
```

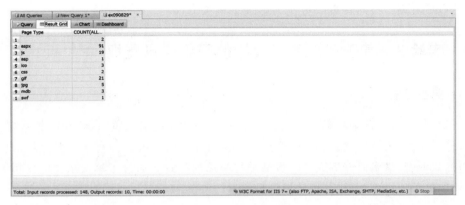

图 9-27　查看 iis 文件

Result Grid 选项卡以列表形式查看，见图 9-28。Chart 选项卡以图表的形式查看，见图 9-29。

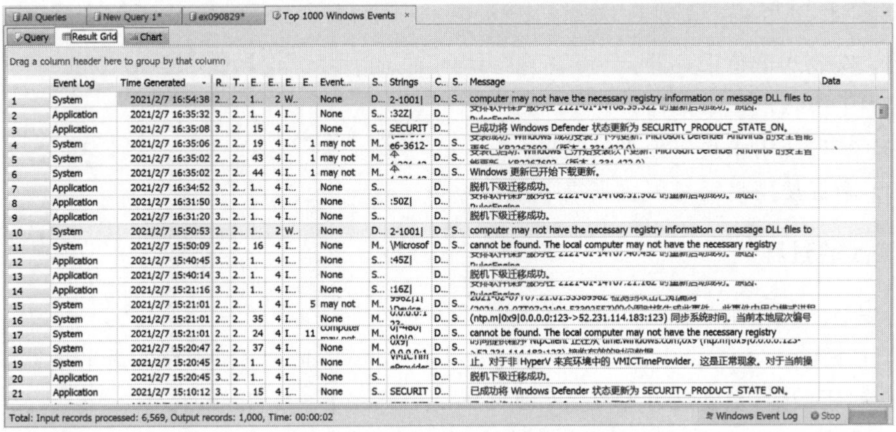

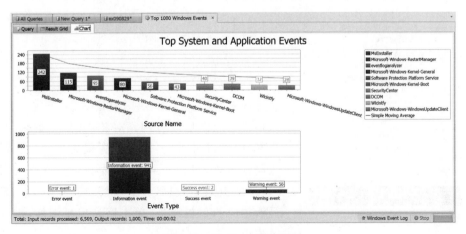

图 9-28　以 Result Grid 形式查看

图 9-29　以 Chart 形式查看

可以试着编写不同查看语句,以不同形式查看日志。

9.3 实验3 基于八爪鱼采集器的网络信息爬取

1. 实验目的

了解、掌握八爪鱼采集器。八爪鱼采集器是一款免费的数据采集工具,拥有模板采集、智能采集、云采集、多层级采集等多种功能,适合产品、运营、销售、数据分析、政府机关、电商从业者、学术研究等人员对数据进行简单的处理。通过了解八爪鱼的使用方法,达到快速简单地操作数据、分析数据等目的。

2. 实验环境

软件要求：Windows 7/Windows 8/Windows 8.1/Windows 10(x64 位)。

3. 实验内容

(1) 安装八爪鱼采集器。
(2) 了解八爪鱼采集器。
(3) 掌握使用采集模板采集数据。
(4) 掌握使用自定义配置采集数据。

4. 实验过程

1)安装八爪鱼采集器

访问 https://www.bazhuayu.com/download/windows,下载八爪鱼采集器安装文件(.exe),下载后,双击之开始安装(如：Octopus Setup 8.2.2.exe)。

单击"浏览"按钮选择指定的安装路径,单击"安装"按钮进行下一步安装。安装完成后,可以直接运行软件,也可以在开始菜单或桌面上找到八爪鱼采集器快捷方式。

图 9-30　登录八爪鱼

启动八爪鱼采集器,使用账号登录,如没有账号,可以免费注册,见图 9-30。

2) 了解八爪鱼采集器

登录后可以看到客户端界面,见图 9-31。右侧主页面由"输入框"和"热门模板采集"组成。可在输入框中输入网址或者网站名称,开始数据采集。输入网址,可以进入"自定义配置采集数据"模式。输入网站名称,可以查找内置的相关网站模板,进入"通过模板采集数据"模式。"热门模板采集"部分,展示热门的采集模板,单击网站模板图标,进入"通过模板采集数据"模式。

左侧边栏可以隐藏和展开。建立新任务,可在

图 9-31　八爪鱼客户端界面

主页面打开"我的任务"选项卡,见图 9-32,如果"我的任务"界面为空,说明还没有创建任务。可以通过单击"创建任务"选择新建"自定义任务"或"模板任务"。

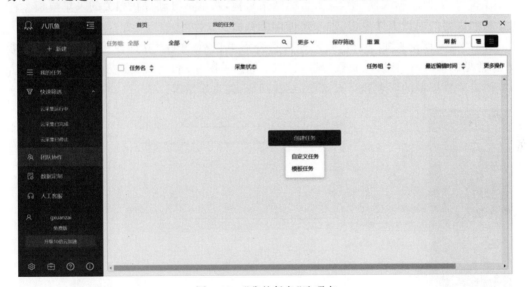

图 9-32　"我的任务"选项卡

在"我的任务"界面,可以对任务进行多种操作。见图 9-33,当有多项任务时,可对任务名进行二次编辑、观察任务启动状态,并进行相应设置、按任务名、按条件等多种方式,对任务进行筛选、排序等操作。

3)掌握使用采集模板采集数据

"采集模板"是由八爪鱼官方提供的、做好的采集模板,目前已有 200 余个采集模板,涵盖主流网站的采集场景。模板数还在不断增加。使用模板采集数据时,只需要输入几

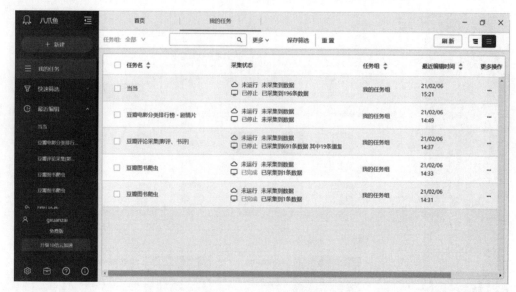

图 9-33 多任务列表

个参数（网址、关键词、页数等），就能在几分钟内快速获取到目标网站数据（类似 PPT 模板，只需要修改关键信息就能直接使用，无须自己重新配置）。

在客户端首页"输入框"中，输入目标网站名称，八爪鱼自动寻找相关的采集模板。将鼠标移到需要的模板上并单击，进入模板详情页面。

针对"豆瓣评论采集"模板，确定模板符合需求以后，单击"立即使用"，可以"配置参数"。常见的参数有关键词、页数、城市、URL 等。见图 9-34，自行新建任务名、选择分组，根据需要采集模板的要求和个人需要，设置网址、翻页次数等。

图 9-34 设置参数

然后单击"保存并启动"，可以选择"启动本地采集"或"定时本地采集"，见图 9-35，八爪鱼会自动启动 1 个采集任务并采集数据。也可以启动云采集，数据保存在云上，可以随时查看。

启动任务
在本地电脑采集，数据保存在本地电脑上。也可用来测试任务配置是否正确。
启动本地采集
定时本地采集
推荐
在云服务器中采集，最高12倍加速，数据保存在云上，随时查看不丢失，7x24不间断采集，支持API调用。
启动云采集
定时云采集

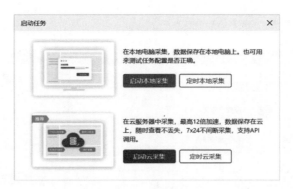

图 9-35　启动任务

任务启动之后，八爪鱼会自动进行数据采集，进行用户名密码登录、找到指定网页，将数据采集到本地，见图 9-36。

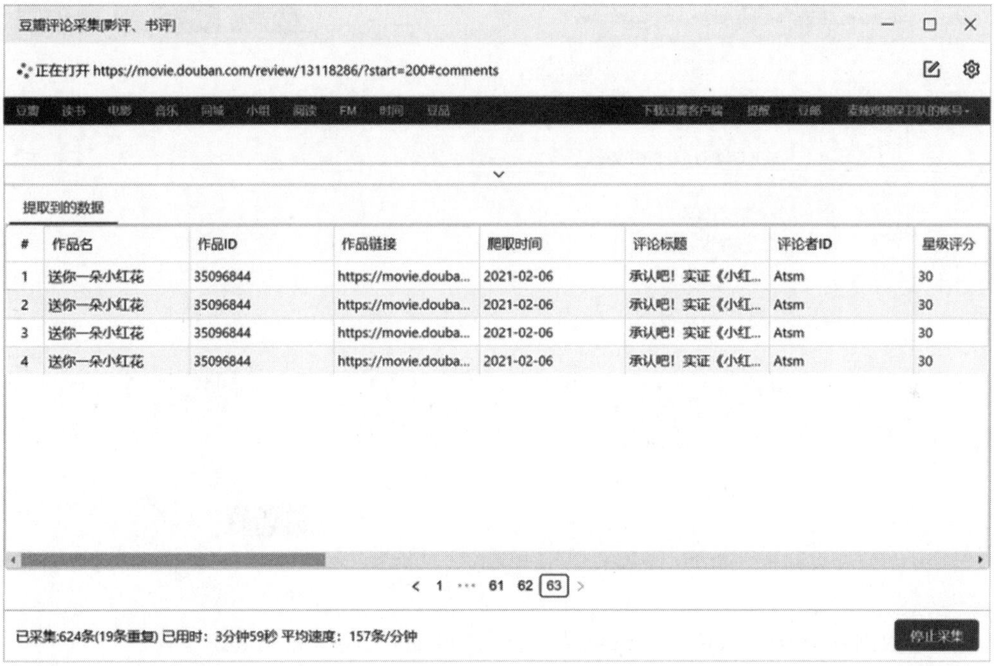

豆瓣评论采集[影评、书评]
正在打开 https://movie.douban.com/review/13118286/?start=200#comments
提取到的数据
作品名 作品ID 作品链接 爬取时间 评论标题 评论者ID 星级评分
1 送你一朵小红花 35096844 https://movie.douba... 2021-02-06 承认吧！实证《小红... Atsm 30
2 送你一朵小红花 35096844 https://movie.douba... 2021-02-06 承认吧！实证《小红... Atsm 30
3 送你一朵小红花 35096844 https://movie.douba... 2021-02-06 承认吧！实证《小红... Atsm 30
4 送你一朵小红花 35096844 https://movie.douba... 2021-02-06 承认吧！实证《小红... Atsm 30
1 ··· 61 62 63
已采集:624条(19条重复) 已用时：3分钟59秒 平均速度：157条/分钟
停止采集

图 9-36　自动采集

数据采集完成以后，可以手动停止采集，也可以等任务自动完成全部采集，得到任务用时、共采集数据条数等相关信息，见图 9-37。根据需要，对任务结果进行导出，可以稍后导出或立即导出。

通过“采集模板”创建并保存的任务，会放在“我的任务”中。在“我的任务”界面，可以对任务进行多种操作并查看任务采集到的历史数据。

导出数据时，可对数据进行初步去重处理。八爪鱼提供四种导出类型，包括 Excel、CSV、HTML 和 JSON，见图 9-38，也可以直接导出到数据库。

图 9-37　采集完成

图 9-38　导出数据类型

导出数据存放在八爪鱼采集器默认文件夹，可随时查看，见图 9-39。

图 9-39　导出数据

以 Excel 格式导出的数据可随时查看。打开数据,可以获得模板中设定爬取的数据,包括作品名、作品 ID、爬取时间、评论内容等,见图 9-40。

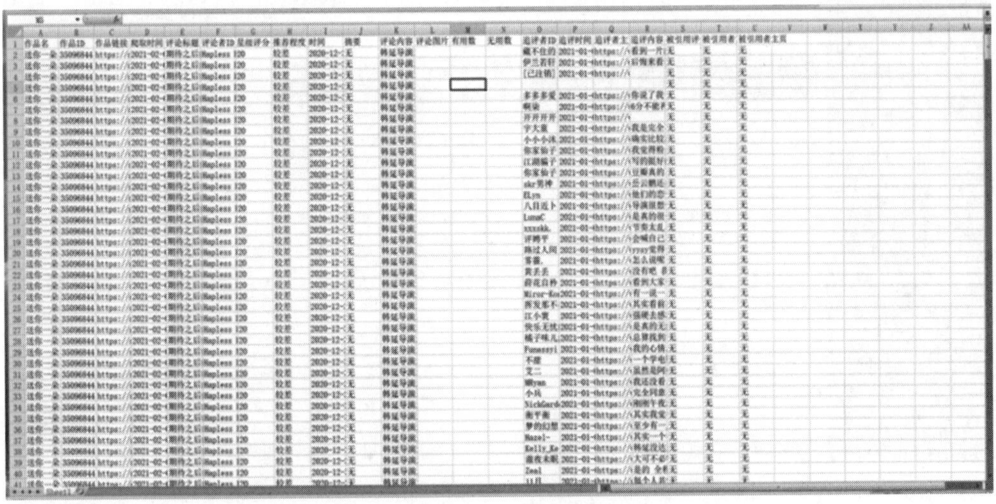

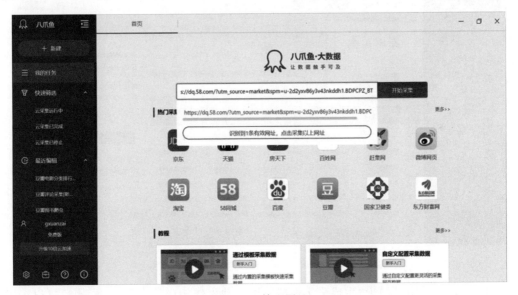

图 9-40 爬取数据

4)掌握使用自定义配置采集数据

以爬取当当网的"红楼梦"书籍资料为例,在首页输入框中输入"当当网"网址,见图 9-41。

图 9-41 输入网址

单击"开始采集",八爪鱼自动打开网页并开始智能识别,见图 9-42。打开网页后,默认开启智能识别。识别过程中,随时可"取消识别"或"不再智能识别"。"取消识别"可以立即取消本次智能识别,之后可单击"自动识别网页"再次启动。

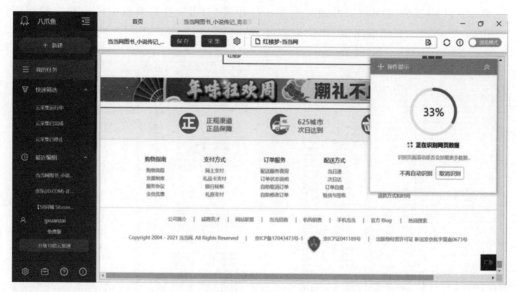

图 9-42　智能识别

　　智能识别成功后，一个网页可能有多组数据，八爪鱼会将所有数据识别出来，然后智能推荐最常用的那组，见图 9-43，如果推荐的不是想要的，可尝试单击"切换识别结果"。

图 9-43　智能推荐

　　自动识别完成后，单击"生成采集设置"，可自动生成相应的采集流程，用户可以编辑修改，见图 9-44。

　　根据本例的需求，采集当当网中"红楼梦"图书的相关信息。观察当当网网页，此网页上有很多图书列表，每个列表结构相同。关键点在于如何让八爪鱼识别所有列表，并按顺序依次采集每个图书列表中的数据。

图 9-44 生成采集配置

在八爪鱼中,建立"循环-提取数据"可实现此需求。"循环-提取数据"会包含所有的
图书列表,并按顺序依次采集每个图书列表中的数据。根据图 9-44 配置采集的流程图,
对需要的流程进行更改,选中网页中的不同部分,黄色提示框会弹出相应操作提示,见
图 9-45。单击网页中搜索框,针对搜索框给出相应操作提示:"输入文字""点击该元素"
"采集该文本框的值"等。本例需要采集图书"红楼梦"相关信息,因此需要在当当网文本
框中输入"红楼梦"并进行搜索,选择"输入文本"并进行具体设置。

图 9-45 文本框操作提示

随后直接拖动代表每个动作的图框,对采集流程图进行具体调整,见图 9-46。最终
流程为打开网页(打开当当网)→输入文本(红楼梦)→循环翻页(采集多页信息)。

图 9-46　采集流程图

　　八爪鱼可以提取了列表中的所有字段，可以对这些字段进行删除、修改字段名称等操作。鼠标移到"提取列表数据"步骤上，进入步骤的设置页面，见图 9-47。移动到字段名称上，可修改字段名（字段名称相当于 Excel 表头）。单击垃圾桶图标，可删除不需要的字段。

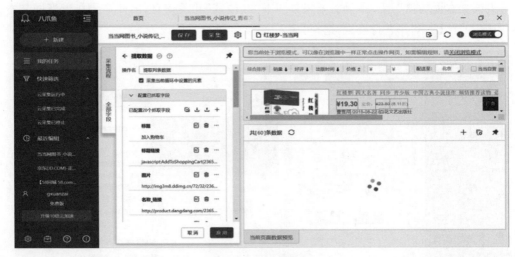

图 9-47　字段设置

　　设置全部完成之后，同使用采集模板一样，单击"保存并开始采集数据"。随后将数据作为 Excel 文件导出到本地，单击"查看"，见图 9-48。

　　可以自己尝试，针对不同网站，进行数据采集。

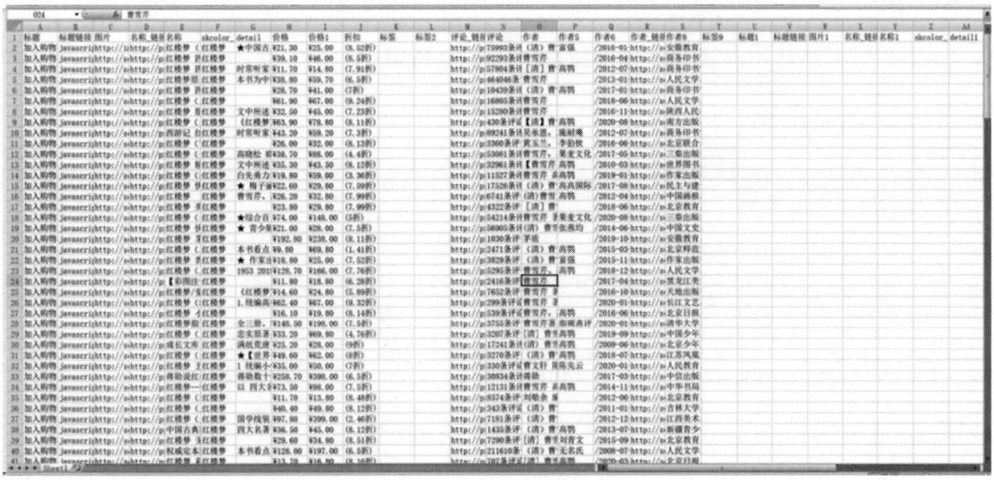

图 9-48　采集结果

9.4　实验 4　了解和使用 Python 和 requests 库

1. 实验目的

Python 是一个高层次的结合了解释性、编译性、互动性和面向对象的脚本语言。Python 的设计具有很强的可读性,它比其他语言更有特色语法结构。本节实验可以了解、掌握 Python 以及 requests 库的基本功能,使用 requests 库抓取网站数据。

2. 实验环境

软件要求:Python。

3. 实验内容

(1) 安装 Python。
(2) 安装和卸载 requests 库。
(3) 掌握和熟悉 requests 库基本函数使用。
(4) 掌握和熟悉 robots 协议。

4. 实验过程

1) 安装 Python

打开 Web 浏览器访问 https://www.python.org/downloads/windows/,不同系统使用的版本不同,需要下载对应的安装包。运行安装包,特别要注意勾选 Add Python 3.9 to PATH,见图 9-49,然后单击 Install Now 即可完成安装。

安装成功后,打开命令提示符窗口,输入 python 后,出现图 9-50 字样,说明 Python 安装成功。

图 9-49　安装 Python

```
C:\Users\THINK>python
Python 3.9.1 (tags/v3.9.1:1e5d33e, Dec  7 2020, 17:08:21) [MSC v.1927 64 bit (AMD64)] on win32
Type "help", "copyright", "credits" or "license" for more information.
>>>
```

图 9-50　安装成功

可在开始菜单中或者桌面找到 Python 的图标，双击 IDLE 即可开始编程。

2）安装和卸载 requests 库

在命令行窗口输入：pip install requests，系统会自动下载安装 requests 库，见图 9-51。

```
C:\Users\THINK>pip install requests
Collecting requests
  Using cached requests-2.25.1-py2.py3-none-any.whl (61 kB)
Requirement already satisfied: idna<3,>=2.5 in c:\users\think\appdata\local\programs\python\python39\lib\site-packages (
from requests) (2.10)
Requirement already satisfied: chardet<5,>=3.0.2 in c:\users\think\appdata\local\programs\python\python39\lib\site-packa
ges (from requests) (4.0.0)
Requirement already satisfied: certifi>=2017.4.17 in c:\users\think\appdata\local\programs\python\python39\lib\site-pack
ages (from requests) (2020.12.5)
Requirement already satisfied: urllib3<1.27,>=1.21.1 in c:\users\think\appdata\local\programs\python\python39\lib\site-p
ackages (from requests) (1.26.3)
Installing collected packages: requests
Successfully installed requests-2.25.1
```

图 9-51　安装 requests 库

如想要卸载 requests 库，在命令行窗口输入 pip uninstall requests 即可，见图 9-52。

```
C:\Users\THINK>pip uninstall requests
Found existing installation: requests 2.25.1
Uninstalling requests-2.25.1:
  Would remove:
    c:\users\think\appdata\local\programs\python\python39\lib\site-packages\requests-2.25.1.dist-info\*
    c:\users\think\appdata\local\programs\python\python39\lib\site-packages\requests\*
Proceed (y/n)? y
  Successfully uninstalled requests-2.25.1
```

图 9-52　卸载 requests 库

3）掌握和熟悉 requests 库基本函数使用

Python 中使用任何库的第一步是导入相关库，在 IDLE 环境中输入：

```
import requests
```

导入 requests 库，若输入之后没有任何报错，可以顺利输入之后的语句，表示库导入正常,可以使用;反之,如图 9-53 所示,为导入错误,无法正常使用(根据系统报错提示,没有名为"request"库)。

```
>>> import request
Traceback (most recent call last):
  File "<pyshell#1>", line 1, in <module>
    import request
ModuleNotFoundError: No module named 'request'
```

图 9-53　错误导入 requests 库

get 请求核心代码是 requests.get(url),具体例子如下:

```
>>> import requests
>>> url = 'https://www.baidu.com/'
>>> requests.get(url)
< Response [200]>
```

设置网址 https://www.baidu.com/为路径 URL,通过 get()获得这个网址的相关信息,也可直接输入:

```
requests.get('https://www.baidu.com/')
```

得到的结果中<>表示一个对象,这里获取的是 response 对象,200 表示状态码。

post 请求具体例子如下:

```
>>> url = 'https://www.jd.com/'
>>> requests.post(url)
< Response [200]>
```

post 请求还能够以表单形式上传参数,具体例子如下:

```
>>> url = 'https://fanyi.baidu.com'
>>> data = {'from': 'zh','to': 'en','query': 'test'}
>>> requests.post(url, data = data)
< Response [200]>
```

通过调用两种方法会发现,无论使用哪种方法,得到的结果都是[200]状态码。因为 requests 返回的一个 response 对象。

在 response 的常用对象中,status_code 表示获取的状态码,调用方式为

对象名.status_code

分别测试京东、QQ、豆瓣首页的状态码,举例如下:

```
>>> r = requests.get('https://www.jd.com/')
>>> r.status_code
200
>>> r = requests.get('https://www.qq.com/')
>>> r.status_code
200
>>> r = requests.get('https://www.douban.com/')
>>> r.status_code
418
```

如结果中可以看出，不同网址返回状态码不一致，京东和 QQ 首页状态码为 200，豆瓣首页状态码为 418。如果返回 200，说明请求的某个 URL 成功；其他常见的状态码，如 302 为重定向状态码，404、418 客户端错误状态码，均表示请求失败。

encoding 和 apparent_encoding 表示从头部 headers 和内容中猜测的编码方式，以百度首页为例，获取编码方式，举例如下：

```
>>> r = requests.get('https://www.baidu.com')
>>> r.encoding
'ISO-8859-1'
>>> r.apparent_encoding
'utf-8'
```

根据结果可以看出，根据头部 headers 和内容猜测的编码方式不一致，因此会导致网页中信息为乱码，直接调用 text 方法获得百度首页 URL 对应的内容，见图 9-54。

```
>>> r = requests.get('https://www.baidu.com')
>>> r.text
'<!DOCTYPE html>\r\n\<!--STATUS OK-->\<html> <head><meta http-equiv=content-type content=text/html;charset=utf-8><meta http-equiv=X-UA-Compatible content=IE=Edge><meta content=always name=referrer><link rel=stylesheet type=text/css href=https://ss1.bdstatic.com/5eN1bjq8AAUYm2zgoY3K/r/www/cache/bdorz/baidu.min.css><title>ç\x99¾åº¦ä¸\x80ä¸\x8bï¼\x8cä½ å°±ç\x9f¥é\x81\x93</title><body link=#0000cc> <div id=wrapper> <div id=head> <div class=head_wrapper> <div class=s_form> <div class=s_form_wrapper> <div id=lg> <img hidefocus=true src=//www.baidu.com/img/bd_logo1.png width=270 height=129> </div> <form id=form name=f action=//www.baidu.com/s class=fm> <input type=hidden name=bdorz_come value=1> <input type=hidden name=ie value=utf-8> <input type=hidden name=f value=8> <input type=hidden name=rsv_bp value=1> <input type=hidden name=rsv_idx value=1> <input type=hidden name=tn value=baidu><span class=bg s_ipt_wr><input id=kw name=wd class=s_ipt value maxlength=255 autocomplete=off autofocus=autofocus></span><span class=bg s_btn_wr><input type=submit id=su value=ç\x99¾åº¦ä¸\x80ä¸\x8b class=bg s_btn autofocus></span> </form> </div> <div id=u1> <a href=http://news.baidu.com name=tj_trnews class=mnav>æ\x96°é\x97»</a> <a href=https://www.hao123.com name=tj_trhao123 class=mnav>hao123</a> <a href=http://map.baidu.com name=tj_trmap class=mnav>å\x9c°å\x9b¾</a> <a href=http://v.baidu.com name=tj_trvideo class=mnav>è§\x86é¢\x91</a> <a href=http://tieba.baidu.com name=tj_trtieba class=mnav>è´´å\x90§</a> <noscript> <a href=http://www.baidu.com/bdorz/login.gif?login&amp;tpl=mn&amp;u=http%3A%2F%2Fwww.baidu.com%2f%3fbdorz_come%3d1 name=tj_login class=lb>ç\x99»å½\x95</a> </noscript> <script>document.write('<a href="http://www.baidu.com/bdorz/login.gif?login&tpl=mn&u='+ encodeURIComponent(window.location.href+ (window.location.search === "" ? "?" : "&")+ "bdorz_come=1")+ '" name="tj_login" class="lb">ç\x99»å½\x95</a>');\r\n </script> <a href=//www.baidu.com/more/ name=tj_briicon class=bri style="display: block;">æ\x9b´å¤\x9aäº§å\x93\x81</a> </div> </div> </div> <div id=ftCon> <div id=ftConw> <p id=lh> <a href=http://home.baidu.com>å\x85³äº\x8eç\x99¾åº¦</a> <a href=http://ir.baidu.com>About Baidu</a> </p> <p id=cp>&copy;2017 Baidu <a href=http://www.baidu.com/duty/>ä½¿ç\x94¨ç\x99¾åº¦å\x89\x8då¿\x85è¯» </a>  <a href=http://jianyi.baidu.com/ class=cp-feedback>æ\x84\x8fè§\x81å\x8f\x8dé¦\x88</a> äº¬ICPè¯\x81030173å\x8f ·   <img src=//www.baidu.com/img/gs.gif> </p> </div> </div> </div> </body> </html>\r\n'
```

图 9-54　百度首页 URL 内容

通过调用 text 方法获得的均为乱码，说明编码方式不同，无法解析网页。因此通过 apparent_encoding 分析出的编码方式，对 HTTP 网页中的编码方式进行更改，重新进行解析，具体举例如下：

```
>>> r.apparent_encoding
'utf-8'
>>> r.encoding = 'utf-8'
```

更改 encoding 之后，重新调用 text 对网页进行解析，重新获得的 URL 内容见图 9-55。

之前解析的网页中的乱码，更改 encoding 之后，可以顺利解析为汉字，正常显示出网页内容。

```
>>> r.apparent_encoding
'utf-8'
>>> r.encoding='utf-8'
>>> r.text
'<!DOCTYPE html]\r\n<!--STATUS OK--><html> <head><meta http-equiv=content-type cont
ent=text/html;charset=utf-8><meta http-equiv=X-UA-Compatible content=IE=Edge><meta
content=always name=referrer><link rel=stylesheet type=text/css href=https://ssl.bd
static.com/5eN1bjq8AAUYm2zgoY3K/r/www/cache/bdorz/baidu.min.css><title>百度一下，你
就知道</title></head> <body link=#0000cc> <div id=wrapper> <div id=head> <div class
=head_wrapper> <div class=s_form> <div class=s_form_wrapper> <div id=lg> <img hidef
ocus=true src=//www.baidu.com/img/bd_logo1.png width=270 height=129> </div> <form i
d=form name=f action=//www.baidu.com/s class=fm> <input type=hidden name=bdorz_come
value=1> <input type=hidden name=ie value=utf-8> <input type=hidden name=f value=8>
<input type=hidden name=rsv_bp value=1> <input type=hidden name=rsv_idx value=1> <i
nput type=hidden name=tn value=baidu><span class="bg s_ipt_wr"><input id=kw name=wd
class=s_ipt value maxlength=255 autocomplete=off autofocus=autofocus></span><span c
lass="bg s_btn_wr"><input type=submit id=su value=百度一下 class="bg s_btn" autofoc
us></span> </form> </div> <div id=u1> <a href=http://news.baidu.com name=tj_
trnews class=mnav>新闻</a> <a href=https://www.hao123.com name=tj_trhao123 class=mn
av>hao123</a> <a href=http://map.baidu.com name=tj_trmap class=mnav>地图</a> <a hre
f=http://v.baidu.com name=tj_trvideo class=mnav>视频</a> <a href=http://tieba.baidu
.com name=tj_trtieba class=mnav>贴吧</a> <noscript> <a href=http://www.baidu.com/bd
orz/login.gif?login&amp;tpl=mn&amp;u=http%3A%2F%2Fwww.baidu.com%2f%3fbdorz_come%3d1
name=tj_login class=lb>登录</a> </noscript> <script>document.write(\'<a href="http:
//www.baidu.com/bdorz/login.gif?login&tpl=mn&u=\'+ encodeURIComponent(window.locati
on.href+ (window.location.search === "" ? "?" : "&")+ "bdorz_come=1")+ \'" name="tj
_login" class="lb">登录</a>\');\r\n                </script> <a href=//www.baidu.co
m/more/ name=tj_briicon class=bri style="display: block;">更多产品</a> </div> </div
></div> <div id=ftCon> <div id=ftConw> <p id=lh> <a href=http://home.baidu.com>关
于百度</a> <a href=http://ir.baidu.com>About Baidu</a> </p> <p id=cp>&copy;2017&nbs
p;Baidu <a href=http://www.baidu.com/duty/>使用百度前必读</a>  <a href=ht
tp://jianyi.baidu.com/ class=cp-feedback>意见反馈</a>  京ICP证030173号  <i
mg src=//www.baidu.com/img/gs.gif> </p> </div> </div> </div> </body> </html>\r\n'
```

图 9-55　更改 enconding 重新解析

response 方法除了以上常用属性之外，还要注意 headers 属性，经常用在 requests 和 response 中。

response.headers 表示响应头，服务器响应给用户的头部信息。

response.request.headers 表示请求头，用户向服务器提出请求（request）的头部信息，在 IPython 3 交互界面，以访问京东首页为例，分别测试如下代码：

```
>>> r = requests.get('https://www.jd.com/')
>>> r.headers
>>> r.request.headers
```

结果见图 9-56，response.requests.headers 返回的结果是一个字典，其中 'User-Agent'：'Python-requests/2.25.1'，跟正常浏览器请求的 User-Agent（浏览器名称）不一样，会很容易被识别出是一个爬虫。

```
>>> r=requests.get('https://www.jd.com/')
>>> r.headers
{'Server': 'JSP3/2.0.14', 'Date': 'Sun, 21 Feb 2021 04:15:03 GMT', 'Content-Type':
'text/html; charset=utf-8', 'Content-Length': '28401', 'Connection': 'keep-alive',
'Content-Encoding': 'gzip', 'Expires': 'Sun, 21 Feb 2021 04:15:28 GMT', 'Age': '5',
'Accept-Ranges': 'bytes', 'Cache-Control': 'max-age=30', 'Ser': '98.113', 'Vary':
'Accept-Encoding', 'Via': 'BJ-H-NX-108(EXPIRED), http/1.1 ORI-CLOUD-HB-MIX-25 (jcs [
cRs f ]), http/1.1 JN-UNI-2-MIX-18 (jcs [cRs f ])', 'X-Content-Type-Options': 'nosn
iff', 'X-Frame-Options': 'SAMEORIGIN', 'X-Xss-Protection': '1; mode=block', 'Access
-Control-Allow-Origin': '*', 'Timing-Allow-Origin': '*', 'X-Trace': '200;200-161388
0885377-0-0-0-0-0;200-1613880898629-0-0-0-1-1', 'Strict-Transport-Security': 'max-a
ge=360', 'Ohc-Cache-HIT': 'hg3un62 [4], xzuncache84 [1], czix147 [1]', 'Ohc-File-Si
ze': '28401'}
>>> r.request.headers
{'User-Agent': 'python-requests/2.25.1', 'Accept-Encoding': 'gzip, deflate', 'Accep
t': '*/*', 'Connection': 'keep-alive'}
```

图 9-56　京东 headers 信息

以访问豆瓣首页为例，分别测试如下代码：

```
>>> r = requests.get('https://www.douban.com')
>>> r.headers
>>> r.request.headers
```

结果见图 9-57，headers 信息为'User-Agent'：'Python-requests/2.25.1'，被识别为爬虫，因此当访问豆瓣首页时，返回状态码 418，连接失败。无法获得任何 headers 信息。

```
>>> r = requests.get('https://www.douban.com')
>>> r.headers
{'Date': 'Sun, 21 Feb 2021 05:08:23 GMT', 'Content-Length': '0', 'Connection': 'kee
p-alive', 'Keep-Alive': 'timeout=30', 'Server': 'dae'}
>>> r.request.headers
{'User-Agent': 'python-requests/2.25.1', 'Accept-Encoding': 'gzip, deflate', 'Accep
t': '*/*', 'Connection': 'keep-alive'}
```

图 9-57　豆瓣 headers 信息

很多网站会存在如上情况，所以在调用 get()方法时，需要对 headers 信息进行一定的更改，做如下操作：

```
>>> kv = {'User-Agent': 'Mozilla/5.0'}
>>> r = requests.get('https://www.douban.com', headers = kv)
```

之后再重新获取 status_code 和 headers，得到结果见图 9-58。

```
>>> kv={'User-Agent': 'Mozilla/5.0'}
>>> r=requests.get('https://www.douban.com',headers=kv)
>>> r.status_code
200
>>> r.request.headers
{'User-Agent': 'Mozilla/5.0', 'Accept-Encoding': 'gzip, deflate', 'Accept': '*/*',
'Connection': 'keep-alive'}
>>> r.headers
{'Date': 'Sun, 21 Feb 2021 05:16:18 GMT', 'Content-Type': 'text/html; charset=utf-8
', 'Transfer-Encoding': 'chunked', 'Connection': 'keep-alive', 'Keep-Alive': 'timeo
ut=30', 'Vary': 'Accept-Encoding, Accept-Encoding', 'X-Xss-Protection': '1; mode=bl
ock', 'X-Douban-Mobileapp': '0', 'Expires': 'Sun, 1 Jan 2006 01:00:00 GMT', 'Pragma
': 'no-cache', 'Cache-Control': 'must-revalidate, no-cache, private', 'Set-Cookie':
'll="118151"; path=/; domain=.douban.com; expires=Mon, 21-Feb-2022 05:16:18 GMT, bi
d=sWCtiRWTHiM; Expires=Mon, 21-Feb-22 05:16:18 GMT; Domain=.douban.com; Path=/', 'X
-DAE-App': 'sns', 'X-DAE-Instance': 'home', 'X-DAE-Mountpoint': 'True', 'X-DOUBAN-N
EWBID': 'sWCtiRWTHiM', 'Server': 'dae', 'X-Frame-Options': 'SAMEORIGIN', 'Strict-Tr
ansport-Security': 'max-age=15552000;', 'Content-Encoding': 'gzip'}
```

图 9-58　重新获取信息

将新的 headers 信息保存在字典 kv 中，通过 get()方法使用新的 headers 访问豆瓣首页，状态码从 418 变为 200，表示连接成功，也能够获得 headers 信息。

4）掌握和熟悉 robots 协议

如果搜索引擎爬虫要访问的网站地址是 http://www.baidu.com/，那么 robots.txt 文件必须能够通过 https://www.baidu.com/robots.txt 打开并看到里面的内容。

以腾讯首页为例，代码如下：

```
>>> r = requests.get('https://www.qq.com/robots.txt')
>>> r.text
'User - agent: * \r\nDisallow:\r\nSitemap: http://www.qq.com/sitemap_index.xml \r\n'
```

得到结果如上，其中 User-agent 表示可以允许什么爬虫，Disallow 表示禁止的目录。

在此基础上，测试京东、百度、豆瓣 robots 协议，分别是什么。提示：豆瓣无法直接访问，因此需要更改 headers 信息，获取 robots 协议。当结果过长时，Python 会将结果压缩，双击即可打开。

9.5 实验5 使用 PyCharm 编写 requests 库爬虫

1. 实验目的

因为 Python 是一个对于缩进要求特别严格的语言,自带的 IDLE 编译器针对单独语句简单快捷,但针对行数较多的代码,无法及时编译、纠错。

PyCharm 是一款功能强大的 Python 编辑器,是 Jetbrains 家族中的一个明星产品,Jetbrains 开发了许多好用的编辑器,包括 Java 编辑器(IntelliJ IDEA)、JavaScript 编辑器(WebStorm)、PHP 编辑器(PHPStorm)、Ruby 编辑器(RubyMine)、C 和 C++ 编辑器(CLion)、.Net 编辑器(Rider)、iOS/macOS 编辑器(AppCode)等。PyCharm 具有跨平台性,在 macOS 和 Windows 下都可以正常使用。了解、掌握 PyCharm 的使用方法,并编写简单的爬虫程序。

2. 实验环境

1) 软件要求

PyCharm-community-2020.3.2

2) 系统要求

64 位 Windows 10/Windows 8
至少 2GB RAM 内存
2.5GB 硬盘空间
Python 3.5 以上(安装 PyCharm 前必须安装 Python)

3. 实验内容

(1) 安装 PyCharm。
(2) 熟悉 PyCharm 界面。
(3) 编写 requests 爬虫练习 1。
(4) 编写 requests 爬虫练习 2。
(5) 编写 requests 爬虫练习 3。

4. 实验过程

1) 安装 PyCharm

进入 PyCharm 的官方下载地址 https://www.jetbrains.com/PyCharm/download/#section=Windows,进入下载页面。Professional 表示专业版,可以免费试用,过了试用期需要收费;Community 是社区版,仅可以进行 Python 开发,不能连接配套的 HTML、SQL 数据库等,但可以免费使用。日常学习可以使用社区版本。

如首页没有合适版本的软件，单击左侧 Other Versions，可以查看其他版本的 PyCharm，例如查找 2019.3 版本，见图 9-59。

Version 2019.3 `2019.3.5 ▼`

PyCharm Professional Edition

2019.3.5 - Linux (tar.gz)

2019.3.5 - Linux with Anaconda plugin (tar.gz)

2019.3.5 - Windows (exe)

2019.3.5 - Windows with Anaconda plugin (exe)

2019.3.5 - macOS (dmg)

2019.3.5 - macOS with Anaconda plugin (dmg)

PyCharm Community Edition

2019.3.5 - Linux (tar.gz)

2019.3.5 - Linux with Anaconda plugin (tar.gz)

2019.3.5 - Windows (exe)

2019.3.5 - Windows with Anaconda plugin (exe)

2019.3.5 - macOS (dmg)

2019.3.5 - macOS with Anaconda plugin (dmg)

Version: 2019.3.5 (Release notes)
Build: 193.7288.30
Released: 8 May 2020

Major version: 2019.3
Released: 2 December 2019

PyCharm Professional Edition third-party software
PyCharm Community Edition third-party software

图 9-59　2019.3 版本 PyCharm

下载完成后，双击安装 PyCharm，单击 Next。选择合适路径，当出现见图 9-60 界面时，①按照计算机实际情况选择，②～⑤按照图中选项设置。单击 Next 继续默认设置，直到单击 Install 安装软件。

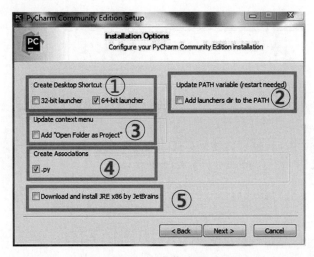

图 9-60　安装选项

安装完成之后，单击 Finish，运行 PyCharm。首次打开软件，需要对软件进行一些默认配置，PyCharm 提供诸多主题选择，根据个人爱好选择 Darcula(黑色)或者 Light(白色)。如以后想更改主题，可以在软件打开的时候，按照 File→Setting→Editor→Color Scheme，在 Scheme 选项卡中选择不同代码区域主题；按照 File→Setting→Appearance&Behavior 选择工具栏主题。

2）熟悉 PyCharm 界面

PyCharm 界面同大多数编程软件类似，左侧为工程文件列表，右侧为代码编译区。

选择 Create New Project，选择保存位置并命名，见图 9-61，Location 是存放工程的路径。已经自动加载 Python3.9，若更改 Python3.9 路径，也要同时更改加载路径。第二个 Location 不需要更改，取默认值。

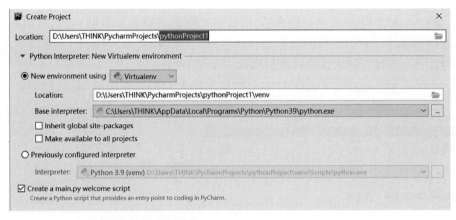

图 9-61　建立新工程

建好 Python Project 之后,右击工程,见图 9-62,选择 New→Python File 即可建立新的 Python 文件。

图 9-62　新建文件

有了 PyCharm 后,不用借助 Windows 的 cmd 就可以运行 Python 程序,有以下三种方法。

第一种为使用工具栏中的 Run,如果没有显示 Toolbar,可以在 View 里面找到 Toolbar 并勾选,见图 9-63。

图 9-63　toolbar

第二种方法,在编译窗口左侧,代码起始位置,单击 Run 按钮,见图 9-64。

图 9-64　Run 按钮

第三种方法,直接右击然后按 Run。

3) 编写 requests 爬虫练习 1:获取豆瓣电影排行榜

代码由两个功能模块组成,使用 requests 库分析网页模块和结果输出模块。

使用 requests 库分析网页模块思路如下:打开豆瓣电影排行榜的页面,进入开发者模式见图 9-65，按 F12 键或者右击选择"检查"（不同浏览器可能不同），选择"网络"选项卡，"XHR"选项卡。网页运行时查看刷新动作，在头部（headers）信息中，查看请求方法为 GET，因此可以确定程序中获取网页信息使用 get()方法。

Content-Type：application/JSON，说明数据以 JSON 格式存储，因此查看数据使用 JSON()方法，不使用 text。

图 9-65　开发者模式

图 9-65 中请求 url 为

https://movie. douban. com/j/chart/top _ list? type = 11&interval _ id = 100 % 3A90&action = &start = 20&limit = 20

type 之后为参数，因此 url 为 https://movie. douban. com/j/chart/top_list。

查看具体字符串参数：发现网页刷新时，传递见图 9-66 的参数，get()方法中传递参数使用 params 变量，因此可以确定使用 get()方法时，需要传递的三个参数：网址 url、参数 params 和伪装的头部 headers 信息。

获取信息部分，写入代码，见图 9-67。

图 9-66　传递参数

```
5   url='https://movie.douban.com/j/chart/top_list'
6   #检查字符串参数
7   param={
8       'type': '10', #爬取的类型
9       'interval_id':'100:90',
10      'action':'',
11      'start':'0', #从哪里开始
12      'limit':'10', #取多少部
13  }
14  headers = {'user-agent': 'Mozilla/5.0'}
15  response=requests.get(url=url,params=param,headers=headers)
```

图 9-67　获取部分代码

get()方法得到一个 response 对象，在开发者模式中，见图 9-68，查看响应状态获取的 JSON 格式的信息。

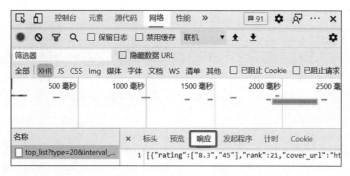

图 9-68 response 信息

结果输出模块思路如下：这个网页中，response 信息作为列表存在，每部电影的信息以一个字典{}的形式，存储在 JSON 信息串的列表[]中，图 9-69 为其中一部电影的信息。

一个字典存储了一部电影的全部信息，遍历存储信息的列表，根据需要，输出对应键值对应的信息即可。例如，电影名的键值为 title，播放日期的键值为 realease_date。输出代码见图 9-70。

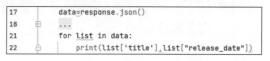

{"rating":["8.3","45"],"rank":21,"cover_url":"https:\/\/img1.doubanio.com\/view\/photo\/s_ratio_poster\/public\/p2508714778.webp","is_playable":true,"id":"1876972","types":["喜剧","恐怖"],"regions":["英国","爱尔兰","美国"],"title":"绅士的启示联盟","url":"https:\/\/movie.douban.com\/subject\/1876972\/","release_date":"2005-06-03","actor_count":18,"vote_count":1647,"score":"8.3","actors":["马克·加蒂斯","史蒂夫·佩姆伯顿","里斯·谢尔史密斯","麦克·辛","Bruno Langley","莉安娜·奥克莱丽","安琪儿·库碧","利亚姆·坎宁安","艾米莉·伍夫","大卫·沃纳","马克·达赫蒂","彼得·凯","西蒙·佩吉","伯纳德·希尔","维多利亚·伍德","Kerry Potter","大卫·莱尔","Rachel Rath"],"is_watched":false}

图 9-69 JSON 信息

```
data=response.json()
...
for list in data:
    print(list['title'],list["release_date"])
```

图 9-70 输出部分代码

运行代码，结果见图 9-71。

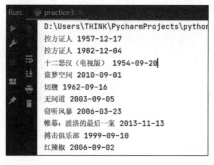

图 9-71 运行结果

4）编写 requests 爬虫练习 2：生产许可证信息获取

获取网页上的信息，生产许可证信息网址为 http://scxk.nmpa.gov.cn：81/xk/，见图 9-72。

方法如 requests 库练习 1 进入开发者模式，网页运行时查看刷新的动作，在 headers

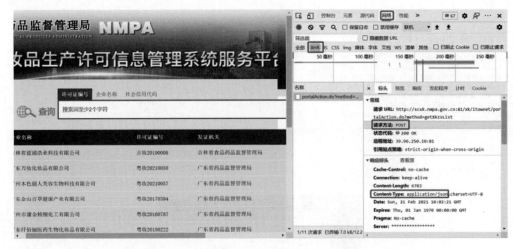

图 9-72　生产许可证信息网

信息中，可以看到请求方法为 post，因此可以确定程序中获取网页信息使用 post()方法，见图图 9-73。

图 9-73　开发者模式

图 9-73 中请求 URL 为

http://scxk.nmpa.gov.cn:81/xk/itownet/portalAction.do?method = getXkzsListtype

因为这个网站不是动态加载的，不需要动态传递参数，因此 URL 即为上述网址。

Content-Type：application/JSON，说明数据以 JSON 格式存储，因此同练习 1 一致，查看数据使用 JSON()方法，不使用 text。

查看具体字符串参数，发现网页刷新时，传递如图 9-74 所示的参数，post()方法中传递参数使用 data 变量。因此可以确定使用 post()方法时，需要传递的三个参数：网址URL、参数 data 和头部信息 headers。

获取信息部分，写入代码见图 9-75。

```
4    import requests
5 ▶  ⊟if __name__ == '__main__':
6        url='http://scxk.nmpa.gov.cn:81/xk/itownet/portalAction.do?method=getXkzsList'
7        headers = {'user-agent': 'Mozilla/5.0'}
8        data = {'on': 'true',
9                 'page': '1',  #第几页
10                'pageSize': '15', #网站每页最多15个信息
11                'productName': '',
12                'conditionType': '1',
13                'applyname': '',
14             ⊟  'applysn': ''}
15     #不用加载param的表单数据，不是ajex动态加载的，不能根据更改param值的不同来输出更多的页面
16        response = requests.post(url=url,data=data,headers=headers)
```

表单数据 　查看源

on: true
page: 1
pageSize: 15
productName:
conditionType: 1
applyname:
applysn:

图 9-74 　表单数据　　　　　　　　图 9-75 　获取信息部分代码

post()方法得到一个 response 对象，在开发者模式中，查看响应状态获取的 JSON 格式的信息，见图 9-76。

全部 **XHR** JS CSS Img 媒体 字体 文档 WS 清单 其他 □ 已阻止 Cookie □ 已阻止请求

| 50 毫秒 | 100 毫秒 | 150 毫秒 | 200 毫秒 |

名称　　　　　　　　　× 标头 预览 **响应** 发起程序 计时 Cookie

□ portalAction.do?method=... 　 1 {"filesize":"","keyword":"","list":[{"ID":"1a7c3b

图 9-76 　response 信息

这个网页中，response 信息作为字典存储，见图 9-77。每个许可证的信息在这个字典中，存储在关键字 list 之下，值中存储许可证信息，格式为列表[ ]，第[0]个列表存储第一个许可证信息，第[1]个列表存储第二个许可证信息。在这个列表中，ID 存储许可证编号，EPS_NAME 存储公司名称，CITY_CODE 存储城市代码等。

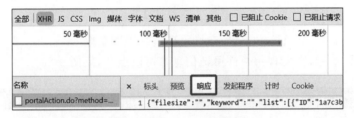

{"filesize":"","keyword":"","list":
[{"ID":"1a7c3b68d8404db8b7048149367eeaf0","EPS_NAM
E":"吉林省蓝浦浩业科技有限公司","PRODUCT_SN":"吉妆
20190008","CITY_CODE":"275","XK_COMPLETE_DATE":
{"date":20,"day":6,"hours":0,"minutes":0,"month":1,"nanos
":0,"seconds":0,"time":1613750400000,"timezoneOffset":-
480,"year":121},"XK_DATE":"2024-10-
13","QF_MANAGER_NAME":"吉林省食品药品监督管理
局","BUSINESS_LICENSE_NUMBER":"91220101MA158XEQ9
N","XC_DATE":"2021-02-20","NUM":1},

图 9-77 　许可证信息

要输出许可证的某些指定信息，遍历存储信息的字典，根据需要，输出对应键值对信息即可。输出代码见图 9-78。

```
17        list = response.json()
18     #表单数据的pagesize为15，所以range为15
19     for i in range(eval(data['pageSize'])):
20     ⊟    print(list['list'][i]['ID'],list['list'][i]['EPS_NAME'])
```

图 9-78 　输出部分代码

运行结果见图 9-79。

```
D:\Users\THINK\PycharmProjects\pythonProject\venv\Scripts\py
1a7c3b68d8404db8b7048149367eeaf0  吉林省蓝浦浩业科技有限公司
9be8485451d44b3a8eb659ab6d3ae9c2  广东万妆化妆品有限公司
c81df6d78b3f4cc093c6178b4c6d4c63  广州本色丽人美容生物科技有限公司
641dafb0a1814dffbdec618b134a5815  广东金山百草健康产业有限公司
ae395a8adfef4fb39a38cd5ffd6a1097  广州市蒲金精细化工有限公司
b16897fc97704e8289245cce22822bc8  广东纤佰俪医药生物化妆品有限公司
a810f850c54f4cf7a002057cfb4ec279  滁州向日葵药业有限公司
73bb06d774f44c2b9d7c006be3711718  扬州倍加洁日化有限公司
d51920e18414449fa2bda604a2a6b93f  克劳丽化妆品（南通）有限公司
6321fa3a8cad4edba7b5597c3fdea52e  广东永佳日化实业有限公司
c2cf1364781447e1a3b6dcd90bda6fff  江西初美化妆品有限公司
23e8220096bf40f99ed1d453824b729d  江西珍视明药业有限公司
3d743719c320463a91abdea81aa240b5  云南可静生物科技有限公司
6626aa180dca43f7b10c45a3dd91c13a  中山新妍化妆品有限公司
3e18d72df9c24f0b8f15e76d0fbcc913  东莞市百丽达生物科技有限公司
```

图 9-79　运行结果

5）编写 requests 爬虫练习 3：生产许可证信息深度获取

练习 2 的网址中，会发现每个许可证信息都可以点开，见图 9-80。

企业名称	许可证编号	发证机关	有效期至	发证日期
吉林省蓝浦浩业科技有限公司	吉妆20190008	吉林省食品药品监督管理局	2024-10-13	2021-02-20

图 9-80　许可证超链接

点开可以看到每个许可证上更加具体的信息，见图 9-81。

企业名称：	吉林省蓝浦浩业科技有限公司
许可证编号：	吉妆20190008
许可项目：	一般液态单元（啫喱类、护发清洁类、护肤水类）；膏霜乳液单元（护肤清洁类）
企业住所：	吉林省长春市北湖科技开发区宝成路3388号
生产地址：	吉林省长春市北湖科技开发区宝成路3388号
社会信用代码：	91220101MA158XEQ9N
法定代表人：	眭春
企业负责人：	眭春
质量负责人：	孙玮哲
发证机关：	吉林省食品药品监督管理局

图 9-81　许可证具体信息

代码由三个部分组成：获取页面信息、获取超链接中的子页面信息和输出信息。

获取页面信息在实验 2 中已经练习过，具体代码见图 9-82。

获取每个页面信息之后，能够得到首页企业全部信息（包括 ID 等），将信息存储在 list 列表中。

在开发者模式中检查子网页，见图 9-83，使用的是 post() 方法，传递的参数是每个企业的 ID 号。

为了获得每个企业的 ID 号，调取子网页传递的参数，见图 9-84 代码，将 ID 号存储在列表 idList 当中。

```
5      #获取每个单位的ID，用来获取进一步网页的数据
6      url_home='http://scxk.nmpa.gov.cn:81/xk/itownet/portalAction.do?method=getXkzsList'
7      headers = {'user-agent': 'Mozilla/5.0'}
8      data={'on': 'true',
9             'page': '1',
10            'pageSize': '15',
11            'productName': '',
12            'conditionType': '1',
13            'applyname': '',
14            'applysn':'' }
15     response = requests.post(url=url_home, data=data, headers=headers)
16     list = response.json()
```

图 9-82　获取页面信息

图 9-83　子网页传递的参数

```
17     #企业ID放入list中
18     idlist=[]
19     for company in list['list']:
20         idlist.append(company['ID'])
```

图 9-84　存储企业 ID

在子网页中用开发者模式如图 9-83 所示，可以获取子网页的请求 URL，因此子网页 post()方法中的 URL 为请求 URL、data 为企业 ID、headers 不变。遍历每个子网页并提出 post 请求，爬取每个子网页中的信息，信息存储模式为 JSON，遍历子网页同时输出，见图 9-85 中代码。

```
21     #获取每个子网页中的信息
22     url_company='http://scxk.nmpa.gov.cn:81/xk/itownet/portalAction.do?method=getXkzsById'
23     for id_company in idlist:
24         data_company={'id':id_company}
25         detail_company=requests.post(url=url_company,headers=headers,data=data_company)
26         businessinfo=detail_company.json()
27         print(businessinfo)
```

图 9-85　获取子网页信息

输出结果见图 9-86。

若只想输出子网页中的某一个信息，可将输出代码改为仅输出字典中的某一个键值，如只输出法定代表人和公司名称，可以仅输出键值为 businessPerson 和 epsName 对应的值，代码举例如下：

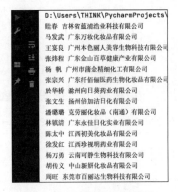

图 9-86 输出结果

```
print(businessinfo['businessPerson'],businessinfo['epsName'])
```

输出结果见图 9-87。

图 9-87 输出指定值结果

9.6 实验 6 使用 PyCharm 编写 BeautifulSoup 库爬虫

1. 实验目的

了解、掌握 BeautifulSoup 库的使用方法，并编写简单的爬虫程序。

2. 实验环境

1）软件要求

```
PyCharm-community-2020.3.2
Python
```

2）系统要求

```
64 位 Windows 10/Windows 8
2GB 内存
2.5GB 硬盘空间
Python 2.7 或 Python 3.5 及以上(安装 PyCharm 前必须安装 Python)
```

3. 实验内容

(1)安装和卸载 BeautifulSoup 库。

(2)掌握和熟悉 BeautifulSoup 库基本函数使用。

(3)编写 BeautifulSoup 爬虫练习 1。

(4)编写 BeautifulSoup 爬虫练习 2。

4. 实验过程

1）安装和卸载 BeautifulSoup 库

同安装 requests 库类似,在命令行窗口输入 pip install BeautifulSoup4。

系统会自动下载安装 BeautifulSoup 库,见图 9-88。

```
C:\Users\THINK>pip install BeautifulSoup4
Collecting BeautifulSoup4
  Using cached beautifulsoup4-4.9.3-py3-none-any.whl (115 kB)
Requirement already satisfied: soupsieve>1.2 in c:\users\think\appdata\local\programs\python\python39\lib\site-packages
(from BeautifulSoup4) (2.1)
Installing collected packages: BeautifulSoup4
Successfully installed BeautifulSoup4-4.9.3
```

图 9-88　安装 BeautifulSoup 库

卸载 BeautifulSoup 库,在命令行窗口输入:pip uninstall BeautifulSoup4,系统会自动询问并卸载 BeautifulSoup 库。

2）掌握和熟悉 BeautifulSoup 库基本函数使用

在 Python 中调用 BeautifulSoup 库,输入:

```
from bs4 import BeautifulSoup
```

若输入之后没有任何报错,可以顺利输入其他语句,表示库正常导入。

在实验 9.4 的 requests 库中,可以通过 get()方法得到一个网页的 response 对象,使用 text 属性获得网页的 HTML 文件,获得百度首页的文档。

```
>>> r = requests.get('http://www.baidu.com/')
>>> r.text
'<!DOCTYPE HTML>\r\n<!-- STATUS OK --><HTML><head><meta http-equiv=content-type
content=text/HTML;charset=utf-8><meta http-equiv=X-UA-Compatible content=IE=
Edge><meta content=always name=referrer><link rel=stylesheet type=text/css href=
http://s1.bdstatic.com/r/www/cache/bdorz/baidu.min.css><title>百度一下,你就知道
</title></head><body link=#0000cc><div id=wrapper><div id=head><div class=
head_wrapper><div class=s_form><div class=s_form_wrapper><div id=lg><img
hidefocus=true src=//www.baidu.com/img/bd_logo1.png width=270 height=129></div>
<form id=form name=f action=//www.baidu.com/s class=fm>
```

通过 requests 库得到的文档并不能进一步使用,如果加载页面时并没有提出请求,也无法用 get 或者 post 方法爬取信息。可以对上述通过 requests 库获得的 text 文档进行解析,代码如下:

```
>>> demo = r.text
>>> soup = BeautifulSoup(demo, 'HTML.parser')
```

text 文档中的标签会转化为节点,可以通过访问对象访问到,对原文档中的 head、title 标签可以作为节点访问,举例如下:

```
>>> soup. head
< head >< meta content = "text/HTML; charset = utf - 8" http - equiv = "content - type"/>< meta
content = "IE = Edge" http - equiv = "X - UA - Compatible"/>< meta content = "always" name =
"referrer"/>< link href = " https://ss1. bdstatic. com/5eN1bjq8AAUYm2zgoY3K/r/www/cache/
bdorz/baidu. min. css" rel = "stylesheet" type = "text/css"/>< title >百度一下,你就知道
</title></head >
>>> soup. title
<title>百度一下,你就知道</title>
```

从上述代码结果中可以看出,head 标签中嵌套有 title 标签、meta 标签。以这两个标签分别进行举例,对每个元素进行演示。设 bs 为标签 title 的变量名,显示该标签的名字、包含的属性、包含的字符串,举例代码如下:

```
>>> bs = soup. title
>>> bs
<title>百度一下,你就知道</title>
>>> bs. name
'title'
>>> bs. attrs
{}
>>> bs. string
'百度一下,你就知道'
```

阅读代码可以发现,标签 title 中没有属性,所以 attrs 为空,string 内容为字符串。

对 meta 标签举例,设 bs2 为标签 meta 的变量名,显示该标签的名字、包含的属性、包含的字符串,举例如下代码:

```
>>> bs2 = soup. meta
>>> bs2
< meta content = "text/HTML; charset = utf - 8" http - equiv = "content - type"/>
>>> bs2. name
'meta'
>>> bs2. attrs
{'http - equiv': 'content - type', 'content': 'text/HTML; charset = utf - 8'}
>>> bs2. string
```

运行之后,因 meta 标签中包含属性,因此 bs2 的 attrs 值不为空,bs2 标签中没有字符串,string 值为空。

BeautifulSoup 库中所有标签都作为节点存在,可以对文档进行遍历。以常见 find 函数为例,对百度首页生成的 soup 文件,遍历全文标签,寻找指定标签并返回,代码如下:

```
>>> soup. find('a')
< a class = "mnav" href = "http://news.baidu.com" name = "tj_trnews">新闻</a>
>>> soup. find('meta')
```

```
< meta content = "text/HTML; charset = utf - 8" http - equiv = "content - type"/>
```

遍历 head 标签中的子节点,输入如下代码:

```
>>> head = soup.head
>>> for child in head.children:
    print(child)
```

运行结果见图 9-89,遍历 head 标签,并将其中的所有子标签输出。

图 9-89　遍历子节点

BeautifulSoup 库还提供子节点、子孙节点、父节点、祖先节点等多种形式的访问,可以在官方文档中查看,网址为 https://beautifulsoup.readthedocs.io/zh_CN/v4.4.0/。

3)编写 BeautifulSoup 爬虫练习 1:输出大学排名

本练习爬取见图 9-90 中的大学排名,网址为 https://www.shanghairanking.cn/rankings/bcur/2020。

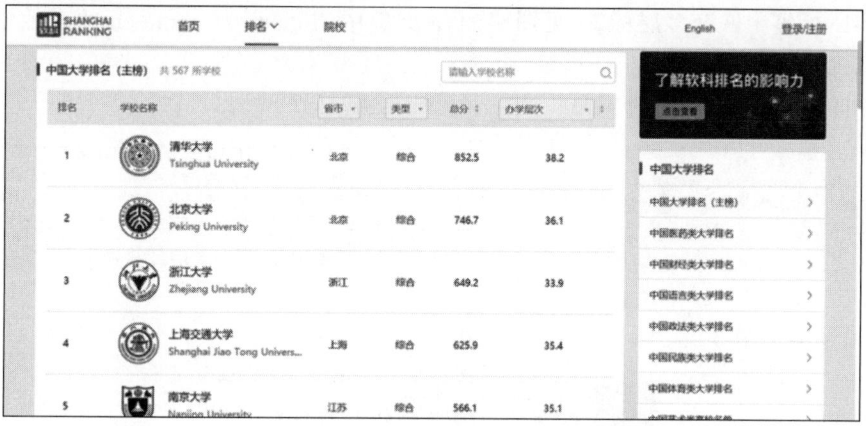

图 9-90　中国大学排名

代码主要由三个模块组成:通过 requests 库获得网页模块,通过 BeautifulSoup 解析网页模块和遍历标签寻找指定内容模块。

requests 库获得网页模块,思路可参考 9.3 节,使用 get()方法获得网页。url 为网址,该网址并没有动态加载,不需要传递参数。因此 get()方法中仅需要传递 url 和 headers 两个参数。因为网站汉字较多,引用 encoding 进行转码。代码见图 9-91。

```
5    url='https://www.shanghairanking.cn/rankings/bcur/2020'
6    headers = {'user-agent': 'Mozilla/5.0'}
7    response=requests.get(url=url,headers=headers)
8    response.encoding=response.apparent_encoding
```

图 9-91　requests 获得网页

解析网页模块：引用 BeautifulSoup 库对网页进行解析，代码见图 9-92。

```
9       page_text=response.text
10      soup=BeautifulSoup(page_text,'html.parser')
```

图 9-92　BeautifulSoup 解析网页

在开发者模式下，打开元素选项卡，见图 9-93，发现 tbody 标签下的 tr 标签存储所有大学信息。为了获得所有大学信息，需要遍历 tbody 标签。

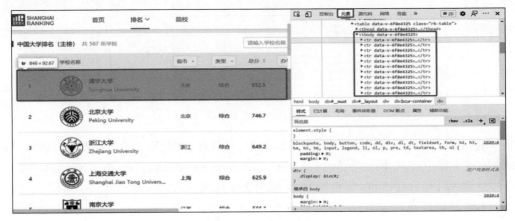

图 9-93　tbody 标签

tbody 标签中嵌套多层标签，见图 9-94，a 标签中的 class 为 name-cn 的表示学校名，因此需要找到该标签并输出。

遍历标签部分代码见图 9-95。

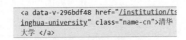

图 9-94　a 标签

```
13      for name in soup.find('tbody').children:
14          name_tag=name.find('a',class_='name-cn').string
15          name_eng=name.find('a', class_='name-en').string
16          print(name_tag,name_eng)
```

图 9-95　遍历标签代码

输出结果见图 9-96。

图 9-96　输出结果

4）编写 BeautifulSoup 爬虫练习 2：输出小说章节名

本练习爬取见图 9-97 中的小说章节名，网址为：https://www.shicimingju.com/

book/xiyouji. HTML。

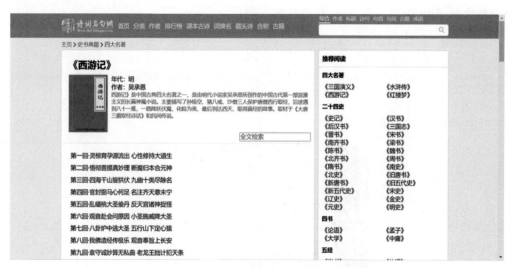

图 9-97　小说章节名

代码构成同 BeautifulSoup 练习 1 类似，requests 库获得网页模块，仅需要传递 url 和 headers 两个参数。因为网站汉字较多，引用 encoding 进行转码。代码见图 9-98。

解析网页模块同练习 1 类似，代码见图 9-99。

```
4        url='https://www.shicimingju.com/book/xiyouji.html'
5        headers = {'user-agent': 'Mozilla/5.0'}
6        response=requests.get(url=url,headers=headers)
7        response.encoding=response.apparent_encoding
```

```
8        page_text=response.text
9        soup=BeautifulSoup(page_text,'html.parser')
```

图 9-98　requests 获得练习 2 网页　　　图 9-99　BeautifulSoup 库解析练习 2 网页

在开发者模式下，打开元素选项卡，见图 9-100。发现章节名称都存储在 book-mulu 下的子标签 li 中，因此遍历网页中的所有 li 标签，提取出其中的章节名，这里使用 select 方法，通过标签名查找。

图 9-100　章节名标签

select()方法使用 css 定位元素,根据标签和属性值精确定位,但是会查询出来所有符合条件的元素,返回一个列表,代码见图 9-101。

```
10      li_list = soup.select('.book-mulu>ul>li')
11      for li in li_list:
12          title = li.a.text
13          print(title)
```

图 9-101　遍历标签代码

运行代码,输出结果见图 9-102。

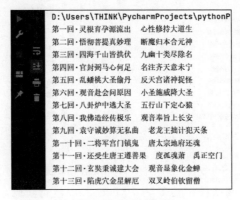

图 9-102　运行结果

9.7　本章小结

本章共介绍了 6 个与大数据采集相关的实验,其中,9.1 节实验和 9.2 节实验是针对日志数据采集,利用 Eventlog Analyzer 和 Log Parser 工具进行设计的。9.3 节～9.6 节中的实验是针对互联网信息的,利用爬虫工具和技术进行设计的。

第 **10** 章

大数据预处理实验

本章学习目标

- 掌握 SaCa RealRec 数据科学平台的启动及其实验环境；
- 了解 SaCa RealRec 数据科学平台的数据预处理功能模块；
- 掌握对数据集中属性值的预处理方法；
- 掌握 SaCa RealRec 数据科学平台用于维归约的功能。

SaCa RealRec 数据科学平台是东软集团研制开发的，使用 NoteBook 形式进行数据科学探索，包含数据管理、数据预处理、数据可视化、建模、预测评估、模型管理等功能，采用可视化的界面与引导式的流程操作，从而达到快速简单地操作数据、分析数据、构建模型等目的。

10.1 实验 1 启动、了解 SaCa 大数据实验平台

1. 实验目的

了解 SaCa 大数据实验平台的实验环境，掌握使用该平台进行数据预处理的操作流程。

2. 实验环境

1）软件环境

操作系统	CentOS 7.4 64 位
语言环境	JDK 1.8
浏览器	Google Chrome

2）硬件环境

服务器数量　　　4台
操作系统CentOS 7.4/ReadHat 7.4,64位
CPU 8 Core 2.4GHz/服务器
内存48GB/服务器或更高
磁盘SAS 7200RPM 4×1TB/节点
网络千兆以上

3. 实验内容

（1）启动 SaCa 大数据实验平台。

（2）了解 SaCa 大数据实验平台操作环境。

（3）熟练掌握脚本管理功能。

（4）熟练掌握命令管理功能。

4. 实验过程

1）启动、登录 SaCa 大数据实验平台

在浏览器地址栏中输入数据科学平台地址 http://192.93.222.106：8093/octagon/,进入登录界面,见图 10-1。

图 10-1　用户登录验证界面

已经注册的用户填写用户名及密码,单击"登录"按钮。未注册的用户单击"注册"按钮,会跳转到用户注册界面。填写邮箱和密码,邮箱会作为账户的用户名,填写电话和公司等信息,并接受 SaCa RealRec 数据科学平台用户协议,最后单击"注册"按钮,完成注册。

单击"登录"按钮,登录后会进入功能选择页面,见图 10-2。单击"进入"按钮可以进入 RealRec NoteBook 数据科学平台。

2）熟悉 SaCa 大数据实验平台的优秀案例模板库

登录后单击左侧的"优秀模板",可以查看系统自带的优秀案例模板库,界面见图 10-3。

图 10-2　功能选择页面

图 10-3　案例模板库界面

SaCa 大数据实验平台提供了 9 个实验用的模板库,涉及若干应用领域,双击对应的图标可了解更多信息。所有模板用到的原始数据均已在系统中集成,可直接单击按钮执行所有命令运行模板脚本。

3) 了解 SaCa 大数据实验平台操作环境

选择任一模板库后,进入到 SaCa 大数据实验平台操作环境,见图 10-4。

图 10-4 中第一行是导航栏,导航栏的作用是对功能进行归类,能通过下拉框找到需要的功能,包括脚本有关操作的"脚本"导航栏,操作命令操作相关的"命令"导航栏,数据相关的"数据"导航栏,多维特征分析与数据预处理相关的"分析"导航栏,模型创建与模型管理相关的"模型"导航栏,预测评估等等模型应用的"应用"导航栏,管理集群资源的"管理"导航栏和"帮助"导航栏。

第二行是快捷工具栏,见图 10-4 框中圈出的区域,可以直接操作脚本或者命令,具体的作用见图 10-5。

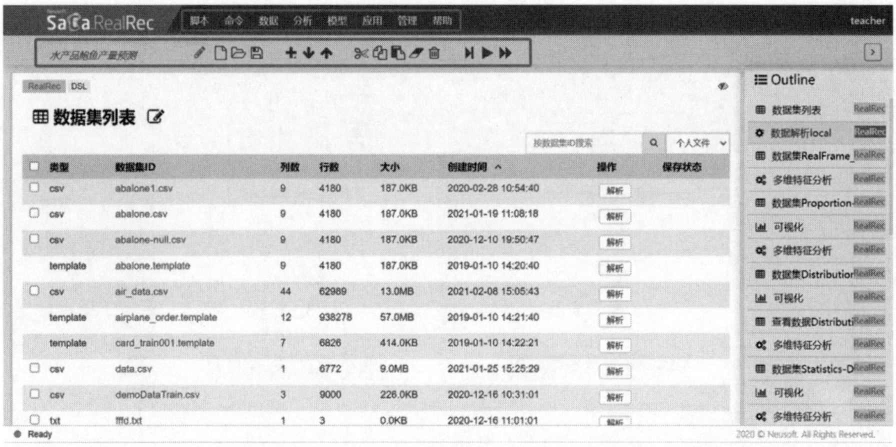

图 10-4 SaCa 操作界面

图标	作用	图标	作用	图标	作用
🗋	创建新脚本	📁	打开已保存脚本	💾	已保存脚本
➕	插入命令	⬆	下移命令	⬇	上移命令
✂	剪切命令	🗐	拷贝命令	🗐	在该命令之下粘贴
🖋	清除执行结果	🗑	删除命令	▶️	运行所选及其下所有命令
▶	运行所选命令	⏩	运行所有命令		

图 10-5 快捷工具栏

4）熟练掌握脚本管理功能

脚本是指在数据科学探索过程中，依据一定格式编写的一系列流程化命令集合。可以通过可视化引导操作自动生成脚本，也可以通过在命令行书写命令函数人工编写脚本。对脚本的操作可以使用脚本菜单中的命令或是图标，见图 10-6。脚本导航栏的功能列表见表 10-1。

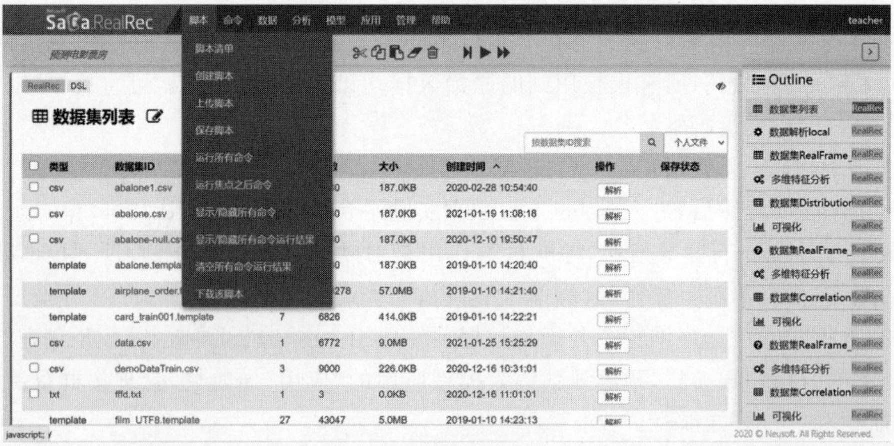

图 10-6 脚本菜单项

表 10-1　脚本导航栏的功能列表

功　　能	作　　用
脚本清单	显示已保存的脚本和优秀模板
创建脚本	创建一个新的空白脚本
上传脚本	上传本地的脚本
保存脚本	保存当前编辑的脚本
运行所有的命令	运行当前脚本中的所有命令
运行焦点之后命令	运行当前脚本焦点命令及之后的命令
显示隐藏所有命令	显示隐藏当前脚本所有命令行
显示隐藏所有命令执行结果	显示隐藏当前脚本所有命令结果
下载该脚本	下载当前脚本到本地

5）熟练掌握命令管理功能

命令是 RealRec NoteBook 数据科学平台中的一个基本概念，是对某个操作的逻辑说明。命令既可以通过 RealRec NoteBook 数据科学平台的可视化引导界面自动生成，也可以手动在命令框输入命令，或是使用 SQL 等语言来编写拓展命令。命令管理是对当前打开的脚本上的命令进行操作，包括命令的增删改、命令执行结果的管理等，见图 10-7。

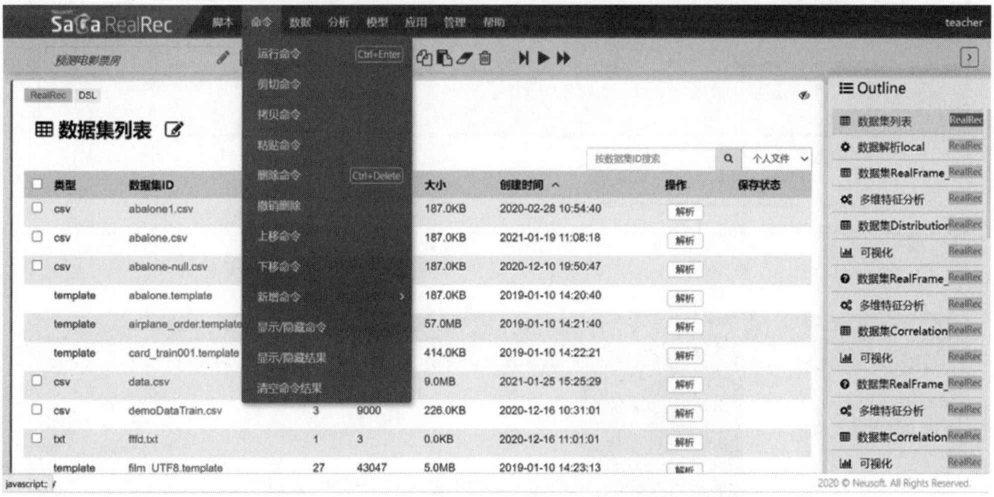

图 10-7　命令菜单

命令区域（后文简称为命令）分为两部分（命令行与用户引导界面部分，命令执行结果部分），其中命令行与用户引导界面可以通过选项卡进行切换。以行过滤命令为例，用户引导界面可以直观引导用户进行相关操作，见图 10-8。

命令行部分是输入命令的区域，用户可以手动输出要执行的命令，见图 10-9。

命令执行结果部分，所有的命令执行结果将在这个区域显示，见图 10-9 的下半部分。

命令导航栏的功能见图 10-10，其中的功能列表见表 10-2。

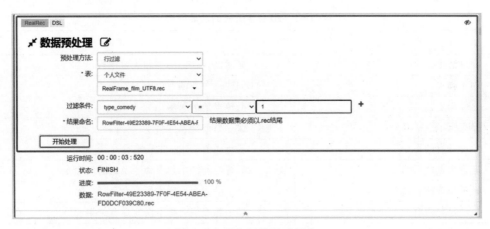

图 10-8　用户引导界面部分

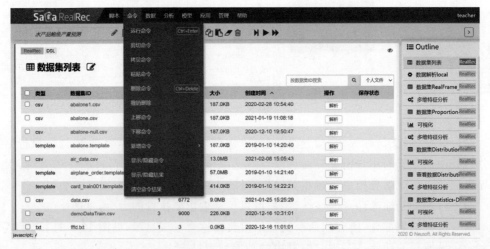

图 10-9　命令行部分

图 10-10　命令导航栏功能

表 10-2　命令导航栏中的功能列

功　能	命　令
运行命令	运行当前焦点命令
剪切命令	剪切当前焦点命令
拷贝命令	复制当前焦点命令
粘贴命令	把剪切或复制的命令粘贴到焦点命令之下
删除命令	删除当前高亮的命令
撤销删除	撤销上一步的删除命令
上移命令	上移当前焦点命令
下移命令	下移当前焦点命令
新增命令	在当前焦点命令之下插入一个空的命令
显示隐藏命令	显示隐藏当前焦点命令的命令行(用户引导界面)
显示隐藏结果	显示隐藏当前焦点命令的执行结果

6)掌握数据上传方法

选择本地数据文件,上传文件到数据科学平台。SaCa RealRec 数据科学平台支持的源文件格式有 txt、csv、tsv、xls、xlsx。在菜单"数据"中选择"上传文件",将弹出上传数据文件窗口,见图 10-11。

图 10-11　上传文件

在弹出窗口中,选择需要上传的文件,单击"开始上传",将上传文件至数据科学平台,见图 10-12,选择 air_data.csv 文件上传。

图 10-12　上传文件弹出框

上传成功会在右上角提示，见图 10-13，脚本区域会直接显示解析命令界面，图中数据来源为本地（local），源文件为用户上传的 air_data.csv，方便下一步对文件进行解析。

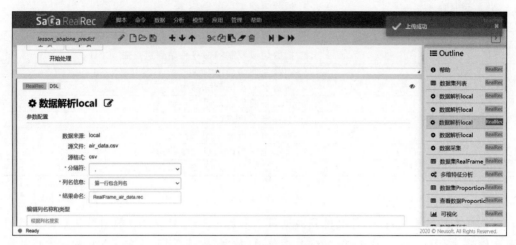

图 10-13   上传成功

10.2   实验 2   使用 SaCa 大数据实验平台分析数据

1. 实验目的

使用 SaCa RealRec 数据科学平台对上传的数据实现数据管理、数据预处理、数据可视化、建模、预测评估、模型管理等功能，了解数据内容，能够做到初步的数据解析，并对最终结果下载保存。

2. 实验环境

1）软件环境

操作系统	CentOS 7.4 64 位
语言环境	JDK 1.8
浏览器	Google Chrome

2）硬件环境

服务器数量	4 台
操作系统	CentOS 7.4/ReadHat 7.4，64 位
CPU	8 Core 2.4GHz/服务器
内存	48GB/服务器或更高
磁盘	SAS 7200RPM 4×1TB/节点
网络	千兆以上

3．实验内容

（1）掌握数据解析、查看数据方法。

（2）掌握数据切片。

（3）掌握数据预处理。

（4）掌握数据可视化。

（5）掌握数据下载、保存、导出。

4．实验过程

1）数据解析、查看数据

数据科学平台可以将数据文件解析为的标准数据集。

可以在数据集列表中单击源文件后面的"解析"按钮进入解析页面，见图 10-14，从数据集列表选中想要解析的数据。

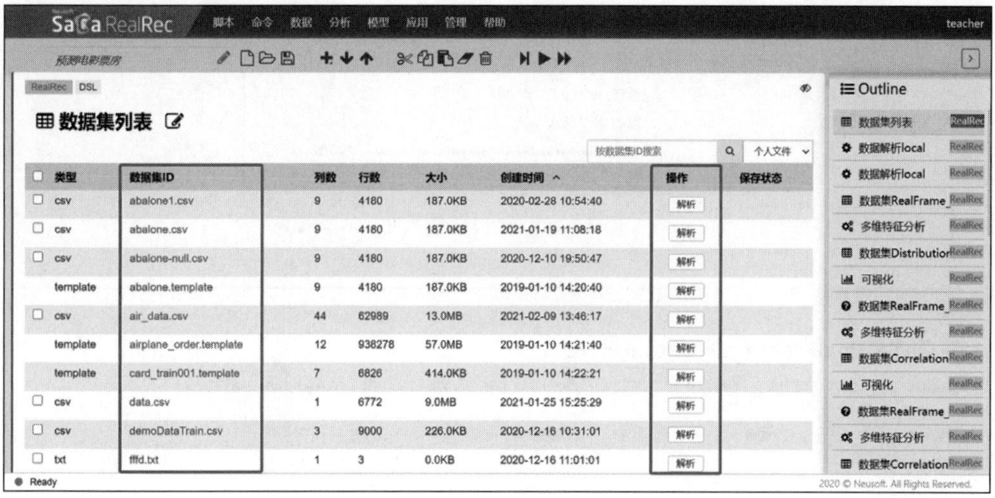

图 10-14　数据集列表

通过上传功能（文件、HDFS、HBase）会自动跳转到解析配置界面，见图 10-15，上传过数据 air_data.csv 之后，自动跳转到数据解析页面。

数据解析配置页面可以看到数据的采样情况，修改列的名字及类型，默认所有数据都为 Numeric 类型，根据不同数据选择对应的数据类型；数据分割所用分隔符（制表符或','）；生成的数据集名，系统默认将 air_data.csv 生成为 RealFrame_air_data.rec 文件，也可根据自己要求设置相应的文件名。

单击"开始处理"按钮后，将显示数据解析任务的执行进度和状态。任务完成后，在命令结果区域会出现解析后的数据集链接，见图 10-16。

单击链接可以查看解析后数据集 RealFrame_air_data.rec 的统计信息，见图 10-17。可以根据后续操作选择相应处理方式：查看数据、切分数据集、预处理、多维特征分析、特征工程、图谱计算、建模、预测评估、下载、保存、导出、数据可视化等。

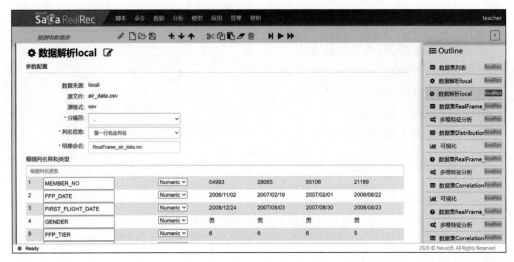

图 10-15　本地上传数据解析

图 10-16　解析后数据集

数据集RealFrame_air_data.rec

| 查看数据 | 切分数据集 | 预处理 | 多维特征分析 | 特征工程 | 图谱计算 | 建模 | 预测评估 | 下载 | 保存 | 导出 | 数据可视化 |

行数	列数	压缩后大小	文件名
62988	44	5 MB	RealFrame_air_data.rec

列统计信息

列名	类型	非零个数	空值个数	非重复值	ID相似度	最小值	最大值	均值	标准差
MEMBER_NO	double	62988	0	-	-	1	62988	31494.5	1.818321e+4
FFP_DATE	timestamp	-	0	3068	0.04871	-	-	-	-
FIRST_FLIGHT_DATE	timestamp	-	0	3406	0.05407	-	-	-	-
GENDER	string	-	3	2	3.175208e-5	-	-	-	-
FFP_TIER	double	62988	0	-	-	4	6	4.10216	0.37386
WORK_CITY	string	-	2294	3296	0.05233	-	-	-	-
WORK_PROVINCE	string	-	3264	1183	0.01878	-	-	-	-
WORK_COUNTRY	string	-	25	123	0.00195	-	-	-	-
AGE	string	-	420	88	0.00140	-	-	-	-

图 10-17　数据统计信息

统计信息显示对文件中每个类别数据进行统计,包括类型、最大值、平均值等。如想查看数据,单击"查看数据"可看到处理之后的数据,见图 10-18。

2）掌握数据切片

数据科学平台可以对数据集进行切分,得到多个数据集,可以作为训练集、验证集和

RealRec DSL

⊞ 查看数据RealFrame_air_data.rec ✎

MEMBER_NO	FFP_DATE	FIRST_FLIGHT_DATE	GENDER	FFP_TIER	WORK_CITY	WORK_PROVINCE	WORK_COUNTRY	AGE	LOAD
54993	2006-11-02 00:00:00	2008-12-24 00:00:00	男	6	.	北京	CN	31	2014/0
28065	2007-02-19 00:00:00	2007-08-03 00:00:00	男	6	0	北京	CN	42	2014/0
55106	2007-02-01 00:00:00	2008-08-30 00:00:00	男	6		北京	CN	40	2014/0
21189	2008-08-22 00:00:00	2008-08-23 00:00:00	男	5	Los Angeles	CA	US	64	2014/0
39546	2009-04-10 00:00:00	2009-04-15 00:00:00	男	6	贵阳	贵州	CN	48	2014/0
56972	2008-02-10 00:00:00	2009-09-29 00:00:00	男	6	广州	广东	CN	64	2014/0
44924	2006-03-22 00:00:00	2006-03-29 00:00:00	男	6	乌鲁木齐市	新疆	CN	46	2014/0
22631	2010-04-09 00:00:00	2010-04-09 00:00:00	女	6	温州市	浙江	CN	50	2014/0
32197	2011-06-07 00:00:00	2011-07-01 00:00:00	男	5	DRANCY	0	FR	50	2014/0
31645	2010-07-05 00:00:00	2010-07-05 00:00:00	女	6	温州	浙江	CN	43	2014/0

图 10-18　查看数据

评估集等。在菜单"数据"中选择"数据切分",或是数据集统计页面单击"切分数据集按钮",进入数据集切分配置界面,见图 10-19。

RealRec DSL

✂ 切分数据集 ✎

* 数据集ID：　个人文件 ▽

　　　　　　RealFrame_air_data.rec ▽

配置：

比例	数据集ID	
0.7	RealFrame_air_data_0_0.7.rec	✗
0.2	RealFrame_air_data_1_0.2.rec	✗
0.1	RealFrame_air_data_2_0.1.rec	✗

增加分片

开始处理

图 10-19　切片数据集

　　系统默认将数据按 80％和 20％的比例切分,切分后的数据集命名为原文件＋切分比例(0.8/0.2)。单击"增加分片"按钮时会增加一个切分数据集,输入分片的比例后系统会自动调整比例至所有分片比例相加为 1,可以在数据集 ID 的输入框修改分片名,单击分片后面的"删除"按钮可以删除不需要的分片。

　　图 10-20 中,将 RealFrame_air_data.rec 文件分成三片,并将比例设为 0.7,0.2,0.1,默认文件名分别为 RealFrame_air_data_0_0.7. rec、RealFrame_air_data_1_0.2.rec 和 RealFrame_air_data_2_0.1.rec。

　　单击"开始处理"进行数据集切分操作,数据切分完成后,将在命令结果区域显示新生成

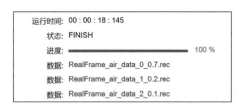

运行时间：00：00：18：145
状态：FINISH
进度：━━━━━━━━━━ 100 %
数据：RealFrame_air_data_0_0.7.rec
数据：RealFrame_air_data_1_0.2.rec
数据：RealFrame_air_data_2_0.1.rec

图 10-20　切片数据集

的数据集链接，见图 10-20。

3）掌握数据预处理

数据预处理是指在对数据进行建模、可视化等操作之前的处理步骤，包括数据的整合、行过滤、列过滤等，可以通过菜单项中的"分析"菜单进入，见图 10-21；也可以在数据集统计信息页面（见图 10-17），单击"预处理"按钮进入。

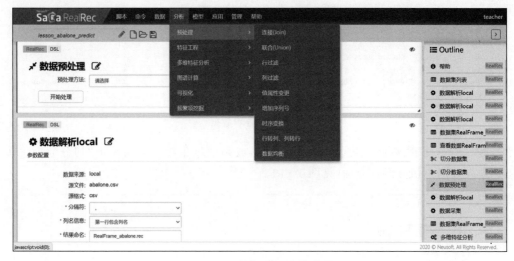

图 10-21　数据预处理菜单项

各预处理功能见表 10-3。

表 10-3　数据预处理功能列表

功　　能	作　　用
连接（Join）	对两个数据集进行连接操作
联合（Union）	对两个数据集进行联合操作
行过滤	保留符合规则的行
列过滤	保留符合规则的列
值属性变更	重新设计数据集的列名称和类型
增加序列号	为数据集增加一列，保存序列号
时序变换	使用时序方法对数据进行处理
行转列、列转行	对数据进行行列转换
数据均衡	针对目标列的取值均衡数据集

对数据进行"行过滤"预处理，见图 10-22。进入"行过滤"功能的配置页面，选择待处理的数据集 RealFrame_air_data.rec，填写过滤条件，包括字段、过滤条件（＝，＞，＜，≤，≥，＜＞，not in，in）。单击后面的蓝色加号可以增加过滤条件，例子中选择过滤"WORK_CITY＝北京"的条件，注意行过滤仅保留符合所有过滤条件的数据行。处理之后的数据集可以根据需要设置文件名。

可以通过命令行部分，观察响应源代码的更改，见图 10-23。可以在代码中看到相应的过滤条件以及文件名的设置。

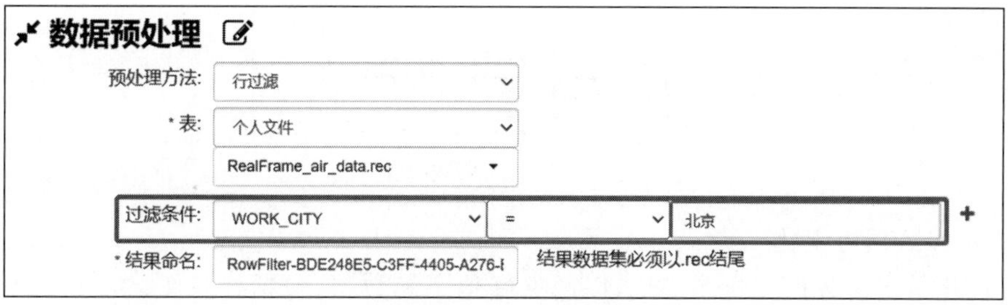

图 10-22　“行过滤”配置

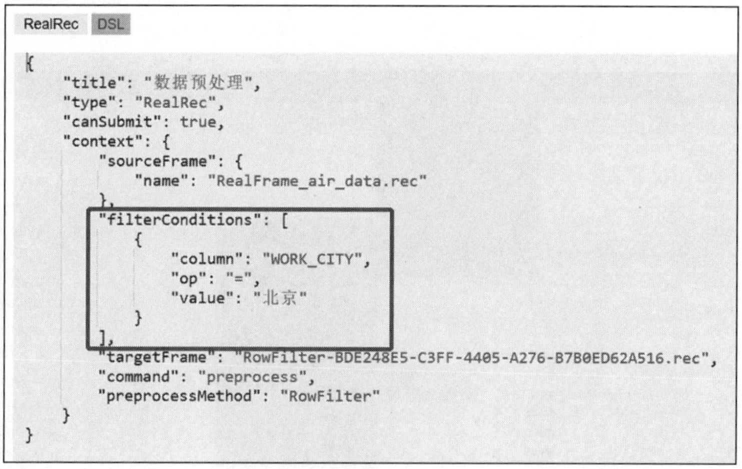

图 10-23　“行过滤”命令行

添加好过滤条件之后，单击“开始处理”。行过滤完成后，将在命令结果区域显示新生成的数据集链接，见图 10-24。

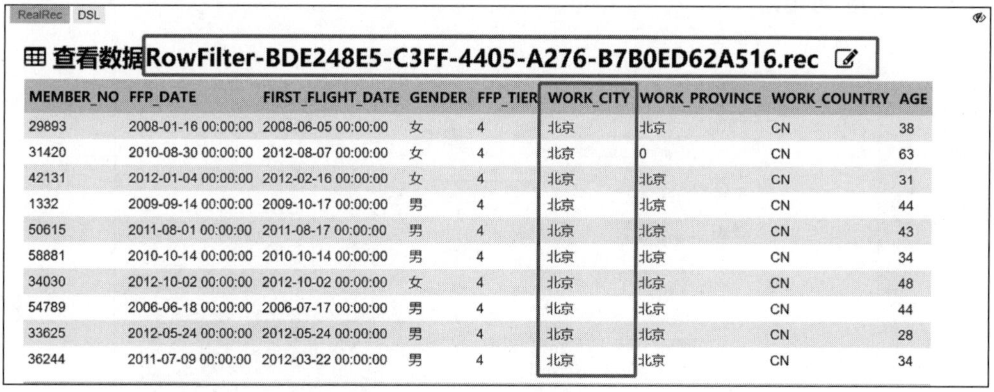

MEMBER_NO	FFP_DATE	FIRST_FLIGHT_DATE	GENDER	FFP_TIER	WORK_CITY	WORK_PROVINCE	WORK_COUNTRY	AGE
29893	2008-01-16 00:00:00	2008-06-05 00:00:00	女	4	北京	北京	CN	38
31420	2010-08-30 00:00:00	2012-08-07 00:00:00	女	4	北京	0	CN	63
42131	2012-01-04 00:00:00	2012-02-16 00:00:00	女	4	北京	北京	CN	31
1332	2009-09-14 00:00:00	2009-10-17 00:00:00	男	4	北京	北京	CN	44
50615	2011-08-01 00:00:00	2011-08-17 00:00:00	男	4	北京	北京	CN	43
58881	2010-10-14 00:00:00	2010-10-14 00:00:00	男	4	北京	北京	CN	34
34030	2012-10-02 00:00:00	2012-10-02 00:00:00	女	4	北京	北京	CN	48
54789	2006-06-18 00:00:00	2006-07-17 00:00:00	男	4	北京	北京	CN	44
33625	2012-05-24 00:00:00	2012-05-24 00:00:00	男	4	北京	北京	CN	28
36244	2011-07-09 00:00:00	2012-03-22 00:00:00	男	4	北京	北京	CN	34

图 10-24　“行过滤”处理结果

单击生成的链接可以进入数据集统计信息页面，可以查看新生成的以 RowFilter 开头的数据集，见图 10-25。

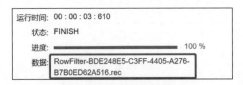

图 10-25　结果数据集

4）掌握数据可视化

可视化是指对数据进行图形化，以便更好地了解数据，包括柱状图、饼图、和弦图、散点图、趋势分析图、折线图、力导向力图、雷达图、箱线图。可以通过菜单项中的"分析"菜单进入，见图 10-26，或是在数据集统计信息页面见图 10-27，单击"数据可视化"按钮进入，见图 10-27。

图 10-26　数据可视化菜单项

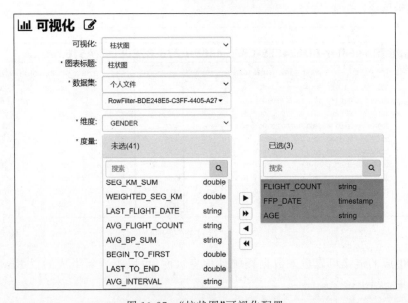

图 10-27　"柱状图"可视化配置

柱状图展现数据在各个区间的分布情况。进入"柱状图"功能的配置页面,选择待处理的数据集是步骤 3 经过"行过滤"的数据集,维度选择数据的统计区间列,度量选择统计值列,单击"生成图表"。将在命令结果区域生成图表,见图 10-28。

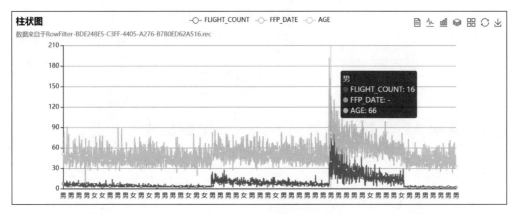

图 10-28 "柱状图"结果

5）掌握数据下载、保存、导出

数据平台可以对数据进行下载、保存和导出等相关操作,见图 10-29。可以选择将行过滤之后的数据集进行相应的处理,同理任何经过平台处理的数据,都可以下载、保存、导出,以便日后使用。

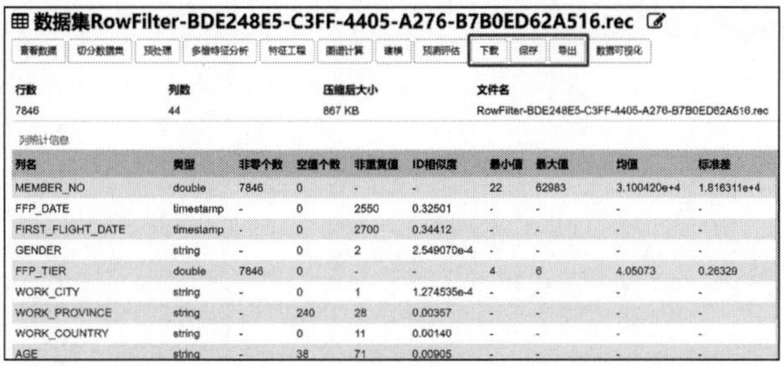

图 10-29 数据的下载、保存和导出

下载会将当前的数据集以 CSV 形式下载到本地,数据下载完成后会保存在浏览器的默认位置。

由于 SaCa RealRec 数据科学平台将数据放在内存中进行处理,以提高处理效率。但是由于内存其自身原因的限制,断电或是重新启动会导致数据丢失,所以平台提供数据的保存功能,以持久化地保存内存中的数据,断电或是重启之后数据还会自动加载到平台系统中。

在数据统计信息界面单击"保存"按钮,即可对数据进行保存。

SaCa RealRec 数据科学平台支持将数据导出到关系型数据库(MySQL、Oracle、达梦)和 HDFS。在数据统计信息界面单击"导出"按钮,进入导出配置界面,见图 10-30。

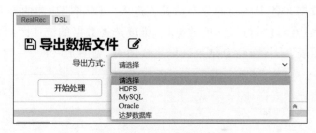

图 10-30　导出数据文件

10.3　实验 3　大数据预处理基础——数据集成

1. 实验目的

掌握数据集预处理的基础方法和操作。

2. 实验环境

1）软件环境

操作系统	CentOS 7.4 64 位
语言环境	JDK 1.8
浏览器	Google Chrome

2）硬件环境

服务器数量	4 台
CPU	8 Core 2.4GHz/服务器
内存	48GB/服务器或更高
磁盘	SAS 7200RPM 4×1TB/节点
网络	千兆以上

3. 实验内容

（1）进入数据预处理界面，了解数据预处理的基本功能。

（2）数据的整合，包括：Join 方法和 Union 方法。

（3）数据的基础归约，包括：行过滤和列过滤。

（4）增加序列号，记录（或元组）重新排序。

（5）行列转换，包括：行转列和列转行。

4. 实验过程

（1）启动 SaCa 大数据实验平台，打开案例模板库，选择某一数据集（表），进入数据统计信息界面，或通过"导航兰"中的"分析"菜单，单击"预处理"按钮进入，见图 10-31。

图 10-31　数据预处理菜单项

数据预处理功能主要包括：数据集的连接、联合、过滤、转换、数据均衡等功能，详见表 10-4。

表 10-4　数据预处理功能列表

功　　能	作　　用
连接（Join）	对两个数据集进行连接操作（横向）
联合（Union）	对两个数据集进行联合操作（纵向）
行过滤	保留符合规则的行
列过滤	保留符合规则的列
值属性变更	重新设计数据集的列名称和类型
增加序列号	为数据集增加一列保存序列号
时序变化	使用时序方法对数据进行处理
行转列、列转行	对数据进行行列转换
数据均衡	针对目标列的取值均衡数据集

（2）对两个数据集按照一定的规则条件进行连接操作，即两个数据集的横向整合，产生一个新数据集。新数据集包括前两个数据集的所有选择的属性（字段），记录数为最大的数据集的记录数。

在图 10-31 的界面中选择"连接（Join）"选项，进入图 10-32 界面，进行连接（Join）配置，配置完成后，单击"开始处理"。完成后，将在命令结果区域显示新生成的数据集连接，查看连接结果。

（3）对两个数据集的数据进行联合操作，即两个数据集的数据进行纵向整合，新生成的数据集包含两个数据集的所有数据（字段为所选择的所有字段，记录数为两个数据集的记录数之和）。

在图 10-31 的界面中选择"联合（Union）"选项，进入图 10-33 界面，进行连接（Join）配置，选择左表、右表及要保留的字段，配置完成后，单击"开始处理"。完成后，将在命令结果

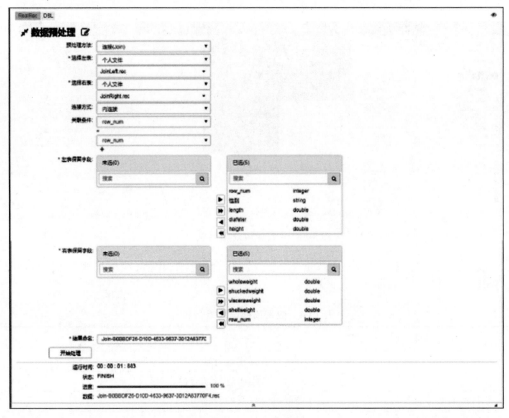

图 10-32　join 配置界面

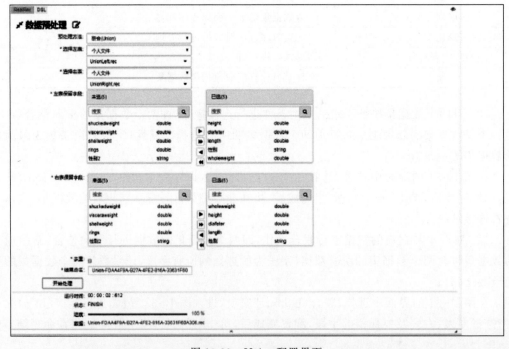

图 10-33　Union 配置界面

区域显示新生成的数据集连接,查看连接结果。

（4）对数据集进行最基本的数据归约——行过滤。行过滤是对数据的行进行过滤处理,保留符合规则的行。

在图 10-31 的界面中选择"行过滤"选项,进入图 10-34 界面,进行行过滤配置,输入过滤条件及新数据集的名字,配置完成后,单击"开始处理"按钮。完成后,将在命令结果区域显示新生成的数据集链接,查看过滤结果。

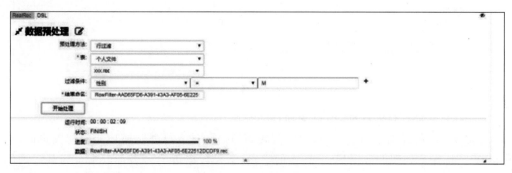

图 10-34 行过滤配置界面

（5）对数据集进行最基本的维归约——列过滤。列过滤是对数据的列进行过滤,保留符合规则的列。

在图 10-31 的界面中选择"列过滤"选项,进入图 10-35 界面,进行列过滤配置,选择保留的属性(列)及新数据集的名字,配置完成后,单击"开始处理"按钮。完成后,将在命令结果区域显示新生成的数据集链接,查看过滤结果。

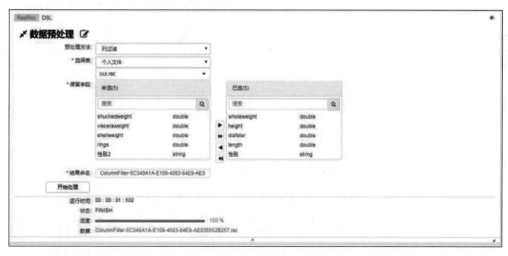

图 10-35 列过滤配置界面

（6）增加序列号,即对选定数据集按某一属性的特性,对记录(或元组)重新排序,并增加一列(属性)来保存排序的结果(新的序列号)。

在图 10-31 的界面中选择"**增加序列号**",进入图 10-36 界面,增加序列号配置,选择参与排序的属性(列)及新数据集的名字,配置完成后,单击"开始处理"按钮。完成后,将在命令结果区域显示新生成的数据集链接,查看结果,增加的属性(序列号)名为 row_num。

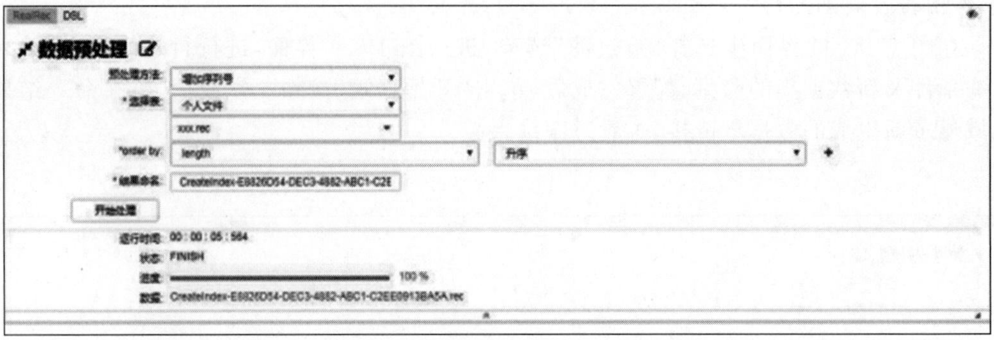

图 10-36　增加序列号配置界面

（7）对数据进行行列转换,即行变列,列变行。

在图 10-31 的界面中,选择"行转列、列转行"选项,进入行列转换功能的配置页面,见图 10-37。选择待处理的数据集,要转换的字段,结果数据集的列名可以指定为某一列的值,或由系统自动生成列名,单击"开始处理"按钮。完成后,将在命令结果区域显示新生成的数据集链接,单击链接查看结果。

图 10-37　行转列、列转行配置界面

（8）数据均衡处理。对于非均衡数据集,以数据中的某一离散列数据为目标列,对取值较少的少数类数据进行行数填充,或对多数类进行行数删减,使数据集变得均衡。

在图 10-31 的界面中,选择"数据均衡"选项,进入"数据均衡"功能的配置页面,见图 10-38。选择待处理的数据集,设置目标列以及均衡的方法,均衡的方法包含UpSampling、SubSampling 和 Smote。UpSampling 为简单上采样,会对少数类数据进行复制补充;SubSampling 为随机下采样,会对多数类数据进行随机筛选;Smote 为人工合成数据对少数类数据进行补充,Smote 方法需设置近邻个数(要求为正整数,且小于少数数据行数),且要求数据中不包含","和空值。单击"开始处理"按钮。完成后,将在命令结果区域显示新生成的数据集链接,单击链接查看结果。

图 10-38　数据均衡配置

10.4　实验 4　缺失值填充

1. 实验目的

出现缺失值是最常见的数据问题,处理缺失值也有很多方法。计算每个字段的缺失值比例,然后按照缺失比例和字段重要性,分别制定策略,对缺失值进行填充。

2. 实验环境

1) 软件环境

操作系统	CentOS 7.4 64 位
语言环境	JDK 1.8
浏览器	Google Chrome

2) 硬件环境

服务器数量	4 台
操作系统	CentOS 7.4/ReadHat 7.4,64 位
CPU	8 Core 2.4GHz/服务器
内存	48GB/服务器或更高
磁盘	SAS 7200RPM 4×1TB/节点
网络	千兆以上
浏览器	Google Chrome

3. 实验内容

在 SaCa RealRec 大数据实验平台的优秀案例模板库中选择两种以上属性(例如:字

符属性、数值属性等），首先查看属性的缺失情况，然后确定缺失策略，进行属性值的填充。

4. 实验过程

（1）启动 SaCa RealRec 大数据实验平台，打开案例模板库，选择某一数据集（表），进入数据统计信息界面，见图 10-39。查看该数据集内每个属性的空值、零值的个数，最大值、最小值、均值、方差等信息，确定需要进行缺失值填充的属性及相应的策略和方法。

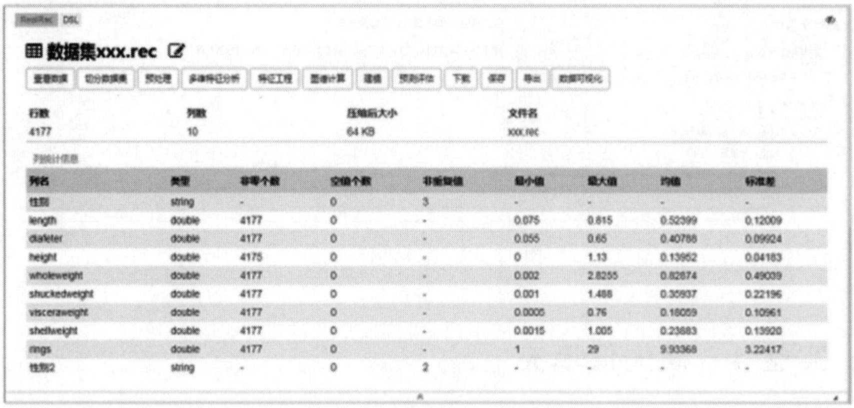

图 10-39　数据集的统计信息

（2）在导航栏的"分析"→"特征工程"→"缺失值填充"选项，或是在数据集统计信息页面，单击"特征工程"按钮进入特征工程选择界面，见图 10-40，选择"缺失值填充"选项。

图 10-40　缺失值填充菜单项

（3）进入"缺失值填充"功能的配置页面，见图 10-41，选择待处理的属性，确定具体的缺失值填充方法，如：默认值、均值等方法。

（4）确定结果数据集，单击"开始处理"按钮，进行填充处理。

（5）打开上面确定的结果数据集，进入数据统计信息界面，查看、分析缺失值填充结果。

（6）重复上述过程，选择不同的属性字段、不同的缺失值填充策略和方法，查看、分析缺失值填充结果。

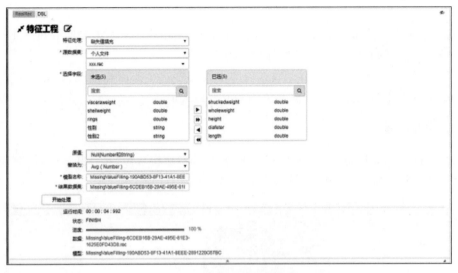

图 10-41　缺失值填充配置

10.5　实验 5　数据规范化

1. 实验目的

为了消除各属性的量纲和取值范围差异的影响,需对数据进行标准化处理,将数据按照比例进行缩放,使之落到一个特定区域,便于进行综合分析。常用的规范化方法有:最小-最大规范化、z 分数规范化、小数定标规范化。

2. 实验环境

1) 软件环境

操作系统	CentOS 7.4 64 位
语言环境	JDK 1.8
浏览器	Google Chrome

2) 硬件环境

服务器数量	4 台
CPU	8 Core 2.4GHz/服务器
内存	48GB/服务器或更高
磁盘	SAS 7200RPM 4×1TB/节点
网络	千兆以上

3. 实验内容

(1) 最小-最大规范化也称离散标准化,是对原始数据的线性变换,将数值映射到[0,

1]之间。

（2）零-均值规范化也称 z 分数规范化，这种方法是基于属性 A 的均值和标准差的规范化。经过处理的数据的均值为0，标准差为1。

（3）小数定标规范化通过移动属性值的小数位数进行规范化，将属性值映射到[−1，1]之间，移动的小数位数取决于属性值绝对值的最大值。

4. 实验过程

（1）启动 SaCa RealRec 大数据实验平台，打开案例模板库，选择某一数据集（表），在菜单"分析"→"特征工程"→"数据标准化"选项，见图10-42。

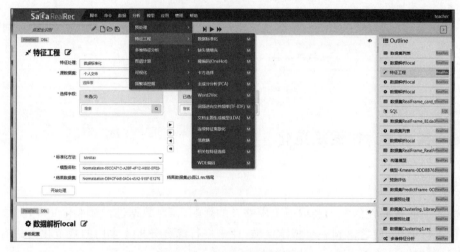

图10-42　数据标准化菜单项

（2）选择需要进行规范化处理的数据表和数值型字段，见图10-43。

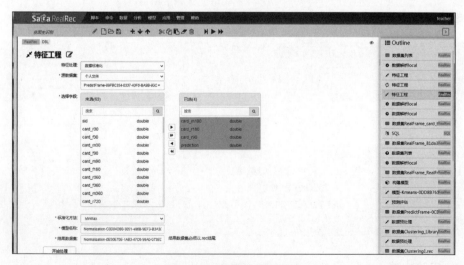

图10-43　数据集属性选择

（3）在"标准化方法"列表框中选择某一方法（最小-最大规范化、零-均值规范化和小数定标规范化），见图10-44。

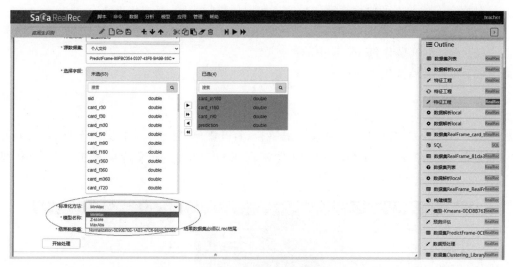

图 10-44　数据标准化配置

（4）确定结果数据集，单击"开始处理"按钮，进行规范化处理。

（5）待处理完成后，通过"数据解析"功能，查看处理结果。

10.6　实验6　连续特征离散化

1. 实验目的

连续属性的离散化就是在数据的取值范围内设定若干个离散的划分点，将取值范围划分为一些离散化的区间，最后用不同的符号或整数值代表落在每个子区间中的数据值。

2. 实验环境

1）软件环境

操作系统	CentOS 7.4 64 位
语言环境	JDK 1.8
浏览器	Google Chrome

2）硬件环境

服务器数量	4 台
CPU	8 Core 2.4GHz/服务器
内存	48GB/服务器或更高
磁盘	SAS 7200RPM 4×1TB/节点
网络	千兆以上

3. 实验内容

对特定连续数据列使用指定数量的离散取值进行表示，离散化方法有：

（1）等概率离散化（Quatile）。

（2）等区间离散化（Equalwidth）。

（3）自定义离散化（Customize）。

4. 实验过程

（1）启动 SaCa RealRec 大数据实验平台，打开案例模板库，选择某一数据集（表），在一级菜单"分析"下，再选择二级菜单"特征工程"下的"连续特征离散化"选项，见图 10-45。

图 10-45   连续特征离散化菜单项

（2）进入"连续特征离散化"功能的配置页面，选择待处理的数据集、要进行离散化的列、离散化方法、离散值区间数，离散化方法选择概率离散化（Equalwidth），填写离散化相对误差，单击"开始处理"按钮，见图 10-46。

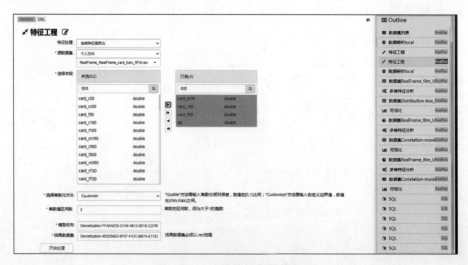

图 10-46   连续特征离散化配置

（3）待处理完成后,将在命令结果区域显示训练得到的模型链接和新生成的数据集链接。注意,"连续特征离散化"将在原数据集中增加离散化后的列(后缀 dis),不改变原有列。单击模型链接可以进入模型预览页面,可以查看通过训练得到的以 Discretization 开头的模型,见图 10-47。

图 10-47　连续特征离散化模型

（4）单击结果链接可以进入数据集统计信息页面,可以查看新生成的详细数据信息开头的数据集,如图 10-48。

列名	类型	非零个数	空值个数	非重复值	ID相似度	最小值	最大值	均值	标准差
Sex	string	-	0	3	7.178751e-4	-	-	-	-
Length	string	-	0	134	0.03207	-	-	-	-
Diameter	string	-	0	111	0.02656	-	-	-	-
Height	string	-	0	51	0.01220	-	-	-	-
Whole_weight	double	4179	0	-	-	0.002	2.8255	0.82867	0.49028
Shucked_weight	double	4179	0	-	-	0.001	1.488	0.35932	0.22192
Viscera_weight	double	4179	0	-	-	0.0005	0.76	0.18057	0.10959
Shell_weight	double	4179	0	-	-	0.0015	1.005	0.23882	0.13917
Rings	double	4179	0	-	-	1	29	9.93324	3.22346
Shell_weight_dis	double	964	0	-	-	0	2	0.23594	0.43686
Viscera_weight_dis	double	1038	0	-	-	0	2	0.25389	0.44775
Whole_weight_dis	double	1639	0	-	-	0	2	0.41756	0.54222

图 10-48　离散化结果数据集

10.7　实验 7　主成分分析

1. 实验目的

主成分分析(PCA)是一种维归约,目的是减少所考虑的数据集属性的个数,把多指标转化为少数几个综合指标(即主成分),其中每个主成分都能够反映原始变量的大部分信息,且所含信息互不重复。

2. 实验环境

1）软件环境

操作系统	CentOS 7.4 64 位
语言环境	JDK 1.8
浏览器	Google Chrome

2）硬件环境

服务器数量	4 台
CPU	8 Core 2.4GHz/服务器
内存	48GB/服务器或更高
磁盘	SAS 7200RPM 4×1TB/节点
网络	千兆以上

3. 实验原理

主成分分析是一种数学变换的方法,它把给定的一组相关向量通过线性变换转成另一组不相关的向量。也就是说,给定数据向量 $X=(x_1,x_2,\cdots,x_n)$,通过 PCA 变换得到向量 $Y=(y_1,y_2,\cdots,y_k)$(其中 $k\leqslant n$),并且向量中的属性互不相关。实际上,这一过程是将原始数据投影到一个小得多的数据空间,实现维归约。

PCA 的基本原理是计算出 k 个标准正交向量(这些向量称为主成分,且输入数据都可以表示为主成分的线性组合),然后将主成分按强度降序排列,去掉较弱的成分来归约数据。从而利用较强的主成分,重构或者近似重构原始数据。

4. 实验内容

对于给定的具有多个属性的数据集,使用主成分分析的方法进行降维,即维归约。

5. 实验过程

（1）启动 SaCa RealRec 大数据实验平台,打开案例模板库,选择某一数据集（表）,在一级菜单"分析"下,再选择二级菜单"特征工程"下的"主成分分析（PCA）"选项,见图 10-49。

（2）进入"主成分分析"功能的配置页面,选择待处理的数据集,要参与数据降维的列,降维后的数据维度,单击"开始处理"按钮。完成后,将在命令结果区域显示训练得到的模型链接和新生成的数据集链接见图 10-50。

单击模型链接可以进入模型预览页面,可以查看训练得到的以"PCA"开头的模型,见图 10-51。

（3）单击结果链接可以进入数据集统计信息页面,可以查看新生成的以"PCA"开头的数据集,见图 10-52。

图 10-49 主成分分析菜单项

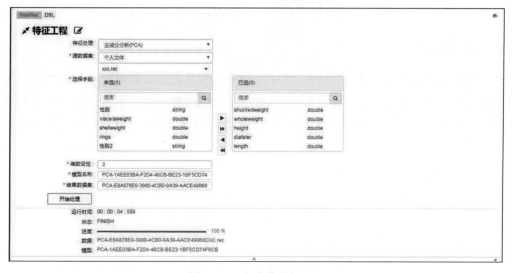

图 10-50 主成分分析配置

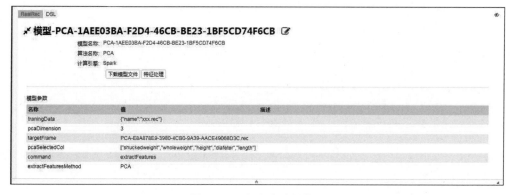

图 10-51 主成分分析模型

列名	类型	非零个数	空值个数	非重复值	最小值	最大值	均值	标准差
性别	string	-	0	3	-	-	-	-
visceraweight	double	4177	0	-	0.0005	0.76	0.18059	0.10961
shellweight	double	4177	0	-	0.0015	1.005	0.23883	0.13920
rings	double	4177	0	-	1	29	9.93368	3.22417
性别2	string	-	0	2	-	-	-	-
PCA_0	double	4177	0	-	-3.25060	-0.02707	-1.05236	0.55625
PCA_1	double	4177	0	-	-0.51135	-0.05302	-0.38294	0.05795
PCA_2	double	4177	0	-	-0.47457	0.15934	-0.14779	0.04860

图 10-52　主成分分析结果数据集

10.8　实验 8　相关性特征选择

1. 实验目的

相关性特征选择即属性子集选择，是通过删除不相关或冗余的属性减少数据量。属性子集选择的目标是寻找最小属性集，使得数据集的概率分布尽可能地接近使用所有属性得到的原分布。缩小的属性集减少了出现在发现模式上的属性数目，使得挖掘结果更易于理解。

2. 实验环境

1）软件环境

操作系统	CentOS 7.4 64 位
语言环境	JDK 1.8
浏览器	Google Chrome

2）硬件环境

服务器	数量 4 台
CPU	8 Core 2.4GHz/服务器
内存	48GB/服务器或更高
磁盘	SAS 7200RPM 4×1TB/节点
网络	千兆以上

3. 实验内容

对于给定具有多维属性的数据集，通过计算与目标列的相关性（关于相关性、相关系数，参考 6.1.3 节）对数据列进行筛选。

4. 实验过程

（1）启动 SaCa RealRec 大数据实验平台，打开案例模板库，在一级菜单"分析"下，再选择二级菜单"特征工程"下的"相关性特征选择"选项，见图 10-53。

图 10-53　相关性特征选择菜单项

（2）进入"相关性特征选择"功能的配置页面，选择待处理的数据集、目标列、参与筛选的列、要保留的列数目，单击"开始处理"。完成后，将在命令结果区域显示训练得到的模型链接和新生成的数据集链接如图 10-54。

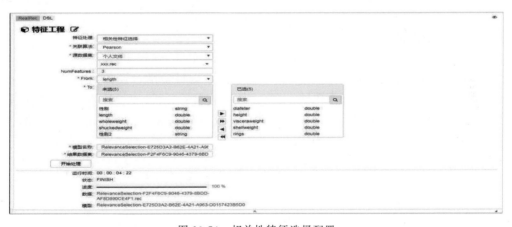

图 10-54　相关性特征选择配置

（3）单击模型链接可以进入模型预览页面，可以查看训练得到的以 RelevanceSelection 开头的模型，如图 10-55。

（4）单击结果链接可以进入数据集统计信息页面，可以查看新生成的以 "RelevanceSelection" 开头的数据集，见图 10-56。

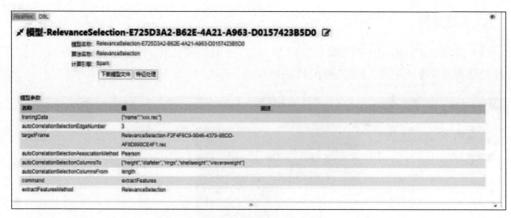

图 10-55　相关性特征选择模型

图 10-56　特征选择结果数据集

10.9　本章小结

　　本章介绍的所有实验都是基于 SaCa RealRec 数据科学平台设计的。实验 1 掌握 SaCa RealRec 的启动方法和工作环境，实验 2 掌握数据的分析（实验结果的查看）方法，实验 3 掌握数据的基本集成方法，实验 4 和实验 5 分别掌握数据清洗和数据归约，实验 6～8 对应的是维归约的三种方法。

第 **11** 章

大数据采集与预处理应用案例

11.1 基于 Pandas 图书数据分析处理

11.1.1 案例意义

本案例利用分析技术和大数据处理方法,从众多在售图书的数据中找出新旧图书之间的关系,为出版社的下一步出版计划提供数据支撑。

综合评价一本图书需要考虑多个因素,包括出版社、作者、版次、译者、字数等。如今获取图书的信息时,一般会通过出版社网站搜索基本信息。若想获得价格比较,则需要自行在购物网站查询,如淘宝、京东、当当、亚马逊等,各网站售价策略也略有不同。

在购物网站比较图书的信息时,往往需要多次搜索,打开多个网页进行比较,这是一个相对烦琐、耗时的工作。使用爬虫技术可在短时间内自动获取指定网站发布的信息,并通过对导出文件之间数据的对比和分析,快速地得出所需信息。

11.1.2 Pandas 库

1. Pandas 库介绍

Pandas 是 Python+data+analysis 的缩写,是 Python 中基于 NumPy 和 Matplotlib 的第三方数据分析库。Pandas 与 NumPy 和 Matplolib 共同构成了 Python 数据分析的基础工具包,享有数据分析三剑客之名。

因为 Pandas 是在 NumPy 的基础上实现的,所以其核心数据结构与 NumPy 的 ndarray 十分相似。但 Pandas 与 NumPy 的关系不是替代,而是互为补充。

从数据结构上看,NumPy 的核心数据结构是 ndarray,支持任意维数的数组,但要求单个数组内所有数据是同质的，即类型必须相同；而 Pandas 的核心数据结构是 series 和 dataframe，仅支持一维和二维数据，但数据内部可以是异构数据，仅要求同列数据类型一致。NumPy 的数据结构仅支持数字索引，而 Pandas 数据结构则同时支持数字索引和标签索引。

NumPy 虽然支持字符串等其他数据类型，但仍然主要是用于数值计算，尤其是由于其内部集成了大量矩阵计算模块，例如基本的矩阵运算、线性代数、生成随机数等，支持灵活的广播机制。

Pandas 主要用于数据处理与分析，支持包括数据读/写、数值计算、数据处理、数据分析和数据可视化全套流程操作。主要具有以下功能特色：

①按索引匹配的广播机制，这里的广播机制与 NumPy 广播机制还有很大不同。②便捷的数据读/写操作，相比于 NumPy 仅支持数字索引，Pandas 的两种数据结构均支持标签索引，包括支持 bool 索引。③类比 SQL 的 join 和 groupby 功能，Pandas 可以很容易地实现 SQL 的这两个核心功能。实际上，SQL 绝大部分的 DQL 和 DML 操作都可以在 Pandas 中实现。④在 Pandas 中可以轻松实现 Excel 的数据透视表功能。⑤自带正则表达式，可以对字符串进行向量化操作和通函数操作，而且自带正则表达式的大部分接口。⑥具有丰富的时间序列向量化处理接口。⑦具有常用的数据分析与统计功能，包括基本统计量、分组统计分析等。⑧集成 Matplotlib 的常用可视化接口，无论是 series 还是 dataframe，均支持面向对象的绘图接口。

2. Pandas 库常用方法

Pandas 核心数据结构有两种，即一维的 series 和二维的 dataframe，二者可以分别看作是在 NumPy 一维数组和二维数组的基础上增加了相应的标签信息。由于 series 和 dataframe 分别是一维和二维数组，NumPy 中关于数组的用法基本可以直接应用到这两个数据结构，包括数据创建、切片访问、通函数、广播机制等。

1）数据读取

Pandas 支持大部分的主流文件格式进行数据读/写，常见函数如表 11-1 所示，常用格式及函数为：

① 文本文件，主要包括 csv 和 txt，相应函数为 read_csv() 和 to_csv()，分别用于读、写数据。

② Excel 文件，包括 xls 和 xlsx，底层调用了 xlwt 和 xlrd 进行 Excel 文件操作，相应函数为 read_Excel() 和 to_Excel()。

③ SQL 文件，支持大部分主流关系型数据库，例如 MySQL，使用时需要相应的数据库模块支持，相应函数为 read_sql() 和 to_sql()。

表 11-1　Pandas 读取文件常见函数

格式	文件格式	读取函数	写入（输出）函数
binary	xls 或 xlsx	read_Excel	to_Excel
text	csv 或 txt	read_csv	to_csv
SQL	SQL	read_sql	to_sql

2）数据查看

查看数据的常用函数如表 11-2 所示。常见函数功能如下：head/tail，从头/尾抽样指定条数记录；info，展示行标签、列标签以及各列基本信息，包括元素个数和非空个数及数据类型等；dtypes，返回每个字段的数据类型；describe，展示数据的基本统计指标，包括计数、均值、方差、4 分位数等，还可接收一个百分位参数列表展示更多信息；count、value_counts，均用于统计个数，前者既适用于 series 又适用于 dataframe，用于按列统计个数，实现忽略空值后的计数，而后者则仅适用于 series，执行分组统计，并默认按频数高低执行降序排列，在统计分析中很有用；sort_index、sort_values，既适用于 series 也适用于dataframe，sort_index 对标签列执行排序，如果是 dataframe 可通过 axis 参数设置是成行标签还是或列标签执行排序，sort_values 是按值排序，如果是 dataframe 对象，也可通过axis 参数设置排序方向是行还是列，同时根据 by 参数传入指定的行或者列，可传入多行或多列并分别设置升序降序参数，非常灵活；df.index，返回 index 属性。

表 11-2　Pandas 查看数据的常用函数

函　　数	功　　能
df.head()	查看最前面几行数据（默认 5）
df.tail()	查看最后面几行数据（默认 5）
df.info()	显示有数据类型、索引情况、行列数、各字段数据类型、内存占用等。不支持 series
df.dtypes	返回每个字段的数据类型
df.describe()	展示数据的基本统计指标
df.count	统计个数
df.value_counts()	按列统计个数，执行分组统计，并默认按频数高低降序排列
df.sort.index	排序
df.sort_values()	按值排序
df.columns	返回表头内容
df.index	返回 index 属性

3）数据处理

数据处理中的清洗工作主要包括对空值、重复值和异常值的处理。

（1）空值。判断空值，isna 或 isnull，二者等价，用于判断一个 series 或 dataframe 各元素值是否为空的 bool 结果。需要注意对空值的界定：None 或 NumPy.nan 才算空值，而空字符串、空列表等则不属于空值。类似地，notna 和 notnull 则用于判断是否非空。填充空值，fillna，按一定策略对空值进行填充，如常数填充、向前/向后填充等，也可通过inplace 参数确定是否需要本地更改。删除空值，dropna，删除存在空值的整行或整列，可通过 axis 设置，也包括 inplace 参数，主要参数如表 11-3 所示。

表 11-3   dropna 函数的常用参数

参　　数	介　　绍
axis	数据删除维度
how	any：删除带有 nan 的行；all：删除全为 nan 的行
subset	删除指定列空值数据
inplace	是否用新生成的列表替换原列表

　　（2）重复值。检测重复值，duplicated，检测各行是否重复，返回一个行索引的 bool 结果，可通过 keep 参数设置保留第一行/最后一行/无保留，例如 keep＝first 意味着在存在重复的多行时，首行被认为是合法的而可以保留。删除重复值，drop_duplicates，按行检测并删除重复的记录，也可通过 keep 参数设置保留项，常用参数如表 11-4 所示，由于该方法默认是按行进行检测，如果存在某个需要按列删除，则可以先转置再执行该方法。

表 11-4   drop_duplicates 函数的常用参数

参　　数	介　　绍
subset	以列表形式赋值，需去重的列
keep	first：仅保留第一次出现的重复行 last：仅保留最后一次出现的重复行 false：删除全部重复行
inplace	是否用新生成的列表替换原列表

　　（3）异常值，判断异常值的标准依赖具体分析数据，所以这里仅给出两种处理异常值的可选方法。删除，drop，接受参数在特定轴线执行删除一条或多条记录，可通过 axis 参数设置是按行删除还是按列删除，常用参数如表 11-5 所示。替换，replace，非常强大的功能，对 series 或 dataframe 中每个元素执行按条件替换操作，还可开启正则表达式功能。

表 11-5   drop 函数的常用参数

参　　数	介　　绍
labels	以列表形式赋值，待删除的行名或列名，与 axis 参数一起使用
axis	确定删除行还是列，0 为行，1 为列
index	以列表形式赋值，删除第几行；不与 labels 和 axis 参数连用
columns	以列表形式赋值，删除第几列；不与 labels 和 axis 参数连用
inplace	确定是否用新生成的列表替换原列表

　　4）数据分析

　　Pandas 的数据可视化依赖于 Matplotlib 模块的 Pyplot 类，在安装 Pandas 后会自动安装 Matplotlib。Matplotlib 可以对图形做细节控制，绘制出出版质量级别的图形。通过 Matplotlib 可以简单地绘制出常用的统计图形。

　　Pandas 库中绘制可视化图形使用 plot 函数，常见参数如表 11-6 所示。

表 11-6 plot 函数的常用参数

参　　数	介　　绍
kind	图表类型
figsize	图表大小
title	图表标题
fontsize	刻度轴字体大小
color	颜色
style	Matplotlib 的字符风格

其中 kind 表示图表类型，如表 11-7 所示。

表 11-7 kind 的常用参数

参　　数	介　　绍
line	折线图
bar	条形图/柱状图
barh	横向柱状图
hist	直方图
box	箱型图
kde	密度图
area	面积图
pie	饼图
scatter	散点图
hexbin	蜂巢图

11.1.3 图书数据采集

本案例数据来自实验 9.3，使用八爪鱼软件的自定义配置功能采集数据。

选择当当网首页，输入"红楼梦"，对搜索结果进行爬取。打开八爪鱼软件，单击"开始采集"，软件自动打开网页并开始智能识别，自动识别完成后，单击"生成采集设置"，可自动生成相应的采集流程。最终流程依次为打开网页（打开当当网）→入文本（红楼梦）→循环翻页（采集多页信息）。

爬取数据为 Excel，导出到本地，文件名为 honglongmeng.xlsx，如图 11-1 所示。

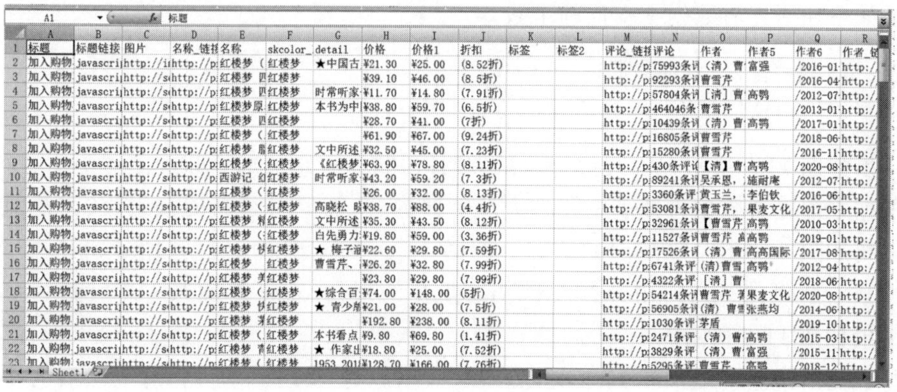

图 11-1 实验 9.3 爬取的 Excel 文件

11.1.4　数据预处理及分析

1. 数据预处理

使用 Pandas 库对数据进行预处理，代码如图 11-2 所示。

```
import pandas as pd
import matplotlib.pyplot as plt
def convert_currency(var):...
...
if __name__ == '__main__':
    data_path=r"D:\example\hongloumeng.xlsx"
    df=pd.read_excel(data_path)
    print(df)
    print(df.dtypes)
    df_null=df.isnull().sum()
    print(df_null)
    print(df.head())
    print(df.columns)
    #数据清洗
    df=df.drop(labels=["标题","标题链接"],axis=1)#删除两列，axis=1表示列
    df=df.dropna(how="all",axis=1)#删除所有内容为空的列
    df=df.drop_duplicates(subset=["作者","时间","出版社"],keep="first")#删除内容重复的行
    df=df.dropna(subset=['标签2'],how="any",axis=0)#删除某一单元格为空白的行
```

图 11-2　数据预处理代码

用函数 read_Excel() 读取数据，结果如图 11-3 所示，数据中有 196 行，43 列。

```
        标题                              标题链接        ...  作者81 标签91
0    加入购物车  javascript:AddToShoppingCart(23828836)  ...   NaN  NaN
1    加入购物车  javascript:AddToShoppingCart(23992016)  ...   NaN  NaN
2    加入购物车  javascript:AddToShoppingCart(22800634)  ...   NaN  NaN
3    加入购物车    javascript:AddToShoppingCart(102771)  ...   NaN  NaN
4    加入购物车  javascript:AddToShoppingCart(24646347)  ...   NaN  NaN
..     ...                                    ...  ...  ...  ...
191  加入购物车  javascript:AddToShoppingCart(29154726)  ...   NaN  NaN
192  加入购物车  javascript:AddToShoppingCart(29143770)  ...   NaN  NaN
193  加入购物车  javascript:AddToShoppingCart(24044457)  ...   NaN  NaN
194  加入购物车   javascript:AddToShoppingCart(9125447)  ...   NaN  NaN
195  加入购物车  javascript:AddToShoppingCart(22775025)  ...   NaN  NaN

[196 rows x 43 columns]
```

图 11-3　运行结果

查看数据类型：print(df.dtypes)，结果如图 11-4 所示。

用如下代码查看数据中空值的个数：

```
df_null = df.isnull().sum()
print(df_null)
```

结果如图 11-5 所示，从运行结果可以统计出数据中空值的个数。

根据之前查看数据可知表中存在大量空白内容，需要对数据的缺失值、重复值删除，另外还要删除一些不需要使用的数据。使用 drop 函数删除指定列，用 dropna 函数删除内容为全空的列，drop_duplicates 删除内容重复的列，dropna 删除某一单元格为空的行。运行结果如图 11-6 所示。

与数据清洗之前结果图 11-3 对比可知，数据原有 196 行，43 列，清洗之后为 100 行，18 列。

标题	object
标题链接	object
图片	object
名称_链接	object
名称	object
skcolor_ljg	object
detail	object
价格	object
价格1	object
折扣	object
标签	object
标签2	object
评论_链接	object
评论	object
作者	object
作者5	object
时间	object
作者_链接7	object
出版社	object

图 11-4　查看数据类型

标题	0
标题链接	0
图片	0
名称_链接	0
名称	0
skcolor_ljg	0
detail	83
价格	0
价格1	0
折扣	27
标签	65
标签2	94
评论_链接	0
评论	0
作者	2
作者5	102
时间	2
作者_链接7	1
出版社	1
标签9	125
标题1	196
标题链接1	196

图 11-5　空值个数

```
                                         图片  ...    标签9
60      http://img3m5.ddimg.cn/7/0/29151745-1_b_17.jpg  ...     券
61      http://img3m2.ddimg.cn/18/11/26924652-1_b_8.jpg  ...  每满100-50
63      http://img3m0.ddimg.cn/94/14/28518430-1_b_3.jpg  ...  每满79-30
64      http://search.dangdang.com/Standard/Search/Ext...  ...  每满100-50
66      http://search.dangdang.com/Standard/Search/Ext...  ...  每满100-50
..                                             ...  ...     ...
189     http://img3m3.ddimg.cn/49/19/25478293-1_b_3.jpg  ...  每满100-50
191     http://img3m6.ddimg.cn/18/21/29154726-1_b_3.jpg  ...     券
192     http://search.dangdang.com/Standard/Search/Ext...  ...  每满79-30
193     http://search.dangdang.com/Standard/Search/Ext...  ...   限时抢
194     http://search.dangdang.com/Standard/Search/Ext...  ...   NaN

[100 rows x 18 columns]
```

图 11-6　数据清洗结果

查看列名,如图 11-7 所示,对比图 11-3 原有列名可以发现,列名从 43 个减少到 18 个。

```
Index(['图片', '名称_链接', '名称', 'skcolor_ljg', 'detail', '价格', '价格1', '折扣', '标签',
       '标签2', '评论_链接', '评论', '作者', '作者5', '时间', '作者_链接7', '出版社', '标签9'],
      dtype='object')
```

图 11-7　数据清洗后列名

2. 图书数据可视化分析

1) 绘制柱状图

统计出版图书数量最多的前五名出版社,代码如图 11-8 所示。

通过 value_counts()函数计算出每个出版社数量的排名,取数据的前五名,绘制柱状图。以 kind 类型为 barh 横向柱状图。以运行结果如图 11-9 所示。

```
import pandas as pd
import matplotlib.pyplot as plt
def convert_currency(var):#格式转换函数,替换三种符号:,¥ 条评论
    new_value=var.replace(",","").replace("¥","").replace("条评论","")
    return float(new_value)
...
if __name__ == '__main__':
    data_path=r"D:\example\hongloumeng.xlsx"
    df=pd.read_excel(data_path)
    ...
    df=df.drop(labels=["标题","标题链接"],axis=1)#删除两列,axis=1表示列
    df=df.dropna(how="all",axis=1)#删除所有内容为空的列
    df=df.drop_duplicates(subset=["作者","时间","出版社"],keep="first")#删除内容重复的行
    df=df.dropna(subset=['标签2'],how="any",axis=0)#删除某一单元格为空白的行
    ...
    data=pd.DataFrame(df['出版社'].value_counts())#计算个数
    ...
    plt.rcParams['font.sans-serif']=['SimHei']
    data=data[:5]
    data.plot(kind='barh',title='出版数前5',figsize=(11,5))
    plt.xlabel('数量',fontsize=10)
    plt.ylabel('出版社',fontsize=10)
    plt.show()
```

图 11-8　绘制柱状图

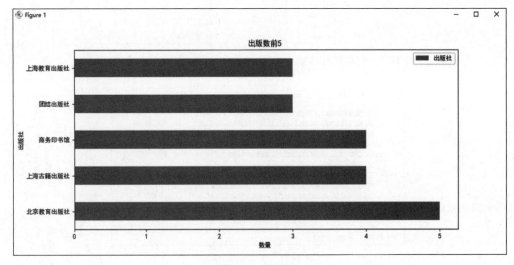

图 11-9　柱状图

2）绘制饼图

根据不同价格区间图书的数量,绘制饼图,代码如图 11-10 所示。

使用转换函数 convert_currency 将数据转换为数字,结果如图 11-11 所示。

使用 cut 函数,将数据切分成五部分,分别为 $0\sim50,50\sim100,100\sim150,150\sim200$。使用 value_counts 函数统计出不同区间的数量,结果如图 11-12 所示。

生成饼图,结果如图 11-13 所示。

3）绘制折线图

根据年份和出版数量之间的关系,绘制折线图,代码如图 11-14 所示。

使用 replace 和 to_datetime 方法,将"时间"列的格式转换为年-月-日的格式。通过统计年份出现的次数,统计出每年的出版数量,结果如图 11-15 所示。

使用 line 参数,绘制折线图,结果如图 11-16 所示。

```
import pandas as pd
import  matplotlib.pyplot as plt
def convert_currency(var):#格式转换函数，替换三种符号：,、¥、条评论
    new_value=var.replace(",","").replace("¥","").replace("条评论","")
    return float(new_value)
...
if __name__ == '__main__':
    data_path=r"D:\example\hongloumeng.xlsx"
    df=pd.read_excel(data_path)
    ...
    df=df.drop(labels=["标题","标题链接"],axis=1)#删除两列，axis=1表示列
    df=df.dropna(how="all",axis=1)#删除所有内容为空的列
    df=df.drop_duplicates(subset=["作者","时间","出版社"],keep="first")#删除内容重复的行
    df=df.dropna(subset=['标签2'],how="any",axis=0)#删除某一单元格为空白的行
    ...
    df['价格']=df['价格'].apply(convert_currency)
    data_price=df['价格']
    print(data_price)
    num=pd.cut(df['价格'],bins=[0,50,100,150,200],labels=['0-50','50-100','100-150','150-200'])
    num_value=num.value_counts()
    print(num_value)
    plt.rcParams['font.sans-serif'] = ['SimHei']
    num_value.plot(kind='pie',figsize=(5,5),title='价格区间')
    plt.show()
```

图 11-10　绘制饼图

```
60       24.2
61      101.3
63       38.9
64       30.0
66       96.6
        ...
189      27.2
191      43.1
192      38.6
193      19.0
194      11.9
Name: 价格, Length: 100, dtype: float64
```

图 11-11　转换函数

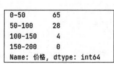

```
0-50        65
50-100      28
100-150      4
150-200      0
Name: 价格, dtype: int64
```

图 11-12　统计数量结果

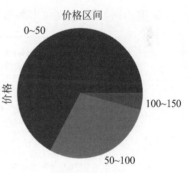

图 11-13　饼图

```
import pandas as pd
import  matplotlib.pyplot as plt
def convert_currency(var):#格式转换函数，替换三种符号：,、¥、条评论
    new_value=var.replace(",","").replace("¥","").replace("条评论","")
    return float(new_value)
...
if __name__ == '__main__':
    data_path=r"D:\example\hongloumeng.xlsx"
    df=pd.read_excel(data_path)
    ...
    df=df.drop(labels=["标题","标题链接"],axis=1)#删除两列，axis=1表示列
    df=df.dropna(how="all",axis=1)#删除所有内容为空的列
    df=df.drop_duplicates(subset=["作者","时间","出版社"],keep="first")#删除内容重复的行
    df=df.dropna(subset=['标签2'],how="any",axis=0)#删除某一单元格为空白的行
    ...
    df['时间'] = df['时间'].str.replace('/','-')
    #print(df['时间'].head())
    df['时间']=pd.to_datetime(df['时间'],format="%Y-%m-%d")
    #print(df['时间'].head())
    df['出版数']=pd.to_datetime(df['时间']).dt.year
    num_peryear=pd.DataFrame(df['出版数'].value_counts().sort_index(axis=0))
    print(num_peryear)
    plt.rcParams['font.sans-serif'] = ['SimHei']
    num_peryear.plot(kind='line',title='年份-出版数关系图')
    plt.xlabel('年份', fontsize=10)
    plt.ylabel('数量', fontsize=10)
    plt.show()
```

图 11-14　折线图代码

	出版数
2006.0	1
2009.0	2
2010.0	2
2011.0	2
2012.0	3
2013.0	3
2014.0	4
2015.0	4
2016.0	11
2017.0	9
2018.0	16
2019.0	14
2020.0	27

图 11-15　出版数

年份-出版数量关系图

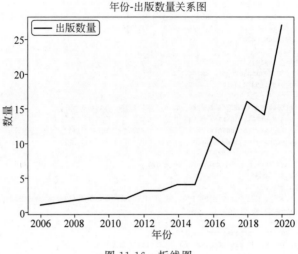

图 11-16　折线图

4）绘制散点图

根据出版社评论数和出版数量绘制散点图，代码如图 11-17 所示。

```python
import pandas as pd
import matplotlib.pyplot as plt
def convert_currency(var):#格式转换函数，替换三种符号：，¥ 条评论
    new_value=var.replace(",","").replace("¥","").replace("条评论","")
    return float(new_value)
...
if __name__ == '__main__':
    data_path=r"D:\example\hongloumeng.xlsx"
    df=pd.read_excel(data_path)
    ...
    df=df.drop(labels=["标题","标题链接"],axis=1)#删除两列，axis=1表示列
    df=df.dropna(how="all",axis=1)#删除所有内容为空的列
    df=df.drop_duplicates(subset=["作者","时间","出版社"],keep="first")#删除内容重复的行
    df=df.dropna(subset=['标签2'],how="any",axis=0)#删除某一单元格为空白的行
    ...
    df['评论'] = df['评论'].apply(convert_currency)
    print(df['评论'].head())
    num_reply=df['评论'].groupby(df['出版社']).mean()
    num_publish=pd.DataFrame(df['出版社'].value_counts())
    ...
    num_scatter=pd.concat([num_reply,num_publish],axis=1)
    num_scatter.columns=['num_reply','num_publish']
    print(num_scatter.head())
    num_scatter=num_scatter[:10]
    plt.rcParams['font.sans-serif'] = ['SimHei']
    num_scatter.plot(kind='scatter',x='num_reply',y='num_publish',marker='x',
                    figsize=(20,10),title='出版社评论分布图')
    for idx,row in num_scatter.iterrows():
        plt.text(row['num_reply'],row['num_publish'],idx,fontsize=10,color='b')
    plt.xlabel('评论数',fontsize=10)
    plt.ylabel('出版数量',fontsize=10)
    plt.show()
```

图 11-17　散点图代码

使用 convert_apply 函数将"评论"列中从 object 类型转换为 float 类型，便于统计，结果如图 11-18 所示。

使用 groupby 函数对不同出版社进行分组，用 mean 方法求出各自评论数的平均值

存储于 num_reply 中，value_counts 统计出各出版社出版的数量，将结果存于 num_publish 中，使用 contact 将两张表合并在一起，结果如图 11-19 所示。

60	2.8
61	6191.0
63	1095.0
64	1438.0
66	702.0
Name: 评论, dtype: float64	

图 11-18　转换函数

	num_reply	num_publish
上海人民美术出版社	1361.50	2
上海古籍出版社	1715.75	4
上海教育出版社	462.00	3
上海辞书出版社	3428.00	1
世界图书出版公司	2401.00	1

图 11-19　合并后数据

根据数据绘制 scatter 散点图，并绘制每个坐标的标签，结果如图 11-20 所示。

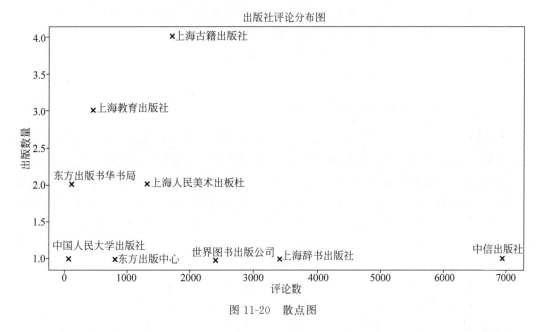

图 11-20　散点图

可以看出，红楼梦相关图书总体定价在 0～50 之间，2009 年—2015 年出版数量逐年增多，随后几年增长较多但每年都有一定程度的波动。北京教育出版社和上海古籍出版社出版的图书数量较多。从评论数可以看出，出版数目最少的中信出版社反而最受关注。上海古籍出版社的规模虽不如中信出版社，但仍然有较高的关注度。

11.2　石油数据预处理系统

11.2.1　石油数据预处理系统需求

石油作为全球工业的经济命脉，石油产业是国家的战略性、基础性支柱产业。我国的几大油田经过 70 余年的勘探与开采，油气藏规模越来越小，开采难度越来越困难。因此，油气开采企业面临着巨大的挑战。为了能够更好地应对现有挑战，许多油气开采企业已经开始进行数字化转型改革。

开采石油的同时，也伴随着产生大量的石油数据，这些石油数据隐藏着巨大的信息和商业价值。为了更好地挖掘出这些数据潜在的价值，需要数据挖掘和数据分析作为支撑。由于数据源较多，收集的数据来自不同环境，并且整合数据的方式也不同，这样就容易导致数据中存在重复值、空缺值，以及存在域违规、违反业务规则等情况。这些低劣的"脏数据"会产生数据质量问题，可能直接导致计算偏差，造成难以想象的后果。其中，数据库中相似记录和重复记录占用了大量的空间，会直接影响数据库的使用效率。为了能够更好地解决这些问题，各石油企业开始研发属于自己的数据预处理系统，但是由于数据的来源不同，企业所清洗的业务数据往往具有不同的模式和不同的模型，因此也造成了这种数据预处理系统具有更多的局限性，且通用性和扩展性不强。除此之外，影响数据质量的另一个比较重要的因素是数据预处理操作的规范化流程。由于所有的数据预处理方法都高度依赖领域专家，但是领域专家缺乏某些特定的信息技术知识，而这些知识有可能是指定某种具体的数据预处理操作所需要的。与此同时，信息技术的开发者，虽然具备完整的数据预处理操作规范化技术知识，但是缺乏具体领域的相关知识，导致不能够完整地开发出能够通用的数据预处理操作规范化流程。

11.2.2　石油数据预处理系统流程

国际数据管理协会（DMAM）中国分会的数据治理标准体系描述了关于数据治理中概念层数据清洗操作的规范化流程，为构建数据清洗操作规范化流程提供了重要依据。

数据清洗是数据质量管理（Data Quality Management，DQM）中的关键一步。数据质量管理，不仅包含了对数据质量的改善，同时还包含了对组织的改善。针对数据的改善和管理，主要包括数据分析、数据评估、数据清洗、数据监控、错误预警等内容；针对组织的改善和管理，主要包括确立组织数据质量改进目标、评估组织流程、制定组织流程改善计划、制定组织监督审核机制、实施改进、评估改善效果等多个环节。

对大数据进行规范化（也称为归一化）处理是大数据开发和挖掘时基本的前期工作。对石油数据（包括地质、采油及生产数据）常常会有不同的量纲，数值之间可能差异很大，如果直接对这些差异很大的数据进行分析和挖掘，很可能影响到数据分析的结果。为了消除属性指标之间不同量纲和取值范围差异过大对数据挖掘的影响，需要进行标准化的处理，按照一定的比例对数据进行缩放，使其落到特定的区域，便于以后的综合分析和处理。

理论上，在计算机科学与信息科学领域，本体是指一种"形式化的，对于共享概念体系的明确而又详细的说明"。本体提供的是一种共享词表，也就是特定领域之中那些存在着的对象类型或概念及其属性和相互关系；或者说，本体就是一种特殊类型的术语集，具有结构化的特点，且更加适合于在计算机系统之中使用。

1. 构建数据预处理操作规范化流程

结合DAMA中的数据清洗流程、本体构建七步法、数据质量管理词汇表以及石油领域标准词汇表等，采用以下步骤构建数据清洗操作规范化流程。

1）明确数据清洗操作规范化流程本体应用目的及范围

该步骤确定了数据清洗操作规范化流程本体的应用目的及范围。

2）数据清洗操作相关概念

参考数据质量管理词汇表,对数据清洗的相关概念进行查询,确定构建数据清洗操作规范化流程本体需要用到的概念。

3）数据清洗操作规范化流程本体分析

参考数据质量管理词汇表,明确数据清洗操作词汇中概念与概念之间的关系、概念和属性之间的关系、概念之间的继承关系、概念与另一概念的属性关系。并将概念以类的形式进行层次化定义,主要包括定义类的对象属性、数据属性、创建实例、设置属性值等。

4）数据操作本体表示

采用 Protégé(基于 Java 语言开发的本体编辑和知识获取软件)来对数据清洗操作规范化流程本体进行构建,方便本体的编辑和可视化操作。在本体构建完毕之后,导出为 OWL(Web Ontology Language,是 W3C 开发的一种网络本体语言)语言文件来表达数据清洗操作规范化流程本体及数据清洗规则,方便调用。

5）具体数据源映射

具体数据源的模型需要被抽象到概念层,采用 W3C 将关系型数据库映射到本体的建议,将具体的数据模型直接映射成 OWL 本体。

2. 数据预处理操作规范化流程

对多数据源的数据清洗操作流程包括三个层次,如图 11-21 所示。

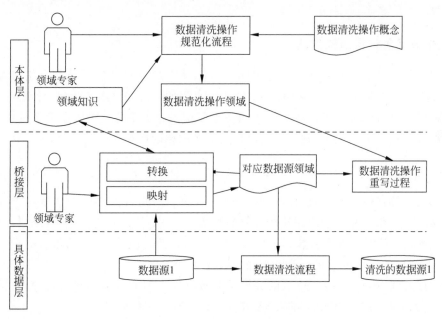

图 11-21　数据清洗操作规范化流程

1）具体数据层

具体数据层包括一个特定的自动数据清洗流程,该流程能够解释和执行一组根据数据清洗流程的要求制定的数据清洗操作,待清洗的数据源 1 通过数据清洗操作流程处理后得到一个已更改的副本，从而解决所检测到的数据质量问题。

2）桥接层

桥接层主要由领域专家对具体数据源实体和领域概念化实体之间建立对应关系，重写操作负责将具体数据层的数据清洗流程指定为数据清洗操作规范化流程。

3）本体层

本体层由领域专家对数据清洗操作概念和领域知识进行结合，从而制定数据清洗操作规范化流程。数据清洗操作规范化流程制定的结果是在本体层指定的一组数据清洗操作流程，并且独立于任何具体的数据源。

在数据清洗操作规范化流程本体构建好之后，需要对具体的数据源进行操作，这需要依赖具体数据层和本体层之间成功的互操作能力。因此本节简要阐述具体数据层与桥接层的映射、转换和数据清洗操作重写过程实现的有关问题。映射的过程是在概念层面上建立一组具体数据源与本体层之间的对应关系，正如本节案例，使用的具体数据源是建立在关系型数据库上的。本体层是对应一个领域的 OWL 本体。为了能够促进对应关系的建立，本节采用 W3C 将关系型数据库映射到本体的方式，将具体的数据源以直接的方式映射成 OWL 本体。

11.2.3　石油数据预处理算法

石油数据预处理算法主要包括：相似重复记录检测、异常值检测、缺失值填充和数据规范化等。

1. 相似重复记录清洗方法

相似重复记录的定义有多种：①把同一实体对象对应的多条记录称为相似重复记录；②若数据库中存在这样的两条记录 R1、R2，它们的内容相同或者相似，且都对应着同一个现实实体，则记录对< R1，R2 >互为相似重复记录；③在同一个数据库系统中，如果出现两条或两条以上的记录，它们之间出现足够多的相同或相似的属性值，即可认定其为相似重复记录。

1）SNM 算法

近邻排序算法 SNM（Sorted-Neighborhood Method）是目前在数据清洗各类算法中针对英文字段相似重复记录应用比较成熟的算法之一，其中主要包括三个步骤：

（1）选取关键字。首先从数据表中提取关键的属性，或者对属性的组合对记录进行划分，这些提取的属性或者组合具有很强的区分度。

（2）对关键字排序。按照选取的关键字对数据库中所有的数据进行排序，将数据库中位置不同但是关键字相同的相似或重复的记录分配到相邻的位置。

（3）检测及合并重复记录。为数据集设定一个大小可滑动的窗口，将最后一个滑入窗口的记录数据与窗口内的其他记录数据进行比较。在比较的过程中，判定两条记录是否完全相同。如果相同则将两条记录判定为相似或重复记录，并将这两条记录进行合并；如果比较结果不同，就将窗口向后滑动。滑动窗口内的记录是采用先进先出的方式来进行组织的，比较完毕后的数据则滑向下一条记录的位置，之后进行新的检测，直至滑动至最后一个数据记录。

2）余弦相似度

余弦相似度是一种目前比较主流的文本语义相似度计算方法。主要步骤如下，将数据库记录中的词组进行分词，然后将分出的词组全部列出将所出现的词组进行词频统计，依据统计出的词频对词组进行向量化处理，最后利用余弦相似度计算公式来将两个词组进行相似度的计算，最后得出两个词组之间的文本相似度。具体计算公式见式6-15。

算法伪代码如下。

```
① Input(S1,S2);                    //读取两条语句
② S1_cut←Jieba.cut(S1);
③ S2_cut←Jieba.cut(S2);           //对两条语句分词
④ All_word←set(S1_cut + S2_cut);  //统计所有词
⑤ 计算词频;
⑥ 公式 6-15;                      //两条语句计算相似度
⑦ Output(sim1).
```

3）Jaccard 算法

Jaccard 算法又称为 Jaccard 相关系数（Jaccard similarity coefficient），用于比较有限样本集之间的相似性与差异性。Jaccard 系数值越大，样本相似度越高。Jaccard 算法对两个集合 A 与 B 的交集和并集进行比值，通过比值系数来判断两个集合相关度。设 sim2 为 Jaccard 算法计算结果，其中 A 和 B 分别为两条记录向量化后的结果向量，计算 Jaccard 相关系数的公式如 6-10。

具体算法伪代码如下

```
① Input(A,B);        //读取两条记录
② corpus←[A,B];      //获取两条记录的匹配信息
③ 公式 6-10;         //计算两个词语相似度
④ Output(sim2);      //输出两条记录的相似度.
```

2. 缺失值的清洗方法

属性值缺失在数据中广泛存在，也是数据清洗中较难解决的问题之一，缺失值是指某条记录的属性字段值被标记为 NULL、空白、N/A 或者 Unkown。缺失值出现的原因很多，如在数据的存储过程中人为地漏掉某些值，或是在使用数据的过程中系统设备发生故障导致数据未能及时保存，使得数据大量缺失。缺失值清洗或填充的方法目前也有很多，见 7.2.1 节所述。其中，利用最可能的值填补缺失值是最常用的策略，同其他方法相比，它使用已有数据的大部分信息来预测缺失值，产生的偏差可能较小，但填充的复杂性也高。

本系统利用朴素贝叶斯分类法对缺失值进行填补，该算法通过贝叶斯分类思想计算出概率最大的取值，具体的填补过程需要经过三个步骤：

1）参数估计

通过参数估计来计算出属性的取值概率。

2）连接

将缺失值与计算出来的概率值连接起来。

3）填充

将计算出的概率值填充到空缺的属性中。

朴素贝叶斯分类法的优点在于，如果样本空间很大，填充的效果比较好；如果样本空间比较小，准确率会较低。决策树算法也可以用来处理缺失数据，可以利用这种特性创建决策树，来对缺失数据进行填补。

3. 异常值平滑方法

异常值主要是指在数据集中与众不同的数据，异常值往往与相邻数据存在较大的偏差。这种误差并非随机偏差，而是产生于完全不同的机制。对于异常值的确切定义主要取决于哪些应用场景，一般来说，异常值的检测技术主要分为三类：基于统计、基于距离和基于模型。①基于统计的异常值检测技术：假设正常的数据点会出现在随机模型的高概率区域，而异常值会出现在随机模型的低概率区域，它们通常可以为发现的异常值提供统计解释，或者为作为异常值的数据点提供置信区间。②基于距离的异常值检测技术通常定义数据点之间的距离，用于定义正常行为，例如，正常点应该更多地接近许多其他数据点，而偏离这种正常行为的数据点被声明为异常值。基于距离的技术的一个主要优点是它的本质是无监督的，并且不会对数据的生成分布做出任何假设。③基于模型的异常检测技术：首先从一组标记的数据点构建学习分类器模型，然后将训练好的分类器应用于测试数据点以确定它是否是异常值。

1）K-Means 聚类算法

K-Means 聚类算法是机器学习中常见的一种无监督学习的聚类算法，其主要的算法思想是：首先将数据库中的样本集合分成 K 组，然后选取 K 个点作为初始的聚类中心对象，再通过计算每个组中的样本对象与聚类中心对象的距离，将每个样本对象分配给距离它最近的聚类中心，最终每个聚类的聚类中心以及分配给它的聚类样本就形成一个聚类。不停地对这样的过程进行迭代，直至满足终止条件停止。一般终止条件满足如下几点即可：①样本对象没有被重新分配给不同的聚类；②聚类中心不再发生大的变化；③误差平方和为局部最小。

算法的流程主要包括以下几个步骤：

（1）确定 k 值，将样本划分成 k 个集合；

（2）创建 k 个点作为质心；

（3）对样本点与质心进行距离计算，并将距离最小的样本点划到质心的簇中；

（4）对每个簇，将簇中所有点的均值计算出来作为质心；

（5）当簇的质心和样本点的分配不发生改变时，算法终止否则继续迭代（3）～（5）步骤。

具体算法流程图如图 11-22 所示。

2）基于密度的聚类算法

在基于密度的聚类中，聚类被定义为密度较高的区域，例如在数据集合中，一个簇是一组密度相关的点，它在密度可达性方面是最大的。当内在的团簇结构不能用全局来进行表征的时候，可以利用较低的距离相对于较高的密度对团簇进行排序。如果把每个聚类都看作是一组密度相关的点,这些点在密度最大时最大。根据元组之间的距离将所有的元组分为三类,分别为核心点、边境点和异常点。具有足够近邻的元组将是核心点,而比较远的距离点将被划分为边境点,那些既不是核心点也不是边界点的元组将被识别为异常的。基于密度的聚类是在核心点和边界点上执行的两个点彼此之间是可密性的。也就是说,核心点和边界点被聚类,所有其他的点将被识别为异常值。对异常的检测上采用执行有误差的 K-Means 聚类,其目的是在忽略一组可能的误差点的情况下,对所有的点进行聚类,以最小化分配给同一聚类的那些点的方差。从而达到利用 K-Means 聚类的局部搜索算法来发现异常点。

4. 石油数据规范化方法

数据的规范化处理就是将一个属性取值范围投射到一个特定范围之内,以消除因数值型属性大小不一而造成挖掘结果的偏差。因此,在对石油数据进行挖掘和预测之前,对石油数据进行归一化的预处理是非常必要的。数据归一化的基本方法有:最小最大值规范化、零均值规范化和小数定标规范化,具体规范化方法见 8.4.1 节。

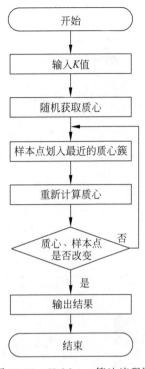

图 11-22 K-Means 算法流程图

11.2.4 实验数据预处理结果分析

1. 数据清洗

本次实验在测试数据上,选取的是某油田公司井下采油数据。为了保证实验的准确性,实验使用开放数据量比较大(5 万条记录左右)的数据作为测试数据。图 11-23 为部分油层及射孔数据表。

	A 层号	B 砂岩顶深	C 砂岩厚度	D 有效预深	E 有效厚度	F 渗透率	G 射孔	H 孔隙度	I 束水饱和	J 含水饱和	K 采出程度	L 水淹级别
2	#G107-41	0		0	0	0		0	0	0	0	0
3	S03	780.3	0.5	780.3	0.5	0		0	0	0	0	0
4	S04	791.3	0.8	791.6	0.5	0		0	0	0	0	0
5	S07	800.1	1.4	800.1	1.1	0		0	0	0	0	0
6	S11A	823	0.6	823	0.4	0		0	0	0	0	0
7	S11B	824	1.4	824	0.5	0.06		0	0	0	0	0
8	S12A	828	0.6	828.2	0.4	0		0	0	0	0	0
9	S12B	829	0.2	0	0	0		0	0	0	0	0
10		829.2	-0.2	0	0	0		0	0	0	0	0
11	S13A	831	-0.2	0	0	0		0	0	0	0	0
12		831.2	0.2	831.2	0.2	0		0	0	0	0	0
13	S13B	832	-0.2	0	0	0		0	0	0	0	0
14	S13-5	833.1	-1.3	0	0	0		0	0	0	0	0
15		834.4	1.6	834.8	1.2	0.51		0	0	0	0	0
16	S14+5A	836.4	0.6	836.4	0.5	0.31		0	0	0	0	0
17	S14+5B	837.4	0.6	0	0	0		0	0	0	0	0
18	S22A	852.9	-0.3	0	0	0		0	0	0	0	0
19		853.2	0.6	853.3	0.5	0.08		0	0	0	0	0
20	S22B	855	0.6	855	0.6	0.43		0	0	0	0	0
21	S22C	857	-0.2	0	0	0		0	0	0	0	0
22	S23A	859.2	0.3	859.2	0.3	0		0	0	0	0	0
23	S23B	860	1	860	0.9	0.71		0	0	0	0	0
24		861.2	-0.2	0	0	0		0	0	0	0	0
25	S24A	861.7	-0.3	0	0	0		0	0	0	0	0
26	S24B	862.8	1.6	862.8	0.8	0.05		0	0	0	0	0
27	S25+6	865	-0.3	0	0	0		0	0	0	0	0
28		865.3	0.2	0	0	0		0	0	0	0	0
29		865.5	-0.4	0	0	0		0	0	0	0	0

图 11-23 油层及射孔数据表

对实验数据进行清洗,通过行过滤删除"层号"为空的数据,过滤条件如图 11-24 所示。

图 11-24　行过滤条件

删除无效列,如图 11-25 所示,"孔隙度""束水饱和度""含水饱和度""采出程度"四列的非零个数和空值个数全为 0,说明该列为空。

列名	类型	非零个数	空值个数	非重复值	ID相似度	最小值	最大值	均值	标准差
层号	string		0	531	0.04532	-	-	-	-
砂岩顶深	double	11535	0	-	-	0	9186.2	900.65248	152.89082
砂岩厚度	double	11533	0	-	-	-3	24.8	0.85618	2.00477
有效顶深	double	5621	0	-	-	0	1160.2	435.09012	455.59408
有效厚度	double	5621	0	-	-	0	17	0.57403	1.19269
渗透率	double	3395	0	-	-	0	1.94	0.10187	0.23983
射孔	string	-	9534	1	8.534608e-5	-	-	-	-
孔隙度	double	0	0	-	-	0	0	0	0
束水饱和度	double	0	0	-	-	0	0	0	0
含水饱和度	double	0	0	-	-	0	0	0	0
采出程度	double	0	0	-	-	0	0	0	0
水淹级别	double	251	0	-	-	0	4	0.06171	0.43357

图 11-25　无效列

使用列过滤删除全为空的四列,过滤条件如图 11-26。

数据预处理

预处理方法：　列过滤

* 选择表：　个人文件

RowFilter-CB88CFCA-FADB-42F9-8F15-A932151B7B9A.rec

* 保留字段：

未选(4)

搜索

孔隙度	double
束水饱和度	double
含水饱和度	double
采出程度	double

已选(8)

搜索

层号	string
砂岩顶深	double
砂岩厚度	double
有效顶深	double
有效厚度	double
渗透率	double
射孔	string
水淹级别	double

* 结果命名：　ColumnFilter-3BDC2A10-E921-4190-A31F-55DD9E824994.rec　结果数据集必须以.rec结尾

图 11-26　列过滤

最终数据如图 11-27 所示。

2. 数据平滑及归一化实验数据

通过清洗数据删除无效内容,后续实验需要对剩下的有效数据进行初步处理。如图 11-28 所示,有效顶深、有效厚度、渗透率三列中有空值,对其进行填充。

层号	砂岩顶深	砂岩厚度	有效顶深	有效厚度	渗透率	射孔	水淹级别
#G107-41	0	0	0	0	0	0	0
S03	780.3	0.5	780.3	0.5	0	0	0
S04	791.3	0.8	791.6	0.5	0	0	0
S07	800.1	1.4	800.1	1.1	0	0	0
S11A	823	0.6	823	0.4	0	0	0
S11B	824	1.4	824	0.5	0.06	0	0
S12A	828	0.6	828.2	0.4	0	0	0
S12B	829	0.2	0	0	0	0	0
S13A	831	-0.2	0	0	0	0	0
S13B	832	-0.2	0	0	0	0	0

查看数据ColumnFilter-3BDC2A10-E921-4190-A31F-55DD9E824994.rec

图 11-27　最终数据

列名	类型	非零个数	空值个数	非重复值
层号	string	-	0	531
砂岩顶深	double	11535	0	-
砂岩厚度	double	11533	0	-
有效顶深	double	5621	3	-
有效厚度	double	5621	4	-
渗透率	double	3395	2	-
射孔	string	-	9534	1
水淹级别	double	251	0	-

图 11-28　空值

使用特征工程的缺失值填充,选择需要填充的三个字段,将值为"空"的字段填充最小值,如图 11-29 所示。

图 11-29　缺失值填充

填充之后,可以看到填充列的空值个数变为"0",方便对数据进行进一步处理。

列名	类型	非零个数	空值个数	非重复值	ID相似度	最小值	最大值	均值	标准差
层号	string	-	0	531	0.04532	-	-	-	-
砂岩顶深	double	11535	0	-	-	0	9186.2	900.65248	152.89062
砂岩厚度	double	11533	0	-	-	-3	24.8	0.85618	2.00477
有效顶深	double	5621	0	-	-	0	1160.2	435.09012	455.59408
有效厚度	double	5621	0	-	-	0	17	0.57403	1.19269
渗透率	double	3395	0	-	-	0	1.94	0.10187	0.23983
射孔	string	-	9534	1	8.534608e-5	-	-	-	-
水淹级别	double	251	0	-	-	0	4	0.06171	0.43357

图 11-30　缺失值为 0

使用 LOF 算法对数据进行异常点检测，如图 11-31 所示。

图 11-31　异常点检测

处理后的数据增加"outlier"数据列，对异常点加以标记，从列统计信息图 11-32 中可以看出，有 469 个异常数据。

列名	类型	非零个数	空值个数
层号	string	-	0
砂岩顶深	double	11535	0
砂岩厚度	double	11533	0
有效顶深	double	5621	0
有效厚度	double	5621	0
渗透率	double	3395	0
射孔	string	-	9534
水淹级别	double	251	0
Outlier	double	469	0

图 11-32　列统计信息

查看数据，图 11-33 中可以看出，正常数据标记为"0"，异常数据标记为"1"。

使用行过滤，对"outlier"中数据为 0 的进行过滤，过滤条件如图 11-34 所示。

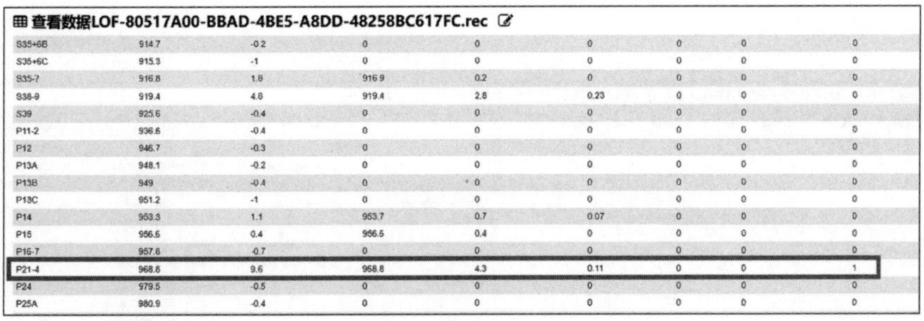
⊞ 查看数据LOF-80517A00-BBAD-4BE5-A8DD-48258BC617FC.rec

S35+6B	914.7	-0.2	0	0	0	0	0	0
S35+6C	915.3	-1	0	0	0	0	0	0
S35-7	916.8	1.8	916.9	0.2	0	0	0	0
S38-9	919.4	4.8	919.4	2.8	0.23	0	0	0
S39	925.6	-0.4	0	0	0	0	0	0
P11-2	936.6	-0.4	0	0	0	0	0	0
P12	946.7	-0.3	0	0	0	0	0	0
P13A	948.1	-0.2	0	0	0	0	0	0
P13B	949	-0.4	0	0	0	0	0	0
P13C	951.2	-1	0	0	0	0	0	0
P14	953.3	1.1	953.7	0.7	0.07	0	0	0
P15	956.5	0.4	956.5	0.4	0	0	0	0
P16-7	957.6	-0.7	0	0	0	0	0	0
P21-4	968.8	9.6	968.8	4.3	0.11	0	0	1
P24	979.5	-0.5	0	0	0	0	0	0
P25A	980.9	-0.4	0	0	0	0	0	0

图 11-33　异常数据

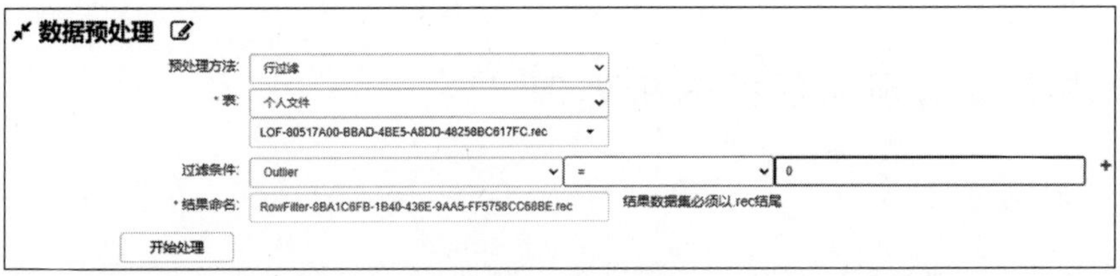

图 11-34　行过滤

如图 11-35 所示，过滤之后，outlier 列非零个数为 0，说明异常数据已经被删除。

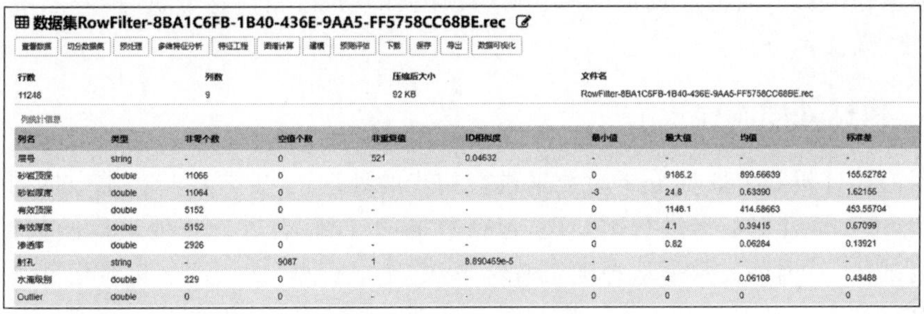
⊞ 数据集RowFilter-8BA1C6FB-1B40-436E-9AA5-FF5758CC68BE.rec

查看数据　切分数据集　预处理　多维特征分析　特征工程　模型计算　建模　预测评估　下载　保存　导出　数据可视化

行数	列数	压缩后大小	文件名
11248	9	92 KB	RowFilter-8BA1C6FB-1B40-436E-9AA5-FF5758CC68BE.rec

列统计信息

列名	类型	非零个数	空值个数	非重复值	ID相似度	最小值	最大值	均值	标准差
层号	string	-	0	521	0.04632	-	-	-	-
砂岩顶深	double	11066	0	-	-	0	9186.2	899.66639	155.62782
砂岩厚度	double	11064	0	-	-	-3	24.8	0.63390	1.62156
有效顶深	double	5152	0	-	-	0	1146.1	414.58663	453.55704
有效厚度	double	5152	0	-	-	0	4.1	0.39415	0.67099
渗透率	double	2926	0	-	-	0	0.82	0.06284	0.13921
射孔	string	-	9087	1	8.890459e-5	-	-	-	-
水淹级别	double	229	0	-	-	0	4	0.06108	0.43488
Outlier	double	0	0	-	-	0	0	0	0

图 11-35　过滤后数据

对有效厚度、有效顶深、砂岩顶深、砂岩厚度进行数据标准化处理，选择方法如图 11-36，为最下最大值规范化。

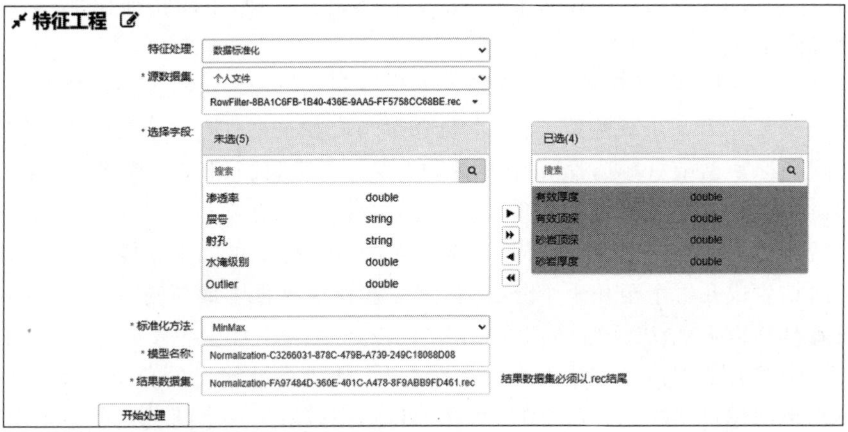

图 11-36　标准化处理

处理结果如图 11-37 所示。

号号	砂岩顶深	砂岩厚度	有效顶深	有效厚度	渗透率	射孔	水淹级别	Outlier	有效厚度_nor	有效顶深_nor	砂岩顶深_nor	砂岩厚度_nor
#G107-41	0	0	0	0	0	0	0	0	0	0	0	0.1079136690647482
S03	780.3	0.5	780.3	0.5	0	0	0	0	0.12195121951219513	0.6796446302586883	0.0849426313363118	0.12589929057553956
S04	791.3	0.8	791.6	0.5	0	0	0	0	0.12195121951219513	0.6894869784861947	0.08614007968474449	0.13669064748201437
S07	800.1	1.4	800.1	1.1	0	0	0	0	0.2682926829268294	0.6968905147635224	0.08709803836189066	0.15827338129496404
S11A	823	0.6	823	0.4	0	0	0	0	0.09756097560975611	0.7168365124989113	0.08959090801128235	0.12949640287769784
S11B	824	1.4	824	0.5	0.06	0	0	0	0.12195121951219513	0.7177075167668322	0.08969976704186715	0.15827338129496404
S12A	828	0.6	828.2	0.4	0	0	0	0	0.09756097560975611	0.7213657346921001	0.0901352028042063	0.12949640287769784
S12B	829	0.2	0	0	0	0	0	0	0	0.09024406174479109	0.11510791366906475
S13A	831	-0.2	0	0	0	0	0	0	0	0.09046177962596068	0.10071942446043164
S13B	832	-0.2	0	0	0	0	0	0	0	0.09057063856654545	0.10071942446043164

图 11-37　处理结果

11.3　电影票房预测数据分析处理

11.3.1　案例意义

电影产业是一项高投资、高收益、高风险的行业，当今社会已进入了大数据时代，可以将数据挖掘技术应用到电影票房的预测研究中，为投资者智能规避电影投资风险，并帮助影院运营商优化放映计划，实现收益的最大化。

大数据在电影产业的应用范围有：票房预测、市场营销、情感分析、推荐系统、产业经济、文化批评、文本分析。

11.3.2　数据处理流程

使用占比分析和关联性分析对数据进行初步的处理，了解票房与基本数据的关联性，随后使用 SQL 语言对数据进行预处理，包括数据的计算、合并。将处理后的数据分成训练集和测试集，对训练集数据选择随机森林算法，生成模型，使用测试集对模型进行验证。

随机森林算法是 Leo Breiman 提出的一种利用多个树分类器进行分类和预测的方法。随机森林算法可以用于处理回归、分类、聚类以及生存分析等问题，当用于分类或回归问题时，它的主要思想是通过自助法重采样生成很多个树回归器或分类器。

随机森林与传统的决策树相比，有更强的泛化能力和更好的分类效果，目前已经广泛应用到行星探测、地震波分析、Web 信息过滤、自然语言处理、生物特征识别、计算机辅助医疗诊断等众多领域。

同其他模型一样，随机森林可以解释若干自变量 $(X_1, X_2, \cdots, X_k)$ 对因变量 Y 的作用。如果因变量 Y 有 n 个观测值，有 k 个自变量与之相关；在构建分类树的时候，随机森林会随机地在原数据中重新选择 n 个观测值，其中有的观测值被选择多次，有的没有被选到，这是 Bootstrap 重新抽样方法的特点。同时，随机森林随机地从 k 个自变量选择部分变量进行分类树节点的确定。这样，每次构建的分类树都可能不一样。一般情况下，随机森林随机地生成几百个至几千个分类树，然后选择重复程度最高的树作为最终结果。

随机森林是以 K 个决策树 $\{h(X, \theta_k), k = 1, 2, \cdots, K\}$ 为基本分类器，进行集成学习后得到的一个组合分类器。当输入待分类样本时，随机森林输出的分类结果由每个决策树的分类结果简单投票决定。这里的 $\{\theta_k, k = 1, 2, \cdots, K\}$ 是一个随机变量序列，它是由随机森林的两大随机化思想决定的：

（1）Bagging 思想。从原样本集 X 中有放回地随机抽取 K 个与原样本集同样大小的训练样本集（每次约有 37%的样本未被抽中），每个训练样本集 T_k 构造一个对应的决策树。

（2）特征子空间思想。在对决策树每个节点进行分裂时，从全部属性中等概率随机抽取一个属性子集（通常取$[\log_2(M)+1]$个属性，为特征总数），再从这个子集中选择一个最优属性来分裂节点。

由于构建每个决策树时，随机抽取训练样本集和属性子集的过程都是独立的，且总体都是一样的，因此$\{\theta_k, k=1,2,\cdots,K\}$是一个独立同分布的随机变量序列。

训练随机森林的过程就是训练各个决策树的过程，由于各个决策树的训练是相互独立的，因此随机森林的训练可以通过并行处理来实现，这将大大提高生成模型的效率。

将以同样的方式训练得到 K 个决策树组合起来，就可以得到一个随机森林。当输入待分类的样本时，随机森林输出的分类结果由每个决策树的输出结果进行简单投票（即取众数）决定。

11.3.3　数据采集和分析

1. 数据采集

本次研究中数据信息来源于“中国电影票房年度总排行榜”网，从 2016 年的排行榜中抽取 27 部电影，分析不同省份不同电影院数据，数据源如图 11-38 所示，主要包括电影名称、电影类型、上映模式、上映省份、上映城市、电影院代码、电影院名称、影厅数量、上映月份、上映场次、观众人次、票房等 27 个数据项。

	A	B	C	D	E	F	G	H	I	J	K	L	M	N	O	P	Q	R	S	T	U	V	W	X	Y	Z	AA
1	film_names	type	type	type	type	type	type	type	type	type	type	type	type	type	type	standard	province	city	cinema_cod	cinema_n	movi	rele	not_	rest	shows	visits	box_office
2	九层妖塔	0	0	1	0	0	0	0	0	1	0	1	0	0	0	2D/3D/中	江西省	九江	36042101	中影国际	7	9	13	5	137	7942	1457702
3	何以笙箫默	0	1	0	0	0	0	0	0	0	0	0	0	0	0	2D	江西省	九江	36042101	中影国际	7	4	18	9	188	5165	148150
4	冰河追凶	0	0	1	1	0	0	0	1	0	0	0	0	0	0	2D	江西省	九江	36042101	中影国际	7	4	8	3	83	986	28253
5	复仇者联盟2	0	0	1	0	1	0	0	0	1	0	0	0	0	0	2D/3D/IM	江西省	九江	36042101	中影国际	7	5	24	8	332	15823	577838
6	小时代4- 灵	1	1	0	0	0	0	0	0	0	0	0	0	0	0	2D	江西省	九江	36042101	中影国际	7	7	7	3	110	4790	132747
7	左耳	0	1	0	0	0	0	0	0	0	0	0	0	0	0	2D	江西省	九江	36042101	中影国际	7	4	14	6	140	4548	152436
8	我是证人	0	0	0	1	0	0	0	1	0	0	0	1	0	0	2D	江西省	九江	36042101	中影国际	7	10	10	4	117	3494	94082
9	探案	1	0	1	1	0	0	0	0	0	0	0	0	0	0	2D/中国巨	江西省	九江	36042101	中影国际	7	12	27	10	274	12690	363169
10	极限挑战之	1	0	0	1	0	0	0	0	0	0	0	0	0	0	2D/中国巨	江西省	九江	36042101	中影国际	7	1	8	4	92	2668	77963
11	桂宝	1	0	0	0	1	0	0	0	0	1	0	0	0	0	2D/3D	江西省	九江	36042101	中影国际	7	8	5	2	15	292	10099
12	港囧	1	1	1	0	0	0	0	0	0	0	0	0	0	0	2D/IMAX2	江西省	九江	36042101	中影国际	7	9	21	8	354	23214	1098831
13	煎饼侠	1	0	0	0	0	0	0	0	0	0	0	0	0	0	2D	江西省	九江	36042101	中影国际	7	7	30	11	314	15632	446051
14	疯狂动物	0	0	1	0	0	0	0	0	1	1	0	0	0	0	2D/3D/IM	江西省	九江	36042101	中影国际	7	3	29	14	423	13040	437295
15	破风	0	1	0	0	0	0	0	0	0	0	1	0	1	0	2D/IMAX2	江西省	九江	36042101	中影国际	7	8	10	5	59	1948	56128
16	美人鱼	1	1	0	0	1	0	0	0	0	0	0	0	0	0	2D/3D/中	江西省	九江	36042101	中影国际	7	2	36	11	450	35929	1562121
17	美国队长3	0	0	1	0	1	0	0	0	1	0	0	0	0	0	3D/IMAX3	江西省	九江	36042101	中影国际	7	5	15	6	278	11324	399901
18	荒野猎人	0	0	0	0	0	0	0	0	1	0	1	1	0	0	2D/IMAX2	江西省	九江	36042101	中影国际	7	3	10	4	137	5030	165192
19	超脑48小时	0	0	1	1	0	0	0	0	0	1	0	0	0	0	2D/3D	江西省	九江	36042101	中影国际	7	5	8	4	44	762	24241
20	速度与激情7	0	0	1	0	0	0	0	1	0	0	0	0	0	0	2D/3D/IM	江西省	九江	36042101	中影国际	7	4	17	8	247	11423	403104
21	九层妖塔	0	0	1	0	0	0	0	0	1	0	1	0	0	0	2D/3D/中	新疆维吾	乌鲁木齐	65013041	103电影公	10	9	17	6	323	29127	1177834
22	复仇者联盟2	0	0	1	0	1	0	0	0	1	0	0	0	0	0	2D/3D/IM	新疆维吾	乌鲁木齐	65013041	103电影公	10	5	20	8	173	957	36345
23	探案	1	0	1	1	0	0	0	0	0	0	0	0	0	0	2D/中国巨	新疆维吾	乌鲁木齐	65013041	103电影公	10	12	13	6	130	5244	163634
24	极限挑战之	1	0	0	1	0	0	0	0	0	0	0	0	0	0	2D/中国巨	新疆维吾	乌鲁木齐	65013041	103电影公	10	1	5	2	37	414	12114

图 11-38　原始数据

对数据进行解析，如图 11-39 所示，可知测试数据一共有 43046 行，27 列，列名为“film_names、type_comedy、type_love、type_action、type_suspense、type_science、type_fantasy、type_ancient、type_crime、type_adventure、type_animation、type_plot、type_thriller、type_motion、type_family、standard、province、city、cinema_code、cinema_names、 movie_hall、release_month、not_rest、rest、shows、visits、box_office"。

数据集RealFrame_film_UTF8.rec ✎

| 查看数据 | 切分数据集 | 预处理 | 多维特征分析 | 特征工程 | 图谱计算 | 建模 | 预测评估 | 下载 | 保存 | 导出 | 数据可视化 |

行数	列数	压缩后大小	文件名
43046	27	734 KB	RealFrame_film_UTF8.rec

列统计信息

列名	类型	非零个数	空值个数	非重复值	ID相似度	最小值	最大值	均值	标准差
film_names	string	-	0	27	6.272360e-4	-	-	-	-
type_comedy	string	-	0	2	4.646192e-5	-	-	-	-
type_love	string	-	0	2	4.646192e-5	-	-	-	-
type_action	string	-	0	2	4.646192e-5	-	-	-	-
type_suspense	string	-	0	2	4.646192e-5	-	-	-	-
type_science	string	-	0	2	4.646192e-5	-	-	-	-
type_fantasy	string	-	0	2	4.646192e-5	-	-	-	-
type_ancient	string	-	0	2	4.646192e-5	-	-	-	-
type_crime	string	-	0	2	4.646192e-5	-	-	-	-
type_adventure	string	-	0	2	4.646192e-5	-	-	-	-

图 11-39　数据集

查看解析后的数据，如图 11-40 所示。

查看数据RealFrame_film_UTF8.rec ✎

film_names	type_comedy	type_love	type_action	type_suspense	type_science	type_fantasy	type_ancient	type_crime	type_adve
九层妖塔	0	0	1	0	0	0	0	0	1
何以笙箫默	0	1	0	0	0	0	0	0	0
冰河追凶	0	0	1	1	0	0	0	1	0
复仇者联盟2 奥创纪元	0	0	1	0	1	0	0	0	1
小时代4- 灵魂尽头	1	1	0	0	0	0	0	0	0
左耳	0	1	0	0	0	0	0	0	0
我是证人	0	0	0	1	0	0	0	1	0
探案	1	0	1	1	0	0	0	0	0
极限挑战之皇家宝藏	1	0	0	1	0	0	0	0	0
桂宝	1	0	0	0	1	0	0	0	0

图 11-40　查看数据

2. 数据分析

1）占比分析柱状图

使用占比分析方法，分析每个电影院安排场次之间的关系，条件如图 11-41 所示，以电影院名称 cinema_names 为分类，上映场次 shows 作为权重列。

得出结果如图 11-42，以电影院场次为关键字排序。

以电影院为横坐标，场次为纵坐标，制作柱状图，结果如图 11-43 所示。

2）关联性分析和弦图

分析影厅数、上映月份、上映场次和票房、观影人次之间的关系。使用 spearman 算法，选定指定的数据，如图 11-44、图 11-45 所示。

处理结果如图 11-46 所示，上映场次与观影人次、票房关系较大，与影厅数关系较多，上映月份与观影人次、票房关系不大。

⚙ **多维特征分析** ✎

分析方法:	占比分析 ▾
* 选择表:	个人文件 ▾
	RealFrame_film_UTF8.rec ▾
* groupBy:	cinema_names ▾
权重列:	shows ▾ 若选择权重列，则以此列数据作为权重进行加权的占比分析
* 结果命名:	Proportion-E8F438B3-764F-4546-8DA0- 结果数据集必须以.rec结尾

开始处理

运行时间:	00：00：02：708
状态:	FINISH
进度:	———————————— 100 %
数据:	Proportion-E8F438B3-764F-4546-8DA0- 444D294FBE49.rec

图 11-41 占比分析

▦ **查看数据Proportion-E8F438B3-764F-4546-8DA0-444D294FBE49.rec** ✎

weight	cinema_names
4570	CGV星聚汇影城成都航空港店
1666	上海市曲阳影都
4445	上海金谊华夏影城
3002	佛山市宏帆（凯宏）国际影城
4612	佛山顺德宏屋国际影城
4615	内蒙古包头昆都仑区天亿国际影城
2126	包头17.5影城包百店
4384	广东深圳纵横南方国际影城石厦店
2444	广东省广州市江高数字影院
4721	广州市菲仕电影城

图 11-42 分析结果

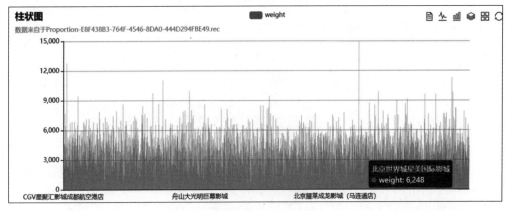

图 11-43 柱状图

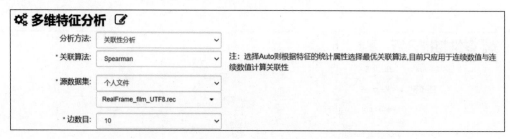

图 11-44　关联性分析

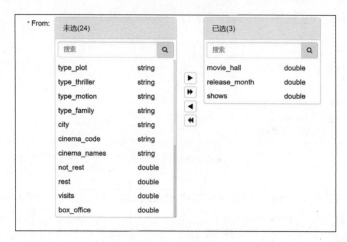

图 11-45　选择条件

查看数据Correlation-FBD3EE1F-1E36-4C4F-A4EF-AA50222EA7AE.rec

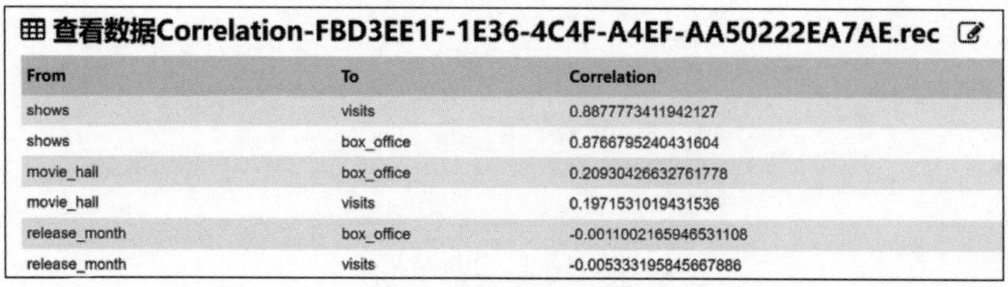

From	To	Correlation
shows	visits	0.8877773411942127
shows	box_office	0.8766795240431604
movie_hall	box_office	0.20930426632761778
movie_hall	visits	0.1971531019431536
release_month	box_office	-0.0011002165946531108
release_month	visits	-0.005333195845667886

图 11-46　处理结果

生成和弦图，反映各数据之间的关系，如图 11-47 所示。

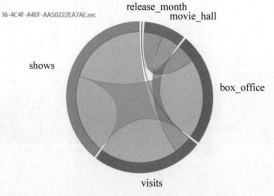

图 11-47　和弦图

11.3.4 数据处理和预测

1. 数据处理

编写 SQL 语句对数据进行归约处理,代码如图 11-48。

```
create table box_office_by_fime.rec as select sum(box_office) as 票房,film_names as 电影 from RealFrame_film_UTF8.rec
group by film_names order by 票房

create table boxofficeByProvince.rec as select sum(box_office) as 总票房, province as 省份, film_names as 电影名 from
    RealFrame_film_UTF8.rec
group by province, film_names

create table AVGboxofficeByProvince.rec as select  avg(总票房) as 各省平均票房, 省份 from boxofficeByProvince.rec
group by 省份

create table JoinProvince.rec as select * from RealFrame_film_UTF8.rec inner join AVGboxofficeByProvince.rec on
    RealFrame_film_UTF8.rec.province =AVGboxofficeByProvince.rec.省份

create table boxofficeByCinema_code.rec as select sum(box_office) as 总票房,  cinema_code as 影院编号, film_names as 电影名 from
    RealFrame_film_UTF8.rec
group by cinema_code, film_names

create table AVGboxofficeByCinema_code.rec as select avg(总票房) as 各影院平均票房, 影院编号 from boxofficeByCinema_code.rec
group by 影院编号

create table JoinProvinceAndCinema_code.rec as select * from JoinProvince.rec inner join AVGboxofficeByCinema_code.rec on
    JoinProvince.rec.cinema_code =AVGboxofficeByCinema_code.rec.影院编号

create table RealFrame_film_UTF8_test.rec as select * from JoinProvinceAndCinema_code.rec where film_names in('港囧','疯狂动物'
    ,'美国队长3')

create table RealFrame_film_UTF8_train.rec as select * from JoinProvinceAndCinema_code.rec where film_names not in('港囧'
    ,'疯狂动物','美国队长3')
```

图 11-48 数据归约代码

求出各电影票房总和,并以票房为顺序进行排序。计算每个电影在每个省份的票房总和。因一个电影在多个省份上映,需要计算每个省的总票房。将各省平均票房与原数据合并到文件 RealFrame_film_UTF8.rec,以影院代码、电影名为关键字,得出每个电影在每个影院的票房。以上一数据结果为基础,求出各影院平均票房。将各影院平均票房与原数据合并,新建数据表 JoinProvinceAndCinema_code.re,使得原数据扩充至 31 列。对数据进行切分,"港囧","疯狂动物城","美国队长 3"存在测试数据集,命名为 RealFrame_film_UTF8_test.rec,其他为训练集,文件名为 RealFrame_film_UTF8_train.rec,查看数据,如图 11-49 所示。

图 11-49 训练集数据

2. 数据预测

使用训练集数据 RealFrame_film_UTF8_train.rec，使用随机森林算法，如图 11-50，构建模型，以票房为目标列，其他参数如图 11-51。

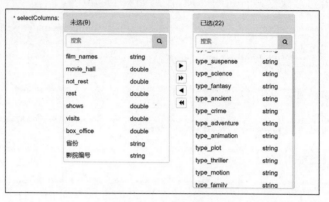

图 11-50　随机森林

* impurity:	variance ∨	增益性算法：gini 是用作 CART 树的构建，entropy 使用的是信息增益率，variance 用于 CART 树的回归树的构建	
* numTrees:	20	树的个数，须为正整数	
* maxDepth:	10	生成的树的最大深度，须为正整数	
高级参数			
* minInfoGain:	0	最小信息增益，当信息增益小于这个值时，分类出来的枝叶被认为无效，须为非负数	
* maxBins:	10	最大的离散化分片数，数值越大则决策树的粒度越大，须为正整数	
* minInstancesPerNode:	1	生成树的时候最小的分叉数，当分叉数小于这个数，这个节点被认为无效，须为正整数	
专家参数			
* maxMemoryInMB:	256	最大用于生成树的内存，单位为 mb，须为正整数	
cacheNodeIds:	☐	数据调度参数，生成的树是否在内存中保存，false 则保存，true 为不保存	
* checkpointInterval:	10	节点更新间隔，须为正整数	

图 11-51　参数设置

生成模型参数如图 11-52 所示。

名称	值
traningData	{"name":"RealFrame_film_UTF8_train.rec"}
numTrees	20
selectColumnTypes	["double","string","string","string","string","string","string","string","string","string","string","string","string","string","string","string","string","string","string","string","double","double"]
impurity	variance
responseColumn	box_office
minInfoGain	0
minInstancesPerNode	1
maxDepth	10
cacheNodeIds	false
maxMemoryInMB	256
algorithmType	回归
checkpointInterval	10
maxBins	10
selectColumns	["release_month","cinema_names","cinema_code","city","province","standard","type_family","type_motion","type_thriller","type_plot","type_animation","type_adventure","type_crime","type_ancient","type_fantasy","ty 影院平均票房","各省平均票房"]
algorithm	RandomForest

图 11-52　生成模型

使用测试集文件 RealFrame_film_UTF8_test. rec 进行训练，如图 11-53 所示。

得到结果以疯狂动物城电影为例，图 11-54 的 prediction 列为预测结果，图 11-55 的“各影院平均票房”列为实际数据，两结果对比，大致相同。

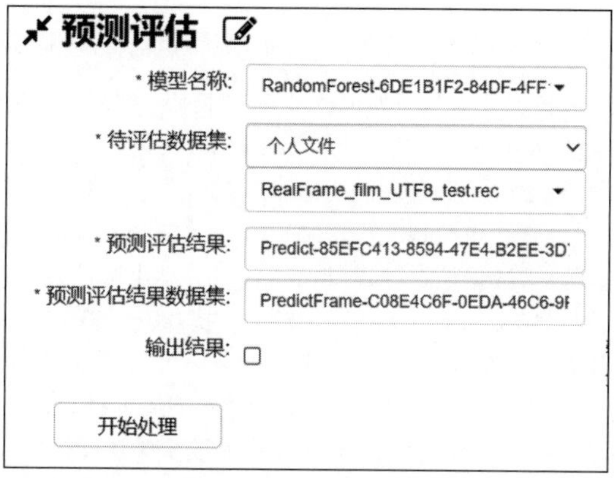

图 11-53　测试集训练

查看数据PredictFrame-C08E4C6F-0EDA-46C6-9F75-68AA5C21502B.rec

prediction	film_names	type_comedy	type_love	type_action	type_suspense	type_science	type_fantasy	type_ancient	type_cri
575903.142039713	疯狂动物	0	0	1	0	0	0	0	0
378560.13096381776	疯狂动物	0	0	1	0	0	0	0	0
258682.42868219115	疯狂动物	0	0	1	0	0	0	0	0
200033.4706375501	疯狂动物	0	0	1	0	0	0	0	0
756026.8951165793	疯狂动物	0	0	1	0	0	0	0	0
769236.938433411	疯狂动物	0	0	1	0	0	0	0	0
258682.42868219115	疯狂动物	0	0	1	0	0	0	0	0
769236.938433411	疯狂动物	0	0	1	0	0	0	0	0
792999.9015830632	疯狂动物	0	0	1	0	0	0	0	0
710494.3059309885	疯狂动物	0	0	1	0	0	0	0	0

图 11-54　预测结果

查看数据PredictFrame-C08E4C6F-0EDA-46C6-9F75-68AA5C21502B.rec

movie_hall	release_month	not_rest	rest	shows	visits	box_office	各省平均票房	省份	各影院平均票房	影院编号
7	3	29	14	423	13040	437295	12026634.545454545	江西省	451151.38095238095	36042101
10	3	30	12	444	21814	629147	3587428.8695652173	新疆维吾尔自治区	303903.53846153844	65013041
4	3	25	12	123	5378	119158	8410493.545454545	吉林省	245759.75	22020501
4	3	30	14	134	3964	103893	86760763.53846154	广东省	132193.35294117648	44170801
12	3	31	14	661	18373	631272	51584741.08	浙江省	517390.5	33044401
8	3	31	12	502	23046	999393	35437297.208333336	四川省	568470.6363636364	51014001
9	3	31	12	511	17892	449556	18066026.695652176	安徽省	265620.7272727273	34021101
8	3	31	14	564	22946	926308	16533429.125	湖南省	501730	43013601
8	3	31	14	475	17186	737999	86760763.53846154	广东省	565818.2727272727	44111901
7	3	31	14	663	24753	1114655	47103748.8	北京市	521327.85714285716	11089701

图 11-55　实际结果

参 考 文 献

[1] 刘丽敏,廖志芳,周筠.大数据采集与预处理技术[M].长沙：中南大学出版社,2018.

[2] 宋旭东.大数据技术基础[M].北京：清华大学出版社,2020.

[3] 林子雨.大数据导论[M].北京：人民邮电出版社,2020.

[4] 黑马程序员.Hadoop大数据技术原理与应用[M].北京：清华大学出版社,2020.

[5] 赵志升,梁俊花,李静,等.大数据挖掘[M].北京：清华大学出版社,2019.

[6] 李佐军,彭英.浅议大数据应用平台的架构[J].轻工科技,2019,35(08)：89-90＋117.

[7] 闫树.大数据：发展现状与未来趋势[J].中国经济报告,2020(01)：38-52.

[8] 金宝,黄颜辉.大数据技术在广电行业的应用[A].国家广播电视总局科学技术委员会秘书处、中国电子学会有线电视综合信息技术分会.全国互联网与音视频广播发展研讨会(NWC)暨中国数字广播电视与网络发展年会(CCNS)论文集(2020年特辑)[C].国家新闻出版广电总局科学技术委员会秘书处,2020：6.

[9] 李后卿,樊津妍,印翠群.中国大数据战略发展状况探析[J].图书馆,2019(12)：30-35.

[10] 《大数据产业发展规划(2016—2020年)》解读[N].人民邮电,2017-01-20(003).

[11] 工信部信息化和软件服务业司.深入贯彻国家大数据战略 加快建设数据强国[N].中国电子报,2017-01-20(001).

[12] 工业和信息化部印发《大数据产业发展规划(2016—2020年)》[J].电子政务,2017(02)：49.

[13] 工信部解读《大数据产业发展规划(2016—2020年)》[J].中国信息安全,2017(05)：59-60.

[14] 中国电子信息产业发展研究院.2015—2016年中国网络安全发展蓝皮书[M].北京：人民出版社,2016.

[15] 张春艳,郭岩峰.大数据技术伦理难题怎么破解[J].人民论坛,2019(02)：72-73.

[16] 大数据产业形势分析课题组.2020年中国大数据产业发展形势展望[N].中国计算机报,2020-03-30(012).

[17] 窦万春,江澄.大数据应用的技术体系及潜在问题[J].中兴通讯技术,2013,19(04)：8-16.

[18] 何青.多媒体信息服务系统设计与实现[D].北京：北京邮电大学,2009.

[19] 黄秀亮.分布式嵌入式系统通信机制的应用前景分析[J].制造业自动化,2011,33(02)：207-209.

[20] 牛明伟.基于Hadoop的分布式无监督SAR图像变化检测研究[D].西安电子科技大学,2017.

[21] 吴春琼.大数据技术及其背景下的数据挖掘研究[M].北京：中国水利水电出版社,2019.

[22] 何海刚.基于Key-Value的海量日志存储系统设计[D].上海：复旦大学.

[23] 李婉玉.基于ELK的商业银行大数据检索平台的设计与实现[D].西安：西安电子科技大学,2019.

[24] 高凯.实战Elasticsearch、Logstash、Kibana[M].北京：清华大学出版社,2015.

[25] 迈耶-舍恩伯格.大数据时代[M].杭州：浙江人民出版社,2012.

[26] 苏旋.分布式网络爬虫技术的研究与实现[D].哈尔滨：哈尔滨工业大学,2006.

[27] 王涛.基于HTML标记的主题爬行器的设计与实现[D].成都：电子科技大学,2009.

[28] 魏大林.支持隐私保护的数据发布技术研究[D].北京：北京交通大学,2015.

[29] 刘宇,郑成焕.基于Scrapy的深层网络爬虫研究[J].软件,2017,38(07)：111-114.

[30] cuidiwhere.分布式系统的理解[EB/OL].https://blog.csdn.net/cuidiwhere/article/details/7882244,2012-08-20.

[31] 于成龙,于洪波.网络爬虫技术研究[J].东莞理工学院学报,2011,18(03):25-29.

[32] 天府云创.常见日志、抓包和系统监控分析软件[EB/OL]. https://blog. csdn. net/enweitech/ article/details/72678017,2017-05-24.

[33] sheperd_shu. facebook scribe 日志搜集系统[EB/OL]. https://blog. csdn. net/sheperd_shu/ article/details/6688272,2011-08-15.

[34] 李文阳. TC 公司信息安全管理体系分析与优化[D].天津:河北工业大学,2018.

[35] 张兴富.首钢矿业公司网络交换机日志收集与分析系统的设计与实现[D].沈阳:东北大学,2015.

[36] 李俊磊,滕少华.相似度计算及其在数据挖掘中的应用[J].电脑知识与技术,2016,12(13):14-17.

[37] 半瓶子酱油. Python Requests 简单运用[EB/OL]. https://blog. csdn. net/banpingzijy/article/ details/44280611,2015-03-15.

[38] ITxiaoke. Python 爬虫 Requests 模块系列之六[EB/OL]. https://blog. csdn. net/u014745194/ article/details/75433827,2017-07-19.

[39] -柚子皮—python 爬虫——python requests 网络请求简洁之道[EB/OL]. https://blog. csdn. net/ pipisorry/article/details/48086195,2015-08-29.

[40] 王政军.电子资源统计分析系统的设计与实现[D].大连:大连理工大学,2012.

[41] 文小飞.基于深度学习的推荐算法的研究与应用[D].长沙:湖南大学,2019.

[42] 崔庆才. Python 爬虫利器二之 Beautiful Soup 的用法[EB/OL]. https://cuiqingcai. com/1319. HTML,2015-03-11.

[43] Zach_z. python——爬虫学习——Beautiful Soup 库的使用-(2)[EB/OL]. https://blog. csdn. net/ zach_z/article/details/70215342,2017-04-17.

[44] 殷君茹.分布式并行环境下林地落界数据快速统计技术研究[D].北京:中国林业科学研究院,2015.

[45] 周鹏.数据挖掘在通信网络优化中的应用研究[D].南京邮电大学,2017.

[46] 王力.电子商务领域中大数据的质量及预测分析研究[D].南京邮电大学,2018.

[47] bottle123.数据挖掘概念与技术读书笔记 2)[EB/OL]. https://blog. csdn. net/bottle123/article/ details/48464303,2015-09-15.

[48] 赵文涛,王春春,成亚飞,等.基于用户多属性与兴趣的协同过滤算法[J].计算机应用研究,2016,33(12):3630-3633+3653.

[49] 方洪鹰.数据挖掘中数据预处理的方法研究[D].西南大学,2009.

[50] 蒋勋,刘喜文.大数据环境下面向知识服务的数据清洗研究[J].图书与情报,2013(05):16-21.

[51] Han J W,Kamber M.数据挖掘[M].北京:机械工业出版社,2001.

[52] 赵月琴,范通让.科技创新大数据清洗框架研究[J].河北省科学院学报,2018,35(02):35-42.

[53] 王丽珍,等.数据仓库与数据挖掘原理及应用[M].北京:科学出版社,2005.

[54] 安淑芝,等.数据仓库与数据挖掘[M].北京:清华大学出版社,2005.

[55] 邵峰晶,于忠清.数据挖掘原理与算法[M].北京:中国水利水电出版社,2003.

[56] 耿德志.数据挖掘技术及典型算法探析[M].吉林:吉林大学出版社,2016.

[57] Han J W,Kamber M.数据挖掘概念与技术[M].北京:机械工业出版社,2007.

[58] 许艳萍.基于数据特征的 Android 恶意应用检测关键技术研究[D].北京:北京邮电大学,2017.

[59] 王刚,王冬,李文,李光亚.大数据环境下的数据迁移技术研究[J].微型电脑应用,2013,30(05):1-3.

[60] 王建军.数据迁移技术及其应用[J].铁路计算机应用,2017,26(09):44-48.

[61] Task Parallelism[EB/OL]. https://en. wikipedia. org/wiki/Task_parallelism.

[62] Load Balancing(computing)[EB/OL]. https://en. wikipedia. org/wiki/Load_balancing(computing).

［63］ 刘曙光. ERP 技术在移动信息系统中的实现［D］. 成都：电子科技大学,2005.

［64］ 安静的技术控. Sqoop 架构以及应用介绍［EB/OL］. https://blog. csdn. net/a2011480169/article/details/51500156,2016-05-25.

［65］ Alon Brody. 11 Great ETL Tools and the Case for Saying 'No' to ETL［EB/OL］. https://dzone. com/articles/11-great-etl-tools-and-the-case-for-saying-no-to-e,2017-2-03.

［66］ wx740851326. Sqoop 学习笔记［EB/OL］. https://blog. csdn. net/wx740851326/article/details/72301920,2017-05-16.

［67］ 甜醅. ETL 介绍与 ETL 工具比较［EB/OL］. http://blog. sina. com. cn/s/blog_939c81b40102y5vt. HTML,2018-11-29.

［68］ 开源 oschina. 几款开源的 ETL 工具及 ELT 初探［EB/OL］. http://blog. sina. com. cn/s/blog_5375acf50102wnyl. HTML,2017-02-09.